Residuos sólidos
Volumen II

Residuos sólidos:

un enfoque multidisciplinario
Volumen II

Liliana Márquez - Benavides (ed.)

Olibros
en red

www.librosenred.com

Dirección General: Marcelo Perazolo
Diseño de cubierta: Daniela Ferrán
Diagramación de interiores: Guillermo W. Alegre

Primera edición en español - Impresión bajo demanda

© LibrosEnRed, 2011
Una marca registrada de Amertown International S.A.

ISBN: 978-1-59754-740-6

Para encargar más copias de este libro o conocer otros libros de esta colección visite www.librosenred.com

EDITORA

Liliana Márquez Benavides, mexicana, es actualmente profesora e investigadora adscrita al Instituto de Investigaciones Agropecuarias y Forestales, dependiente de la Universidad Michoacana de San Nicolás de Hidalgo, México. Obtuvo un doctorado en Ciencias Ambientales en la Universidad de Strathclyde, Gran Bretaña, y desarrolla líneas de investigación relacionadas con el manejo de residuos sólidos urbanos, producción de biogás, recirculación de lixiviados y efecto de la migración lateral de biogás, utilización de residuos agropecuarios para obtener productos de interés comercial mediante la utilización de hongos y bacterias, y el aprovechamiento de la biomasa residual doméstica y agropecuaria como energía renovable. Es miembro de REDISA (Red de Ingeniería de Saneamiento Ambiental) y su trabajo es reconocido por el Consejo Nacional de Ciencia y Tecnología en México, el cual le otorgó la distinción de miembro del Sistema Nacional de Investigadores desde 2006.

Es la editora de la presente obra y también ha sido editora invitada en revistas de publicación internacional, en el tema de residuos sólidos.

E-mail: lmarquez@umich.mx.

ACERCA DE LOS PARTICIPANTES

Ana Belem Piña Guzmán, de nacionalidad mexicana, se formó como ingeniera agroindustrial en la Universidad Autónoma Chapingo y realizó estudios de maestría y doctorado en el Centro de Investigación y de Estudios Avanzados (CINVESTAV) del Instituto Politécnico Nacional (IPN). Obtuvo el título de doctora en Ciencias con especialidad en Toxicología con el trabajo de investigación "Daño genético en células espermáticas por exposición metil-paratión y su efecto sobre la fertilización y el desarrollo cigótico".

Es autora de numerosas publicaciones en revistas científicas arbitradas de circulación internacional. Actualmente es profesora-investigadora en el Departamento de Bioprocesos de la Unidad Profesional Interdisciplinaria de Biotecnología (UPIBI) del IPN, donde imparte asignaturas como Manejo Integral de Residuos, Toxicología y Farmacología.

Antonio Gallardo Izquierdo es doctor e ingeniero industrial por la Universidad Politécnica de Valencia, y se desempeña como profesor titular en el Departamento de Ingeniería Mecánica y Construcción de la Universitat Jaume I (UJI).

Coordina el grupo de investigación INGRES, Ingeniería de Residuos, y la Red Iberoamericana de Docencia e Investigación en Ingeniería de Saneamiento Ambiental (REDISA). Dirige el Máster Oficial en Eficiencia Energética y Sostenibilidad en Instalaciones Industriales y Edificación, y codirige el Máster Propio de Medio Ambiente, ambos de la UJI. Ha dirigido y participado en múltiples proyectos de investigación subvencionados y contratados por empresas. Ha participado como editor o autor en ocho publicaciones de libros. Sus principales líneas de investigación son diseño de modelos de gestión de residuos urbanos, modelado de la recogida selectiva y valorización de residuos urbanos (tratamientos biológicos y valorización energética).

E-mail: gallardo@emc.uji.es.

Edgar Lenymirko Moreno Goytia es doctor en Ciencias en Ingeniería Eléctrica-Electrónica por la Universidad de Glasgow, Escocia (Reino Unido), desde 2003, e ingeniero en Comunicaciones y Electrónica por la ESIME-IPN desde 1989. Es profesor-investigador en el Posgrado en Ingeniería Eléctrica del Instituto Tecnológico de Morelia, donde trabaja desde 1993 y ha dirigido desde allí varios proyectos de investigación, tesis de doctorado y ha publicado más de 30 artículos. Sus áreas de interés son las energías renovables y los sistemas electrónicos de potencia.

E-mail: elmg@ieee.org.

Fabián Robles Martínez, de nacionalidad mexicana, se formó como ingeniero agroindustrial en la Universidad Autónoma Chapingo, posteriormente realizó estudios de maestría y doctorado en Ciencias y Técnicas de los Desechos en el Instituto Nacional de Ciencias Aplicadas de Lyon, Francia. Ha realizado estancias de investigación en la Universidad Politécnica de Cataluña y en la Universidad Jaume I en España. Desde el año 2000, es profesor del Instituto Politécnico Nacional en la Unidad Profesional Interdisciplinaria de Biotecnología (UPIBI), donde imparte, entre otros, el curso de Manejo y Disposición de Residuos Sólidos a los alumnos de la carrera de Ingeniería Ambiental. Participa también desde el año 2004 en los programas de Maestría y Doctorado en Bioprocesos de la UPIBI, dirigiendo tesis en temas relacionados con el manejo y aprovechamiento de los residuos sólidos urbanos y agroindustriales.

Es autor del libro *Generación de biogás y lixiviados en los rellenos sanitarios* y ha publicado diversos artículos en revistas internacionales y mexicanas. Actualmente es miembro activo de la Red de Medio Ambiente del IPN y de la Red de Ingeniería en Saneamiento Ambiental (REDISA).

Francisco J. Colomer Mendoza es doctor e ingeniero Agrónomo por la Universidad Politécnica de Valencia. Actualmente ejerce como profesor a tiempo completo en la Universitat Jaume I de Castellón. Es profesor asociado en la Universidad Politécnica de Valencia y profesor a tiempo completo en la Universidad Jaume I de Castellón, impartiendo asignaturas relacionadas con los proyectos de ingeniería y el medio ambiente.

También es autor o coautor de cuatro monografías, seis publicaciones internacionales, siete revistas nacionales y 24 comunicaciones en congresos. El Dr. Colomer es miembro de la Red de Ingeniería en Saneamiento Ambiental (REDISA) y del grupo de investigación INGRES, Ingeniería de Residuos, de la Universidad Jaume I.

Guillermo J. Román Moguel es doctor en Procesos Metalúrgicos. Actualmente es coordinador nacional del Proyecto Manejo y Destrucción Ambientalmente Adecuados de Bifenilos Policlorados, en México (UNDP 00059701) del Programa de las Naciones Unidas para el Desarrollo. Ha sido director general del área de Residuos Peligrosos de SEMARNAT y director del Centro Mexicano para la Producción más Limpia, Profesor en el IPN y consultor en asuntos de gestión, reciclado y minimización de residuos para empresas privadas y agencias

internacionales y gubernamentales, como ONUDI (Organización de las Naciones Unidas para el Desarrollo Industrial), PNUMA (Programa de Naciones Unidas para el Medio Ambiente), GTZ (Agencia de Cooperación Técnica Alemana), USAID (Agencia de Estados Unidos para el Desarrollo Internacional), SEMARNAT (Secretaría de Medio Ambiente y Recursos Naturales).
E -mail: guillermo.roman@semarnat.gob.mx.

Guillermo Monrós Tomás es profesor y catedrático universitario en el área de Química Inorgánica, dirige el grupo de investigación "Química Inorgánica Medioambiental y Materiales Cerámicos", de la Universidad Jaume I de Castellón, España, integrado en la actualidad por 12 profesores e investigadores. Ha dirigido 7 tesis doctorales y es autor de más de 100 trabajos de investigación internacionales sobre materiales cerámicos y medio ambiente.

Es autor, entre otros libros, de *El color de la cerámica* (2003), *La cerámica plana vidriada: Innovación y sostenibilidad* (2007) e *Ingeniería de residuos: hacia una gestión sostenible* (2008). Es director desde 1998 de la "Oficina Verda", órgano de fomento y divulgación en materia de medio ambiente en la Universidad Jaume I de Castellón. Figura entre los 15 autores iberoamericanos de mayor producción científica internacional en el área de materiales cerámicos, en la que la vertiente ambiental ha sido siempre significativa.

Irma Teresa Mercante es ingeniera civil y máster en Ingeniería Ambiental por la Universidad Nacional de Cuyo (UNCuyo), Argentina. Desarrolla actividades de docencia de grado en las carreras de Ingeniería Civil e Ingeniería Industrial de la Facultad de Ingeniería de la UNCuyo, donde también es miembro y representante por la Facultad de Ingeniería del Instituto de Ciencias Ambientales. Es miembro activo de redes internacionales de ingeniería ambiental, tal como Red de Ingeniería en Saneamiento Ambiental (REDISA, por la cual comparte proyectos de investigación con universidades españolas y latinoamericanas.

En el ámbito profesional ha realizado estudios, auditorías e informes técnicos ambientales. Actualmente es miembro del Centro de Estudios de Ingeniería de Residuos Sólidos (CEIRS), de la Facultad de Ingeniería de la UNCuyo, allí realiza trabajos y servicios de extensión para empresas privadas y entidades de gobierno de la provincia de Mendoza, Argentina.

Juan Manuel Sánchez Yáñez es químico bacteriólogo parasitólogo egresado de la Universidad Autónoma de Nuevo León, México. Es doctor en Ciencias con especialidad en Microbiología por la Universidad del Norte de Texas, Estados Unidos, y la Universidad Autónoma de Nuevo León. También es profesor investigador del Doctorado y la Maestría Institucional en Ciencias Biológicas, de la Maestría en Ingeniería Ambiental en la Universidad Michoacana de San Nicolás de Hidalgo. Asimismo, es miembro del Sistema Nacional de Investigadores; revisor de proyectos de investigación para la Secretaría de Ciencia, Tecnología e Innovación en Argentina, para el Consejo Nacional de Ciencia y Tecnología de México, y para COLCIENCIAS, Colombia.

Fue editor de la *Revista Latinoamericana de Microbiología*; es autor de tres antologías, 60 artículos de divulgación en línea, y de múltiples artículos científicos especializados en ambiente y agricultura sustentable, además de haber participado en la formación de recursos humanos a nivel de doctorado y maestría.

E-mail: syanez@umich.mx.

L. Laura Beltrán García es ingeniera química industrial. Actualmente coordina el Sistema Integrado de Servicios de Gestión de BPC del Proyecto Manejo y Destrucción Ambientalmente Adecuados de Bifenilos Policlorados, en México, (UNDP 00059)701 del Programa de las Naciones Unidas para el Desarrollo. Ha sido asesora del C. Secretario de Medio Ambiente y Recursos Naturales (SEMARNAT), y directora de Gestión, Riesgo y Proyectos, en el área de residuos peligrosos de la SEMARNAT; ha ocupado cargos tanto en el IPN como en el sector financiero e industrial; y ha sido consultora sobre asuntos de residuos peligrosos para el Programa de Naciones Unidas para el Medio Ambiente (PNUMA) y empresas privadas.

E-mail: laura.beltran@semarnat.gob.mx.

Marcel S. Szantó Narea, chileno-español, es ingeniero y doctor en Caminos, Canales y Puertos, por la Universidad Politécnica de Madrid, España, donde además completó el Máster en Contaminación Ambiental. También es ingeniero constructor por la Universidad Católica de Valparaíso, Chile; allí dirige, en la Facultad de Ingeniería, el Grupo de Residuos Sólidos (GRS) de Investigación. Es profesor titular de la PUCV y profesor honorario de la Universidad de Cuyo, Argentina. Es catedrático de la UNESCO en Ingeniería Ambiental, en la Universidad de Cantabria (España) y en la Pontificia Universidad Católica Valparaíso.

Actualmente es consultor de CEPAL/ILPES de Naciones Unidas, de la Comisión Nacional de Medio Ambiente de Chile CONAMA, del Banco Interamericano, del Ministerio de Planificación de Chile y de OPS/OMS, entre otras entidades.

María Cristina Schiappacasse Dasati, de nacionalidad chilena, se formó como ingeniera civil bioquímica en la Pontificia Universidad Católica de Valparaíso (PUCV). Posteriormente realizó estudios de maestría en Medio Ambiente, mención Ingeniería en Tratamiento de Residuos, en la Universidad de Santiago de Chile. Es profesora adjunta de la PUCV, donde imparte, entre otros, cursos de pre y postgrado en el área de Gestión y Tratamiento de Residuos Sólidos y Líquidos, y dirige proyectos de término de carrera, tesis e investigaciones en temáticas relacionadas. Es directora del Magíster en Ingeniería Ambiental, mención Procesos, de la Facultad de Ingeniería de la PUCV.

Ha realizado numerosas publicaciones. Ha asesorado sobre asuntos de producción limpia y de tratamiento de residuos a grandes empresas chilenas. Ha sido miembro del Consejo Consultivo de la Comisión Regional de Medio Ambiente de la Región de Valparaíso y, además, es miembro fundadora de la Sociedad Iberoamericana para el desarrollo de las Biorrefinerías (SIADEB).

E-mail: mschiapp@ucv.cl.

María del Consuelo Mañon Salas, mexicana, se graduó como ingeniera en Sistemas Computacionales en el Instituto Tecnológico de Toluca, México. Estuvo laborando en iniciativas privadas, desarrollando aplicaciones de minería de datos y procesos de reingeniería en *software* aplicativo. Realizó estudios de maestría en la Facultad de Ingeniería de la Universidad Autónoma del Estado de México, donde se desempeñó como profesora en el área de Sistemas Computacionales.

Actualmente se encuentra estudiando el Doctorado en Ingeniería en la Universidad Autónoma de Baja California, en la especialidad de Medio Ambiente, con el trabajo "Desarrollo de modelos para estimar lixiviados y biogás de residuos sólidos urbanos en el proceso de biodegradación anaerobia a partir de herramientas de *soft computing*". Realizó una estancia de investigación en la Universidad de Cantabria en España.

María Dolores Bovea Edo es ingeniera industrial por la Universidad Politécnica de Valencia, España, y Doctora en Ingeniería Industrial por la Universitat Jaume I de Castellón, del mismo país, desde 2002. En la actualidad, es profesora titular adscrita al Departamento de Ingeniería Mecánica y Construcción de la Universitat Jaume I, allí imparte clases relacionadas con medio ambiente, seguridad industrial y ecodiseño, en las titulaciones de Ingeniería Industrial, Ingeniería Técnica Industrial Mecánica, Ingeniería Técnica en Diseño Industrial, Máster de Eficiencia Energética y Sostenibilidad, Máster en Diseño y Fabricación y Máster de Medio Ambiente.

Su línea de investigación se enmarca en la evaluación ambiental de sistemas mediante técnicas de análisis de ciclo de vida y ecodiseño, con énfasis en su aplicación a la evaluación de sistemas de gestión de residuos.

Ha participado como investigadora principal en tres proyectos de convocatorias públicas competitivas y como investigadora colaboradora en otros 10 proyectos. También ha participado en 22 contratos de I+D con empresas. Ha realizado estancias pre y postdoctorales en la Florida State University, Estados Unidos, y en la University of East Anglia, Reino Unido).

Es coautora de tres libros, dos capítulos de libros, 17 artículos en revistas internacionales y 15 en revistas españolas, así como de más de 70 comunicaciones en congresos.

Otoniel Buenrostro Delgado es miembro del Sistema Nacional de Investigadores desde el año 2001, con nivel 1 en la actualidad. Biólogo, egresado en 1985 de la Universidad Michoacana de San Nicolás de Hidalgo, México, completó sus estudios de maestría en Ecología en la Facultad de Química de la Universidad Autónoma del Estado de México en 1988 y los de doctorado en Biología, con la especialidad en Ecología y Ciencias Ambientales, en la Facultad de Ciencias de la Universidad Nacional Autónoma de México en el año 2000. En la actualidad se desempeña como profesor-investigador titular C en el Instituto de Investigaciones Agrícolas y Forestales, de la Universidad Michoacana de San Nicolás de Hidalgo.

Su línea de investigación es medio ambiente y gestión de residuos sólidos. Ha participado en proyectos financiados, de los cuales han derivado 15 tesis de licenciatura, cuatro de maestría y una de doctorado. Entre su producción, se encuentran 21 artículos en revistas arbitradas de circulación nacional e internacional y de divulgación, un libro, así como varios capítulos con arbitraje.

Sara Ojeda Benítez es doctora en Ciencias y miembro del Sistema Nacional de Investigadores desde 1998. Es investigadora de tiempo completo del Instituto de Ingeniería en la Universidad Autónoma de Baja California (UABC), pertenece al cuerpo de Medio Ambiente y actualmente se desempeña como coordinadora del área de Medio Ambiente, desarrollando investigaciones en la línea de residuos sólidos. Pertenece a la Red Iberoamericana de Ingeniería y Saneamiento Ambiental (REDISA).

E-mail: sara.ojeda.benitez@edu.uabc.mx.

Susana Llamas es ingeniera industrial, especialista en Ingeniería Ambiental, y magíster en Ingeniería Ambiental por la Facultad de Ingeniería de la Universidad Nacional de Cuyo, Argentina. Asimismo, está acreditada y categorizada por la Comisión Nacional de Evaluación y Acreditación Universitaria (CONEAU). También es coordinadora del Centro de Estudios de Ingeniería de Residuos Sólidos (CEIRS), de la Facultad de Ingeniería de la Universidad Nacional de Cuyo, y dirige proyectos de investigación y transferencia relacionados con la gestión y el tratamiento de residuos sólidos.

Es miembro de la Red de Ingeniería de Saneamiento Ambiental (REDISA) y de la Comisión Evaluadora Interdisciplinaria

Ambiental Minera (CEIAM), del Gobierno de Mendoza, en representación de la Universidad Nacional de Cuyo. Además, es responsable de la realización de auditorías de remediación de pasivos ambientales para el mismo Gobierno.

UNIVERSIDADES Y ORGANIZACIONES PARTICIPANTES	
	Universidad Michoacana de San Nicolás de Hidalgo (México) http://www.umich.mx
	Programa Iberoamericano de Ciencia y Tecnología para el Desarrollo http://www.cyted.org
	Red de Ingeniería y Saneamiento Ambiental http://www.redisa.uji.es
	Universitat Jaume I (España) http://www.uji.es
	Pontificia Universidad Católica de Chile http://www.uc.cl
	Universidad Autónoma de Baja California (México) http://www.uabc.mx/
	Unidad Profesional Interdisciplinaria de Biotecnología del IPN (México) http://www.upibi.ipn.mx
	Universidad Nacional de Cuyo (Argentina) http://www.uncu.edu.ar
	Instituto Tecnológico de Morelia (México) http://www.itmorelia.edu.mx

12. TOXICOLOGÍA DE LA CONTAMINACIÓN PROVENIENTE DE LOS RESIDUOS SÓLIDOS

A. B. Piña-Guzmán, F. Robles-Martínez
Unidad Profesional Interdisciplinaria de Biotecnología
del Instituto Politécnico Nacional (UPIBI-IPN), México
apinag@ipn.mx

INTRODUCCIÓN

La contaminación ambiental siempre ha existido y puede ser debido a causas naturales (gases derivados de erupciones volcánicas, partículas provenientes de la erosión, incendios provocados por rayos, etc.) o bien como producto de la actividad humana. Sin embargo, en los últimos 200 años, la contaminación de origen natural no ha sido tan grave como la de origen antropogénico (como producto de la actividad humana), ya que los procesos industriales cada vez más complejos han generado efectos indeseables en el ambiente y la salud de muchos seres vivos.

En lo que respecta al problema de contaminación por la generación de residuos sólidos, este fue prácticamente desconocido durante miles de años porque las actividades humanas estaban integradas a los ciclos naturales y los subproductos de estas actividades eran absorbidos sin problemas en los ecosistemas. Sin embargo, desde hace varios siglos, la aparición de epidemias y padecimientos provocados por la contaminación del agua de consumo con los residuos sólidos (entre ellos la excreta humana) y la proliferación de vectores de enfermedades transmisibles (como insectos y ratas), impulsó la intervención de la clase gobernante en la prestación de servicios de administración de agua potable y recolección de los residuos domésticos (SEMARNAT, 2008). En la Edad Media, las epidemias de peste en Europa pudieron ser achacadas en parte al mal manejo de los residuos sólidos, ya que estos tuvieron su origen en la disposición incontrolada de desperdicios e inmundicias en las calles (Colomer y Gallardo, 2007). Las epidemias de peste seguramente fueron los primeros problemas de salud pública, debidos —por lo menos en parte— al mal manejo de residuos sólidos domiciliarios.

Desde finales del siglo XVIII, como resultado del desarrollo de nuevas actividades industriales y el extraordinario desarrollo del comercio, se produce una auténtica explosión demográfica y económica que se manifiesta en el imparable desarrollo de la urbanización y la exacerbada generación de residuos. Desde entonces se han venido planteando problemas por contaminación ambiental derivados de la generación y el inadecuado manejo de los residuos, cuyos efectos han tenido un impacto cada vez mayor sobre la salud. De esta manera, se puede afirmar que la preocupación por la protección de la salud en relación con los riesgos que derivan del manejo inadecuado de los residuos sólidos y de la contaminación subsecuente del agua de consumo humano es —con mucho— más antigua que la relativa a la protección del medio ambiente (SEMARNAT, 2008).

Ello llevó a que las primeras regulaciones en la materia aparecieran en los códigos sanitarios, orientados hacia la preservación de la calidad del agua potable y al saneamiento básico, así como a que las autoridades a cargo de la prestación de los servicios de abastecimiento de agua potable y recolección de residuos y de la aplicación de la regulación correspondiente fueran las autoridades de salud.

Hoy en día, a nivel internacional, casi el 70% de los residuos sólidos urbanos (RSU) son dispuestos en rellenos sanitarios (OECD, 2001; Zacarías-Farah y Geyer-Allely, 2003). En América Latina y el Caribe, hasta hace dos décadas, era una constante la disposición irresponsable e inadecuada, no solo de RSU, sino también de residuos peligrosos en múltiples lugares sin control, lo que ha ocasionado un grave problema de contaminación ambiental.

Los lugares donde más frecuentemente se depositaban estos residuos (en muchos lugares se sigue haciendo) son terrenos baldíos, tiraderos municipales, barrancas, derechos de vía de carreteras y cuerpos de agua. La mala disposición de residuos provoca el deterioro del aire y del agua superficial y subterránea como consecuencia de la migración de los contaminantes desde el suelo hacia estos medios. Esta situación deplorable ha venido cambiando rápidamente en algunos países de la región.

Actualmente en América Latina y el Caribe, la contaminación por el mal manejo de RSU y sus efectos en la salud se ve agravada por situaciones socioeconómicas. El grupo más afectado son los miles de personas que viven y trabajan aún sobre los sitios de disposición final no controlados. A este respecto, Medina (2000) afirma que en México los pepenadores tienen una esperanza de vida de 39 años en comparación con la media en este país, que es de 67 años. Esta reducción en la esperanza de vida se debe en gran medida (y entre otras cosas) a la intoxicación aguda o crónica que sufren por la exposición directa a múltiples contaminantes que emanan de los residuos.

En América Latina y el Caribe se tienen también zonas urbano-marginales donde se asienta la mayor parte de la población pobre que carece o recibe ocasionalmente el servicio de recolección de residuos. Acurio et ál. (1997) reportan los resultados de una encuesta por la cual se observó que en las diez principales ciudades de Colombia el 34% de la población que vive en barrios pobres no tenía servicios de recolección.

Lo anterior, aunado a la operación deficiente de los rellenos sanitarios que en ocasiones son tiraderos a cielo abierto, agrava los problemas de contaminación y sus efectos tóxicos en la población expuesta.

Para el caso particular de México, aunque se han visto mejoras considerables en la normatividad, en la práctica falta mucho por hacer, por ejemplo, Bernache (2003) afirma que el principal problema en las ciudades mexicanas es la falta de un programa real de manejo de residuos sólidos, ya que las autoridades responsables han reducido el concepto de manejo integral de residuos a una simple recolección y disposición de residuos residenciales y del sector comercial en rellenos "controlados".

En el presente capítulo se presenta información sobre estudios toxicológicos de los dos principales productos de la biodegradación de los residuos, que son el biogás y los lixiviados. También se aborda el efecto tóxico de compuestos derivados de un mal manejo, como puede ser una incineración inadecuada o quema incontrolada, donde se pueden estar liberando compuestos sumamente tóxicos como las dioxinas y furanos. Adicionalmente, se presenta información sobre estudios epidemiológicos o datos reportados en medios científicos sobre los efectos o la situación de salud de poblaciones expuestas a la contaminación resultante del mal manejo de los residuos sólidos. El efecto de los contaminantes provenientes de los RSU es muy variado en los seres vivos, como se verá en el presente capítulo; sin embargo, antes de entrar propiamente en el tema de este capítulo, se expondrán algunos conceptos básicos de toxicología para el mejor entendimiento en párrafos posteriores.

CONCEPTOS GENERALES

Cualquier elemento o compuesto químico ajeno a un organismo vivo que una vez absorbido e introducido en él y metabolizado pueda interferir con alguna función de este y así ser capaz de producir lesiones, daños a la salud o incluso la muerte del organismo, como resultado de interacciones fisicoquímicas, es conocido como "xenobiótico tóxico". Este concepto fue introducido en el campo del conocimiento en el siglo XIV por Paracelso, quien, de acuerdo a sus observaciones, resumió esta idea en la expresión "sola dosis facit venenum", lo que significa que solo la dosis determina que las sustancias puedan ser tóxicas y consideradas veneno.

En este sentido, todas las sustancias químicas que se encuentran en el ambiente, ya sean de origen natural o antropogénico, tienen una capacidad intrínseca para causar un efecto adverso a las poblaciones humanas y sistemas biológicos en general. A esta capacidad intrínseca de los xenobióticos se le llama "toxicidad" y su magnitud depende de diversos factores como: las características físicas y químicas de la sustancia (estructura y composición química, tamaño de partícula, hidro/liposolubilidad, coeficiente de partición, etc.), su concentración en el medio, la cantidad de la sustancia absorbida por el organismo (la dosis), las rutas por las que ocurre la exposición, así como las condiciones de exposición como la duración y frecuencia.

Por otro lado, también debemos considerar que los sistemas biológicos u organismos expuestos a los contaminantes pueden presentar una mayor o menor susceptibilidad a los efectos tóxicos, la cual está condicionada por factores biológicos como la especie, la edad, el sexo, las diferencias genéticas, el estado de salud previo a la exposición del elemento o compuesto químico, entre otros.

Para evaluar cuantitativamente la toxicidad de un compuesto, se recurre a bioensayos, que son procesos experimentales en los que organismos vivos (algas, bacterias, vegetales o mamíferos), elegidos cuidadosamente y bajo condiciones específicas de laboratorio, son expuestos de manera aguda a diferentes concentraciones o dosis de la sustancia tóxica a probar, para luego registrar la respuesta de la población expuesta al agente. Finalmente, se determina para cada concentración o dosis el número de organismos que presentan efectos de toxicidad, desde leves hasta muy severos (muerte). Con estos datos, se pueden establecer varios parámetros toxicológicos como:

- 1.- CL_{50} (dosis o concentración letal media), que se refiere a la dosis o concentración del agente tóxico que mata al 50% de los organismos de prueba. Cuanto menor sea el valor de la DL_{50} o CL_{50} para un determinado compuesto, más elevada será su toxicidad.
- 2.- DE_{50} o CE_{50} (dosis o concentración efectiva media) que indica la dosis o concentración de tóxico que produce un efecto tomado como indicador de toxicidad en el 50% de la población biológica estudiada.
- 3.- NSEAO (nivel sin efecto adverso observable) o más comúnmente NOAEL (Non Observed Adverse Effect Level), que hace referencia a la concentración del agente a la que no se observa ningún efecto adverso.
- 4.- NEAMBO (nivel de efecto adverso más bajo observado) o LOAEL (Lowest Observed Adverse Effect Level), que es el nivel inferior de efectos adversos observables o el nivel de dosis más bajo que puede causar efectos adversos detectables en la población biológica expuesta.

Tales parámetros proveen información esencial sobre el potencial tóxico agudo (en respuesta a una exposición única o por un período muy corto de tiempo) de compuestos o elementos químicos o de agentes físicos sobre los organismos vivos. Esta información se puede aplicar para establecer umbrales permisibles con niveles de incertidumbre aceptables que sirvan de guía a las entidades reguladores para tomar decisiones (Day et ál., 1988) y para determinar el cumplimiento de la legislación, al proporcionar resultados útiles para la protección de la salud pública y de la vida de los seres vivos frente al impacto causado por la introducción de contaminantes a los ecosistemas. De esta manera, los bioensayos, como herramienta de los estudios toxicológicos, constituyen uno de los elementos de juicio más adecuados para la evaluación del riesgo potencial producido por contaminantes presentes en el ambiente; entendiéndose por "riesgo" la probabilidad de que ocurran accidentes o eventos (efectos tóxicos subletales, enfermedad e incluso muerte) que involucren materiales peligrosos manejados en o emanados de actividades altamente riesgosas, que puedan trascender los límites de su localización y afectar adversamente a la población, el ambiente y los ecosistemas.

Además, es necesario señalar que no solo se puede presentar una intoxicación aguda en un organismo (como se mencionó anteriormente), sino que también se pueden tener casos de intoxicación crónica cuando un ser vivo se ve expuesto a concentraciones bajas de un compuesto tóxico durante periodos largos de tiempo o de manera periódica. En las intoxicaciones crónicas juegan un papel importante las sustancias tóxicas persistentes y bioacumulables, las cuales son compuestos orgánicos que no se degradan con facilidad en el medio ambiente y que, por lo general, se acumulan en el tejido adiposo y se metabolizan con lentitud; de hecho, su concentración en los organismos aumenta conforme se avanza en la cadena alimentaria. Un fenómeno parecido se observa con algunos metales pesados, que en este caso tienden a acumularse principalmente en huesos. Algunas de estas sustancias o elementos se han encontrado en las emanaciones provenientes de los sitios de disposición final de residuos sólidos y se han vinculado con efectos adversos para la salud humana y de los animales.

TOXICIDAD DEL BIOGÁS

Composición del biogás
En los sitios de disposición final, la materia orgánica se degrada principalmente bajo condiciones de anaerobiosis, lo que trae como resultado la generación de biogás compuesto principalmente por metano (45-55%) y dióxido de carbono (50%), y puede contener cantidades variables de compuestos orgánicos volátiles (COV), ácido sulfhídrico y otras sustancias sulfuradas (Goldberg et ál., 1995). Además de estos componentes del biogás, Petts y Eduljee (1994) reportaron más de 130 compuestos presentes en el biogás de los sitios de disposición final (compuestos organosulfurados, hidrocarburos aromáticos, tioles, alcanos y alquenos, ésteres y éteres, mercaptanos, etc.). La composición exacta de los gases traza de naturaleza generalmente orgánica es variable como resultado de la heterogeneidad de los residuos y de las condiciones de explotación de los rellenos sanitarios.

En un relleno sanitario controlado, el biogás debe quemarse o, en el mejor de los casos, aprovecharse para la generación de electricidad. En este último caso, el impacto del biogás en la atmósfera es mínimo. No sucede lo mismo cuando el gas se deja escapar libremente en rellenos no controlados o tiraderos a cielo abierto. La figura 12.1 muestra un quemador improvisado en un relleno no controlado, donde a menudo el biogás sin quemar va directamente a la atmósfera.

Figura 12.1. Quemador improvisado en relleno sanitario (Brasil).

EFECTOS DE LOS COMPONENTES DEL BIOGÁS EN LA SALUD

A continuación se describen los daños que se pueden presentar por la exposición a los diferentes gases o partículas suspendidas provenientes del mal manejo de residuos.

Ácido sulfhídrico

El ácido sulfhídrico (H_2S) es muy tóxico y su presencia en el biogás puede ocasionar problemas de salud. Posee un olor desagradable muy fuerte, de tal suerte que puede ser detectado en el aire por el ser humano a concentraciones superiores a 0,025 ppm.

El biogás de un relleno sanitario puede contener varias decenas de ppm de este gas, cuyo olor es muy desagradable a concentraciones entre 5 y 40 ppm, y a concentraciones superiores a 50 ppm el olfato se satura y el ser humano ya no distingue niveles de concentración más altas (Gendebien et ál., 1992). Los pepenadores que viven en los tiraderos a cielo abierto o el personal que labora en los rellenos sanitarios están expuestos a riesgos de intoxicación aguda si el aire respirado contiene más de 150 ppm de este gas. Concentraciones de 300 ppm representan serios problemas para la vida y para la salud (EPA, 1994). El sistema nervioso es afectado a concentraciones superiores a 400 ppm (Gendebien et ál., 1992) y, a concentraciones superiores a 5.000 ppm resulta mortal. Desafortunadamente, concentraciones fuertes o débiles de este gas no se pueden diferenciar solamente con el olfato.

El H_2S se produce principalmente cuando en los sitios de disposición final hay cantidades importantes de sulfatos. Las fuentes de sulfato pueden ser de origen animal o vegetal, como granos fermentados, desechos de alimentos o materiales que contienen sulfato de calcio (yeso), que es el caso particular de algunos residuos de construcción y demolición. Tchobanoglous et ál. (1998) señalan que bajo condiciones anaerobias el sulfato puede ser reducido a sulfuro, que posteriormente al combinarse con el hidrógeno forma H_2S.

Monóxido de carbono
El monóxido de carbono (CO) se une a la hemoglobina de la sangre formando la carboxihemoglobina, lo cual impide el transporte de oxígeno conduciendo a la asfixia del organismo; por esta razón, este compuesto es muy tóxico. Este gas causa la muerte después de algunos minutos de exposición a concentraciones de 5.000 ppm.

Nozhevnikova et ál. (1993) reportan que las emisiones de CO han sido detectadas durante todas las etapas de explotación en los rellenos sanitarios, donde la concentración más fuerte detectada ha sido de 2% en un relleno donde se depositaban tanto RSU como residuos industriales.

Bióxido de carbono y otros compuestos
En lo que respecta al bióxido de carbono, una exposición prolongada al CO_2 a una concentración en aire superior a 5% en volumen representa un grave peligro para la salud. Algunos componentes menores del biogás son considerados como tóxicos, carcinogénicos, mutagénicos y teratogénicos. Young y Parker (1984) destacan que la fuerte toxicidad de los hidrocarburos aromáticos se debe a sus propiedades narcóticas e irritantes y, particularmente, en el caso de algunos productos como el tolueno, el xileno y el propilbenceno, los efectos son acumulativos.

Efectos psicosomáticos
Lo primero que alguien percibe cuando se encuentra cerca de un sitio de disposición final de basura es el mal olor; en los tiraderos a cielo abierto la contaminación atmosférica es evidente por la presencia de gases, polvos (partículas en suspensión) y con ello la presencia de olores desagradables. En las zonas aledañas a un relleno sanitario, también se pueden presentar problemas por olores desagradables durante la operación del sitio y durante el primer año después de haber clausurado el relleno.

Las personas expuestas constantemente a olores ofensivos pueden desarrollar padecimientos psicosomáticos; por ejemplo, las personas que viven en áreas cercanas a los rellenos sanitarios pueden presentar estrés mental y fisiológico. El problema del mal olor es uno de los principales motivos por los cuales las personas que habitan en zonas aledañas a los sitios de disposición final se oponen firmemente a su operación, debido a que los malos olores pueden percibirse a varios kilómetros del sitio en cuestión. La mayoría de los olores son resultado de una mezcla compleja de compuestos, y la respuesta sensorial humana a los componentes individuales de esa mezcla varía de compuesto a compuesto y de persona a persona (Sarkar et ál., 2003).

El mal olor del biogás se debe a la presencia de pequeñas cantidades (del orden de ppm) de compuestos sulfurados (ácido sulfhídrico, polisulfuros y mercaptanos), ácidos volátiles y aldehídos. La reducción bioquímica de un compuesto orgánico que tiene un radical de azufre puede causar la formación de compuestos malolientes, tales como el metilmercaptano y el ácido amino butírico. Algunos compuestos presentes en el biogás no tienen malos olores, sin embargo, al mezclarse pueden incrementar el mal olor de otros. Además de los COV no metánicos, el ácido sulfhídrico puede llegar a ser el principal compuesto responsable de los olores nauseabundos.

Los malos olores pueden generarse en sitios de disposición final o cuando los residuos sólidos se almacenan durante largos períodos de tiempo, por ejemplo en estaciones de transferencia de descarga indirecta o en plantas incineradoras. El desarrollo de olores en las instalaciones de almacenamiento in situ es más notable en sitios con climas cálidos.

ECOTOXICOLOGÍA DEL BIOGÁS

Asfixia de raíces de plantas en rellenos clausurados
Los efectos nefastos del biogás sobre la vegetación se observan principalmente en la asfixia de raíces, hecho que se presenta frecuentemente después de haber clausurado un relleno sanitario y de haber sembrado pasto y plantas sobre la superficie del relleno. La asfixia de las raíces es el resultado más de efectos físicos que de bioquímicos, debido a que se lleva a cabo un desplazamiento del oxígeno presente en el suelo.

Aunque en la bibliografía no se encuentran reportadas las concentraciones mínimas inhibitorias del crecimiento o dosis letales de biogás emitido directamente en las raíces vegetales, desde hace varias décadas se han realizado estudios de laboratorio para determinar el efecto y las concentraciones letales de CO_2 sobre plantas nativas y cultivadas. Tales estudios han sido realizados bajo condiciones experimentales que involucran la inyección del gas contaminante directamente al suelo o al medio de cultivo, sin embargo, dan una idea clara del impacto ecotoxicológico del biogás.

Por ejemplo, en un estudio realizado por Leonard y Pinckard (1946) en plántulas de algodón en cultivo líquido, se encontró que una solución conteniendo 39% de CO_2 reducía el crecimiento de las raíces, inhibiendo totalmente el crecimiento e iniciándose un adelgazamiento de la raíz en concentraciones saturadas con el 60% de CO_2. Por su parte, Stolwijk y Thimann (1957), reportaron una inhibición completa del crecimiento de raíces de cultivos de frijol después de inyectar concentraciones de CO_2 del 6,5% en el suelo cerca de la región media de la raíz.

En un estudio más reciente, Smith et ál. (2004) inyectaron gas metano en distintos puntos del suelo con un metro de separación entre sí y lo difundieron con un flujo de gas de 100 L/h durante 10 meses, luego analizaron el efecto en el crecimiento y desarrollo de las plantas. Estos autores encontraron que había una relación inversa entre las concentraciones de metano y las de O_2, y observaron síntomas de clorosis en plantas de pasto a los 44 días de exposición al gas y un pobre desarrollo en plantas de trigo y frijol, los cuales mostraron clorosis hasta cuatro meses después de iniciar el experimento.

TOXICIDAD DE LOS LIXIVIADOS

Según Clément et ál. (1997), los lixiviados de rellenos sanitarios se pueden considerar como efluentes complejos que contienen compuestos orgánicos (ácidos grasos, sustancias húmicas, solventes, alcoholes, fenoles compuestos aromáticos, plaguicidas, etc.), metales pesados (Cd, Zn, Cu, Pb, etc.) y gran variedad de iones químicos (NH_4^+, Ca^{2+}, Mg^{2+}, K^+, Na^+, Cl^-, S^{2-}, HCO_3^-, etc.). Los lixiviados, que son el principal flujo de contaminación que emanan de los tiraderos a cielo abierto, representan los principales riesgos de contaminación de los rellenos sanitarios hacia las aguas superficiales y subterráneas (Ding et ál., 2001; Robles Martínez, 2008). Sin embargo, a pesar de los trabajos que señalan el efecto nocivo de los lixiviados, hay quienes han afirmado que el poder contaminante de estos puede ser fuertemente atenuado en el subsuelo y, en cierto caso, eliminado antes de que alcancen los mantos acuíferos.

Para ejemplificar lo anterior, Tannenberg (1996) reporta que los lixiviados no representan un peligro importante para las aguas superficiales o subterráneas, porque los volúmenes liberados (en el caso de los vertederos) son relativamente pequeños; y aun si esta contaminación se prolongara por varias décadas, en general sería muy débil para alterar permanentemente un manto freático o un cuerpo de agua. De la misma manera, Flyhammar (1997) reporta que varias investigaciones indican que la migración de metales pesados es muy baja durante las primeras décadas después de la disposición de los residuos y, por lo tanto, el impacto ambiental (por metales pesados) en caso de fuga no sería considerable.

Si bien lo reportado por Tannenberg (1996) y Flyhammar (1997) pudiera ser cierto en un vertedero bien operado, está lejos de ser cierto en los tiraderos a cielo abierto o rellenos no controlados, donde la contaminación por estos líquidos ha sido probada totalmente, sobre todo cuando no se tiene un control adecuado y puede presentarse la disposición de residuos peligrosos mezclados con RSU. La figura 12.2 muestra una fuga de lixiviados en un relleno sanitario en México; estos lixiviados se mezclaron con un encharcamiento de agua de lluvia.

Figura 12.2. Encharcamiento de agua pluvial mezclada con lixiviados de un relleno sanitario.

CONTAMINACIÓN DE CUERPOS DE AGUA POR LIXIVIADOS

Existen varios reportes sobre la contaminación en mantos acuíferos por lixiviados provenientes de sitios de disposición final de residuos; por ejemplo, Acurio et ál. (1997) reportan que en Bogotá (Colombia), los lixiviados generados en los tiraderos de Cortijo y Gibraltar contaminaron las aguas subterráneas con plomo, cromo y mercurio. Para el caso de México, los mismos autores reportan que hay estudios que muestran que la demanda bioquímica de oxígeno de la basura es ocho veces mayor que la presente en las aguas negras. La contaminación por materia orgánica lleva a incrementar la demanda química y biológica de oxígeno en las aguas subterráneas y superficiales.

En la década de los noventa, en Montevideo (Uruguay), el lixiviado sin tratamiento de un relleno no controlado descargaba en un efluente del arroyo Carrasco, lo que comprometía el uso de este recurso para consumo humano. De ser consu-

midas las aguas contaminadas, podrían tenerse problemas de
salud en los seres vivos, como sucedió también en Uruguay,
donde 58.000 viviendas se abastecían de pozos, donde el agua
solía estar contaminada por la mala disposición de los residuos
en la misma década (Acurio et ál., 1997). Estos autores reportan también que en América Latina y el Caribe hay contaminación de las aguas superficiales por mala disposición de RSU
y que, en la mayoría de las ciudades, la disposición final de
residuos sólidos se hace en forma conjunta (urbanos, especiales y peligrosos) e indiscriminada, lo que presenta un impacto
ambiental negativo en el siguiente orden decreciente de riesgo
durante la gestión de los residuos sólidos:

1. En los sitios de disposición final (tiraderos a cielo abierto
en barrancos, terrenos baldíos, márgenes de ríos y lagunas,
pantanos, esteros y el mar; rellenos sanitarios y controlados).
2. En los sitios de almacenamiento incluidos los patios
traseros de las industrias, terrenos baldíos y contenedores
defectuosos.
3. En las estaciones de transferencia y en las plantas de tratamiento y recuperación.
4. En el proceso de recolección y transporte.

CONTAMINACIÓN POR COMPUESTOS ORGÁNICOS

En 1988, estudios realizados por Brown y Donelly sobre la
presencia de compuestos orgánicos en los lixiviados provenientes de diversos rellenos sanitarios concluyeron que algunos compuestos tóxicos y carcinogénicos estaban presentes
en los lixiviados de todos los rellenos sanitarios analizados.
Las fuentes de dichos contaminantes incluyen los RSU y sus
productos de degradación, residuos peligrosos ilegalmente dispuestos y pequeñas cantidades de residuos peligrosos presentes
en los RSU.

Oman y Junestedt (2008) analizaron muestras de lixiviados provenientes de 12 rellenos sanitarios de RSU de Suecia y detectaron 90 compuestos orgánicos y metal-orgánicos. Entre esos compuestos detectados se encuentran los compuestos alifáticos halogenados, clorobenceno, fenoles clorados, dioxinas, furanos, PCB, retardantes de flama bromatados, metil-mercurio y compuestos estaño-orgánicos (monobutil estaño, dibutil estaño, tributil estaño, monooctil estaño y dioctil estaño).

Contaminación por compuestos inorgánicos

Estos incluyen los metales pesados como el cobre, arsénico y mercurio; radioactivos como el uranio; fertilizantes con nitratos y fosfatos, ácidos, bases y algunos tipos de sales. Los nitratos representan el nutriente que más comúnmente contamina a los acuíferos, porque son solubles en agua, pueden lixiviarse con facilidad a través del suelo y persisten por décadas en las aguas subterráneas poco profundas (Nolan, 2001). Para el caso de los metales pesados en lixiviados, estos pueden provenir de los materiales que conforman los RSU; por ejemplo, los desechos que contribuyen a la emisión de mercurio son principalmente: lámparas fluorescentes, termómetros, pilas y baterías, interruptores eléctricos, etc. (Pilgrim et ál., 2000).

En relación con el arsénico, su liberación a la atmósfera y a los ecosistemas acuáticos a través de las emisiones de rellenos sanitarios está cobrando importancia gracias al incremento global de la producción de RSU y al incremento en el conocimiento sobre la toxicidad del As (Pacyna y Pacyna, 2001). En investigaciones más recientes, se han encontrado elementos o compuestos no reportados anteriormente en lixiviados, por ejemplo, Oman y Junestedt (2008) detectaron en lixiviados de rellenos sanitarios 50 elementos inorgánicos (entre ellos metales como Rh, Sn, Ta, Te, Ti, Th y W), en concentraciones de µg/l a mg/l.

Contaminación biótica del medio por lixiviados

Si un sitio de disposición no cuenta con un sistema de recogida de lixiviados, estos pueden alcanzar cuerpos de agua superficiales o inclusive aguas subterráneas y causar, como resultado, problemas ambientales o de salud. Aunque los problemas de salud ligados a la calidad microbiológica del medio no es campo de estudio de la toxicología sino de la epidemiología, es necesario mencionar que los lixiviados pueden contribuir a la contaminación biológica de suelo y agua debido a los microorganismos que en ellos se encuentran. Por ejemplo, Lu et ál. (1981) reportan que, en los lixiviados, las bacterias que más frecuentemente pueden ser aisladas son aquellas de los géneros *Bacillus, Corynebacterium* y *Streptococcus*. Estos autores también identificaron cepas encontradas regularmente en aguas residuales (*Acinetobacter, Aeromonas, Clostridium, Enterobacter, Micrococcus, Pseudomonas, etc.*), además de hongos y levaduras.

Bruner y Carnes (1977) observaron en los lixiviados la presencia de enterovirus y de gérmenes fecales (coliformes y estreptococos), aunque sugirieron que estas bacterias patógenas y virus probablemente no logren pasar a través del suelo. Por tal motivo, los riesgos de contaminación microbiana de mantos freáticos son bajos, de la misma forma que la supervivencia de gérmenes patógenos es relativamente débil en las aguas superficiales no estancadas. Por otra parte, debe tenerse en cuenta que algunos microorganismos presentes en el medio tienen importancia como formadores de compuestos tóxicos, tal es el caso del género *Pseudomonas,* que participa en la metilación del Hg, que pudiera encontrarse precipitado en el suelo como $Hg(OH)_2$. Tal especie química del Hg puede provenir de las escorrentías de sitios de disposición final sin membranas colectoras de lixiviados ni sistemas de depuración de efluentes lixiviados, y puede, finalmente, bajo las condiciones adecuadas, biotransformarse a mercurio orgánico, el cual es muy volátil y puede difundirse fácilmente por los poros del suelo.

Asimismo, la aportación de materia orgánica en cantidades importantes puede igualmente traducirse en efectos tóxicos: por ejemplo, el desarrollo de bacterias y hongos pueden disminuir la tasa de oxígeno disuelto y provocar alteraciones en los ecosistemas acuáticos; lo anterior se puede agravar por la aportación de nitrógeno en forma de amoníaco, lo que favorece el crecimiento de plantas acuáticas contribuyendo a la eutrofización en los cuerpos de agua.

TOXICIDAD AGUDA CAUSADA POR LIXIVIADOS EN CUERPOS DE AGUA

Dado que los lixiviados provenientes de un sitio de disposición final contienen, en forma disuelta o en suspensión, sustancias que se adhieren o infiltran en los suelos o que escurren fuera de los sitios de depósito, dichas emisiones líquidas pueden contaminar tanto los suelos, provocando su deterioro y la reducción de su productividad, como los cuerpos de agua que, en caso de ser empleada para consumo humano o para riego, puede representar un riesgo para la salud humana y de los demás organismos.

En las aguas superficiales o subterráneas, los efectos a corto plazo de la contaminación de lixiviados dependen de su composición, concentración y de las características del medio receptor (pH, temperatura, alcalinidad, etc.). Los efectos tóxicos inmediatos pueden estar ligados a una modificación del pH del medio receptor; la modificación del pH y del efecto amortiguador del medio puede deberse al continuo aporte de lixiviados alcalinos o ácidos. El amoníaco y la alcalinidad de los lixiviados incrementan su toxicidad (Clément et ál., 1997; Isidori et ál., 2003), debido a que se pueden presentar niveles perjudiciales para la vida acuática, en forma de NH_3 no ionizado.

Además de lo anterior, la conductividad elevada de los lixiviados debida al aumento de la salinidad del medio —a menudo ligada a los cloruros— puede ser perjudicial para los organismos de agua dulce. Por otra parte, un medio ácido favorece la toxicidad de los sulfuros o de los ácidos presentes en el lixiviado.

Finalmente, la toxicidad dada por los metales presentes en los lixiviados dependerá de la presencia de ligandos y de otros metales en el lixiviado y en el medio receptor, así como de las condiciones fisicoquímicas del medio (Knox y Jones, 1979).

TOXICIDAD CRÓNICA CAUSADA POR LIXIVIADOS EN CUERPOS DE AGUA

Los efectos tóxicos a largo plazo (crónicos) del lixiviado dependen de la capacidad del medio para oxidar el amoníaco en nitratos y degradar la materia orgánica, pero también de la presencia de sustancias tóxicas persistentes y bioacumulables que se van biomagnificando en las cadenas tróficas (metales pesados, compuestos orgánicos recalcitrantes).

En un estudio realizado por la EPA (1988) en 163 rellenos sanitarios, se reporta que la contaminación crónica se tradujo por cambios sutiles de la flora y fauna en lugares aledaños al sitio de disposición final, estos cambios fueron el resultado de la lenta introducción de contaminantes al ambiente y de su acumulación en los sedimentos o en los organismos vivos. Sin embargo, los efectos de esta toxicidad crónica son difícilmente observables en corto tiempo y a simple vista, debido a que los daños ocurren en la función, estructura e integridad de biomoléculas y se traducen en alteraciones metabólicas, funcionales o reproductivas de los organismos afectados.

Como ejemplo de lo anterior, Sang y Li (2004) reportan que los lixiviados pueden causar genotoxicidad en células vegetales.

Estos investigadores observaron diferentes efectos genotóxicos en raíces de haba verde (*Vicia Faba*) que fueron expuestos a lixiviados. Los efectos observados fueron: una reducción del índice mitótico e incrementos significativos en las frecuencias de aberraciones en la anafase y micronúcleos. Sin embargo, las frecuencias disminuían después de la exposición a concentraciones inusualmente altas, debido a la toxicidad fisiológica.

Sang y Li (2004) explican que el posible mecanismo que induce micronúcleos y aberración en la anafase puede involucrar la formación de radicales libres, ya sea por vía de autooxidación o por oxidación enzimática de compuestos orgánicos presentes en los lixiviados, tales como hidrocarburos clorados y no clorados, como tetracloruro de carbono, clorometano, cloroetano, cloroetileno, ácido decanoíco, ácido nonaoíco, etc. Estos radicales libres pueden atacar ácidos nucleicos, resultar en una sustitución de bases o en la ruptura del ADN y, eventualmente, en mutación. La exposición a agua contaminada por lixiviados puede representar un riesgo potencial para inducir daños citogenéticos en organismos.

Por su parte, Brown y Donnelly (1988) reportan que los efectos tóxicos y ecotóxicos de los lixiviados de RSU pueden igualar al de los lixiviados provenientes de desechos industriales. Se han encontrado en ciertos lixiviados compuestos como el cloruro de vinilo proveniente de la descomposición del PVC (policloruro de vinilo). Por otra parte, si al depositar los RSU se encuentran algunos solventes entre estos, es claro que después de migrar, contaminarán los mantos freáticos o la atmósfera.

Incineración y quema de residuos

Existe la noción común de que las cosas desaparecen cuando se queman. Pero en realidad, la materia no se destruye, únicamente se transforma. La incineración es uno de los procesos térmicos que pueden aplicarse al tratamiento de los RSU para disminuir su volumen y masa, y aprovechar la energía liberada por la combustión, sin embargo, tiene serias desventajas. Las temperaturas de operación están entre los 870 °C y 1.130 °C, y dependiendo de la intensidad del calor, los contaminantes se evaporan o se descomponen en sus elementos o compuestos más simples como: CO_2, H_2O, hidrógeno, carbono, cloro, nitrógeno, etc., no obstante, también se tienen como producto una serie de gases y partículas que pueden afectar gravemente la salud de las personas y de otros organismos; entre estos, Hontoria García y Zamorano Toro (2000) mencionan:

- Óxidos de nitrógeno (NOx), precursores de la formación del ozono. El ozono causa envejecimiento prematuro de los pulmones.
- Dióxidos de azufre (SOx), los cuales son irritantes para los ojos, la nariz y garganta. En altas concentraciones pueden causar enfermedades o la muerte en personas afectadas por problemas pulmonares.
- De los gases producidos, el CO_2, SOx, NOx, cloruro de hidrógeno y fluoruro de hidrógeno son gases ácidos, por lo tanto contribuyen a la formación de lluvia ácida.
- Materia particulada, como las partículas PM10. Este material es causante de reducción de la visibilidad y efectos sobre la salud al ser aspirado e introducirse a los pulmones.
- Sustancias como benzopirenos y alquitranes que resultan ser nocivos y muchos de ellos cancerígenos.
- La emisión de metales pesados como el Cd, Pb, Cr, Hg y Zn durante la incineración también representan un preocupación por los posibles daños a la salud que esto puede traer (Falcoz, et ál., 2010).
- Mención aparte merecen las dioxinas y los furanos, que se generan durante el proceso de incineración de residuos, sobre todo si las temperaturas son inferiores

a 850 °C. Para la formación de las dioxinas y furanos, se requiere la presencia de cloro, carbono, oxígeno e hidrógeno, altas temperaturas, y es resultado de reacciones heterogéneas en las que la participación de las cenizas de los residuos juegan un papel importante (Kilgroe, 1996).

Todos los contaminantes mencionados se forman en la mayoría de los sistemas de combustión, sea cual fuere la finalidad de la práctica, es decir, durante la incineración controlada de residuos (RSU, lodos de depuradoras, residuos médicos y residuos peligrosos) en plantas de incineración o en fábricas de cementos, durante los incendios forestales, por la quema incontrolada de combustibles como carbón, madera y derivados del petróleo y, por supuesto, por la quema incontrolada de residuos (McKay, 2002).

TOXICIDAD DE LOS GASES POR COMBUSTIÓN INCONTROLADA

Por un lado, las plantas incineradoras de residuos han introducido mejoras muy importantes en los sistemas de limpieza de los gases de combustión y, a pesar de ello, han sido fuertemente cuestionadas por su impacto al ambiente. Por otro lado, la quema incontrolada de residuos sigue siendo una práctica muy empleada, con un impacto ambiental muy fuerte.

La contaminación atmosférica causada por la quema incontrolada es desafortunadamente un caso muy frecuente en muchas ciudades, por ejemplo, Acurio et ál. (1997) reportan que en Buenos Aires y en la Ciudad de México los incineradores de residuos en edificios multifamiliares fueron prohibidos por incrementar la contaminación atmosférica, dado el escaso (o nulo) control en el proceso de incineración. Peor situación aún se tiene con la quema de residuos a la que recurren los pobladores de algunas zonas periféricas marginadas de las ciudades, así como los incendios accidentales o provocados en basureros municipales.

Los gases producto de la quema de residuos en ocasiones pueden derivar en lesiones locales (en el sistema respiratorio) o sistémicas (en todo el organismo) muy graves en los individuos expuestos, puesto que producen la suspensión de partículas que pueden ser altamente contaminantes. Sin embargo, la quema indiscriminada de RSU, que es responsable de la emisión de dioxinas, furanos, ácido clorhídrico, entre muchos otros compuestos, existe —en algunos casos— diariamente en los tiraderos o rellenos no controlados en América Latina, donde los residuos se queman por dos razones: a) para que les sea más práctico a los pepenadores la recuperación de metales como aluminio, hierro o cobre y, b) para disminuir el volumen de los residuos y poder incrementar "la vida útil" del sitio.

La quema incontrolada (y muchas veces incompleta) de residuos genera una gran cantidad de emisiones gaseosas que pasan directamente en la atmósfera y residuos sólidos de la combustión que contaminan los suelos y cuerpos de agua. En algunos estudios se ha encontrado que las sustancias tóxicas potenciales presentes en los subproductos de la incineración de residuos sólidos incluyen: metales pesados (plomo, cadmio, mercurio y arsénico), material particulado, compuestos sumamente tóxicos como las dioxinas, los furanos y los PCB (bifenilos policlorados), o el monóxido de carbono (Mozzon et ál., 1987, Lisk 1988; Kellam et ál., 1989; Denison y Silbergeld, 1989; Mumma et ál., 1990).

En la figura 12.3 se muestra un esquema de la clasificación de los distintos posibles tipos de productos de la combustión incompleta de los residuos sólidos.

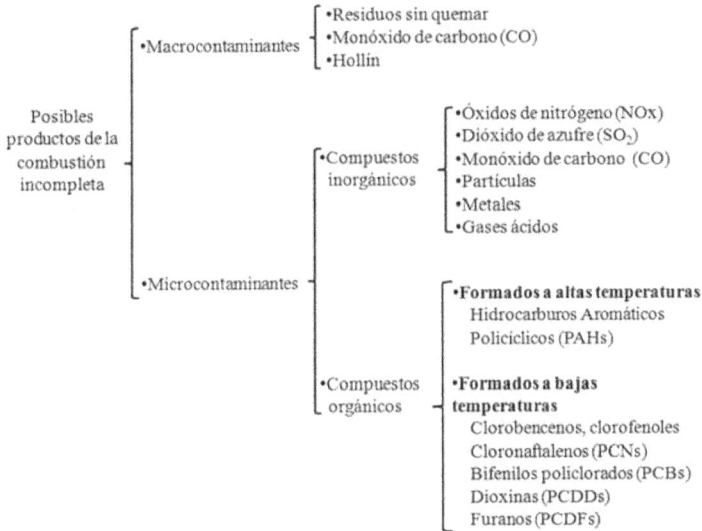

Figura 12.3. Clasificación de los posibles productos de la combustión incompleta de los residuos sólidos.

Durante la quema de residuos, la presencia y concentración de los gases y partículas antes mencionadas dependerá de la composición de aquellos. Se ha demostrado que los RSU de origen doméstico pueden contener cantidades significativas de residuos peligrosos como plaguicidas, hidrocarburos y solventes clorados y no clorados y productos automotores como aceites, lubricantes y anticongelantes. Estos componentes de los RSU agravan las emisiones a la atmósfera en caso de quema no controlada.

Dentro de este grupo de sustancias emitidas, merece la pena destacar dos grupos de compuestos: dioxinas, furanos y PCB, cuyos efectos nocivos se describen líneas abajo.

Dioxinas

Los incineradores de residuos han sido clasificados como la principal fuente de emisión de dioxinas (UNEP Chemicals, 1999 y USEPA, 1998), para las que no existe un umbral de exposición seguro (Mackie et ál., 2003).

Se conoce como "dioxinas" a un grupo de 75 compuestos cuyo nombre genérico es el policloro dibenzo-p-dioxinas (PCDD). Como se muestra en la figura 12.4, estos compuestos están formados por un núcleo básico de dos anillos de benceno unidos por dos átomos de oxígeno. A dicho núcleo básico pueden agregarse X átomos de Cl en el primer anillo y Y átomos de Cl en el segundo, de manera que la suma de átomos de cloro unidos en las posiciones 1,2,3,4,6,7,8 y 9 se encuentran en el rango de 1 a 8.

Durante la incineración o quema incontrolada de residuos, se pueden generan dioxinas y furanos si se tiene la presencia de cloro en los materiales que forman los residuos, como es el caso del PVC. Cuando en la bibliografía científica se citan las dioxinas, se encuentran ligadas a los furanos, por sus fuentes de producción y eliminación similares.

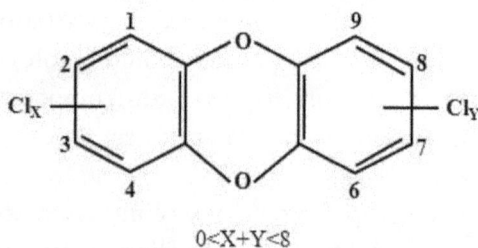

$$0 < X + Y < 8$$

Figura 12.4. Estructura química general de las dioxinas (PCDD).

FURANOS

Se conoce como "furanos" a un grupo de 135 compuestos cuyo nombre genérico es el policloro dibenzo-p-furanos (PCDF). Estos compuestos están formados por un núcleo básico de dos anillos de benceno unidos por un átomo de oxígeno y por un enlace C-C, en los cuales puede haber (al igual que en los PCDD) de uno a ocho átomos de cloro (figura 12.5).

Estos compuestos se incorporan a la atmósfera adsorbiéndose a partículas de polvo y, consecuentemente, se desplazan con el viento. También, al igual que otros COV, al volatilizarse pueden ser desplazados a largas distancias.

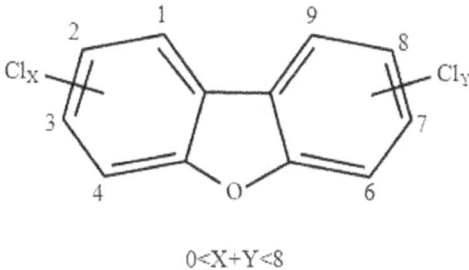

$$0 < X + Y < 8$$

Figura 12.5. Estructura química general de los furanos (PCDF).

CARACTERÍSTICAS FISICOQUÍMICAS DE DIOXINAS Y FURANOS

Algunas dioxinas y furanos están entre los compuestos más tóxicos hasta ahora conocidos, por lo que pueden causar daños a la salud aun en dosis extremadamente pequeñas. Ambos grupos de compuestos son persistentes en la naturaleza y pueden durar varios años sin ser degradados.

McKay (2002) reporta que todos los PCDD y PCDF son compuestos orgánicos que se encuentran en estado sólido, los cuales presentan altos puntos de fusión y bajas presiones de vapor. Estos compuestos se caracterizan también por su baja solubilidad en el agua; la solubilidad en el agua de las dioxinas y furanos decrece y la solubilidad en solventes orgánicos crece con el aumento en el contenido de átomos de cloro.

Las dioxinas y furanos, por su alta lipofilicidad, se bioacumulan en los tejidos grasos de los organismos y se biomagnifican; esto significa que aumentan su concentración progresivamente a lo largo de la cadena trófica. En la bibliografía científica podemos encontrar varios trabajos en los cuales se reporta la acumulación de dioxinas y furanos en seres vivos, por ejemplo Schuhmacher et ál. (1998) observaron la presencia de estos compuestos en la vegetación aledaña a una incineradora de residuos en Tarragona (España). Otros estudios han centrado su atención en la evaluación de los niveles de dioxinas en diversos elementos bióticos, como es el realizado por Bernes (1998), en el que midieron los niveles de dioxinas en organismos que habitan el fondo marino como las almejas y en peces como el salmón (2-8 ng/kg), arenque (2-2,5 ng/kg) y bacalao en el mar Báltico, en virtud de que en regiones como Finlandia y Suecia la alimentación se basa en el consumo de este tipo de peces que son concentradores de dioxinas.

En los incendios o quemas provocadas en tiraderos de residuos, la formación de dioxinas y furanos es mayor que en cualquier sistema de combustión controlada, ya que en los tiraderos se tiene una combustión incompleta de los residuos orgánicos, resultado del amontonamiento de residuos y del escaso suministro de oxígeno a la masa de residuos en combustión. En estas condiciones, resultado de la oxidación incompleta, se tienen fragmentos de compuestos orgánicos que pueden ser los precursores de las moléculas de dioxinas y furanos.

En general, la formación de dioxinas generadas por las incineradoras se podría explicar por la combinación de tres mecanismos:
1- Que sean componentes traza de los residuos que se incineran y no productos de la degradación térmica.
2- Que se formen a partir de los precursores clorados presentes en los residuos, como los clorobencenos, clorofenoles, PCB, durante la combustión.
3- Que se formen vía síntesis *de novo*, a partir de la pirólisis de compuestos no relacionados, siguiendo nuevas rutas sintéticas: del PVC, DDT, cloroetano, celulosa, etcétera.

DAÑOS A LA SALUD OCASIONADOS POR DIOXINAS Y FURANOS

La toxicidad varía considerablemente entre las diferentes dioxinas y furanos, se acepta de manera general que solo 17 de estos compuestos (de los 210: 75 dioxinas + 135 furanos) son tóxicos. La toxicidad de estos compuestos varía directamente en relación con su nivel de cloración, siendo los tetracloroderivados los más tóxicos de la serie, especialmente cuando el cloro sustituyente se localiza en las posiciones 2,3 y 7.

La dioxina más tóxica es la 2,3,7,8 tetracloro dibenzo-p-dioxina (2,3,7,8 TCDD), y sobre este compuesto se calcula el factor de toxicidad equivalente (FTE) de las demás dioxinas y furanos. A la toxicidad de la 2,3,7,8 TCDD se le da el valor máximo de 1; los otros compuestos tienen FTE menor a 1; de esta forma, para calcular la toxicidad de una mezcla de PCDD y PCDF, se debe multiplicar las concentraciones de cada componente (de la mezcla) por su FTE respectivo. Para mayor detalle de estos cálculos, se puede consultar el reporte de la NATCO/CCMS publicado en 1991.

La preocupación por el efecto de las dioxinas y furanos sobre la salud pública se hizo patente después del accidente de Seveso (Italia), donde se presentó una contaminación por 2,3,7,8-TCDD. Después del accidente se incrementaron considerablemente los casos de cloracné y disfunciones hepáticas en los habitantes de esta comunidad.

La toxicidad de las dioxinas se debe a que actúan en el organismo con un mecanismo similar al de las hormonas, pero sin el control que el organismo establece sobre ellas, por lo que su acción provoca enfermedades relacionadas con una excesiva producción o un déficit de hormonas. Esta toxicidad se manifiesta, dependiendo de la dosis y tiempo de exposición, en forma de alteraciones en el cuerpo humano que van desde la anorexia hasta la carcinogénesis. El cloracné es el efecto observado más fácilmente en humanos expuestos a dioxinas.

El posible envenenamiento por dioxinas del presidente de Ucrania, Víctor Yuschenko, en noviembre de 2004, se manifestó mediante la aparición de esta enfermedad, que provocó un cambio radical en su imagen.

Diversos estudios a largo plazo en distintas especies de animales (ratones, ratas y hámsters) han comprobado que estos compuestos pueden causar cáncer en distintas partes del organismo, como hígado, pulmones, lengua, nariz, glándula tiroides, glándula adrenal y en la piel. Sin embargo, en los estudios epidemiológicos (en poblaciones humanas), la existencia de factores confusores (coexposición a otros compuestos, variabilidad genética, condición fisiológica, edad, etc.) dificulta establecer asociaciones causales directas entre factores de riesgo y enfermedad. Además, uno de los problemas importantes que retardan el estudio de su toxicidad en humanos es la dificultad en su medición, ya que se requiere una metodología muy sofisticada y cara, de la que no se dispone con facilidad. Dioxinas y furanos se acumulan en el organismo y las bajas concentraciones en sangre son difícilmente cuantificables con los instrumentos actuales, lo que origina un retraso en el diagnóstico de las patologías que producen.

Según McKay (2002), la EPA reporta a la 2,3,7,8-TCDD como un "probable" carcinogénico humano tomando como base los datos inequívocos de carcinogenicidad animal, sin embargo, hay poca evidencia en casos de personas. Por su parte, todas las agencias reguladoras europeas consideran a las dioxinas y los furanos como promotores carcinogénicos y han definido una ingestión diaria tolerable (*Tolerable daily intake*, TDI) basada sobre un nivel de efectos no observados (NOAEL) derivados de estudios con animales.

En la mayor parte de los estudios realizados en comunidades que viven cerca de incineradores, se ha evaluado la exposición tomando en cuenta la distancia de la residencia al sitio de emisión o estimando las áreas en mayor riesgo por las emisiones. En dichos estudios se ha encontrado una asociación entre las emisiones de las incineradoras modernas y las concentraciones sanguíneas de dioxinas que pudieran estar ligadas a enfermedades respiratorias.

McKay (2002) señala que la exposición a dioxinas puede causar severos problemas reproductivos y de desarrollo mental (a niveles 100 veces menores que los reportados como causantes de cáncer). Además se sabe que las dioxinas y los furanos pueden ocasionar efectos inmunotóxicos, reproductivos en el desarrollo de mamíferos; en este caso, también la evidencia en personas es incierta pero se ha observado que durante el embarazo las dioxinas pueden afectar el desarrollo del feto, y el mayor riesgo se presenta a las nueve semanas de embarazo, mientras que los mayores defectos en el sistema nervioso central pueden ocurrir durante los primeros cuatro meses de desarrollo del feto.

Las dioxinas y los furanos pueden encontrase en diversos tejidos de los seres humanos, como puede ser en sangre, leche, tejido adiposo e hígado. Las fuentes de contaminación pueden ser variadas (no solamente provenientes de los residuos), como lo muestra el estudio de Schecter et ál., quienes reportaron en

1994 que en regiones de países poco industrializados, como China, Tailandia, Camboya y el norte de Vietnam, se encontraron en tejido humano niveles relativamente bajos de dioxinas y dibenzofuranos; en el rango de 100 a 160 ppt (ng/kg) en sangre y tejido adiposo. En países industrializados, estos niveles fueron más altos, y se encontraron, por ejemplo concentraciones totales de PCDD/F de 886 y 1591 ppt en Alemania y Estados Unidos respectivamente.

BIFENILOS POLICLORADOS

Los bifenilos policlorados (PCB) son un grupo de 209 sustancias sintéticas cloradas de elevada toxicidad para los seres vivos. Pueden contener desde uno hasta diez átomos de cloro en diferentes posiciones de los anillos de bifenilo; la ubicación de la sustitución se indica con el nombre de cada compuesto. Su estructura general se muestra en la figura 12.6.

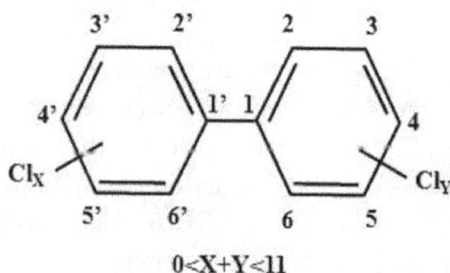

Figura 12.6. Estructura química general de los bifenilos policlorados (PCB).

Dentro de este grupo de compuestos existe un conjunto de 12 PCB coplanares denominados "PCB similares a dioxinas", cuya configuración espacial plana les confiere propiedades parecidas a las dioxinas, sobre todo en cuanto a la toxicidad. Las propiedades fisicoquímicas de estos compuestos dependen del grado de cloración y de la posición de los átomos de cloro. Por lo general, son compuestos muy estables, difícilmente biodegradables, insolubles al agua, resistentes al fuego y muy buenos aislantes eléctricos.

A diferencia de las dioxinas y los furanos, los PCB son productos químicos producidos intencionadamente, que se han fabricado durante décadas antes de la prohibición de su producción, comercialización y utilización en 1985. Aunque las fuentes de emisión son muy variadas, para fines de este texto, nos interesan los vertederos de residuos (emisiones a la atmosfera debidas a la evaporación), los incendios accidentales y el proceso de incineración de residuos.

Estos compuestos están clasificados como probables carcinógenos humanos, de acuerdo a la Agencia Internacional de Investigación sobre Cáncer (IARC, por sus siglas en inglés) (ATSDR, 1997; IARC, 1987) y producen una amplia gama de efectos adversos en los animales, entre ellos: toxicidad reproductiva, inmunotoxicidad y carcinogenicidad.

METALES PESADOS

Las incineradoras de RSU normalmente reciben una mezcla de residuos que contienen metales pesados, los cuales son emitidos por resultado de la incineración como partículas de metal ultrafinas. Ya que estas partículas son especialmente reactivas, se puede argumentar que las incineradoras de RSU producirán más partículas ultrafinas tóxicas que, por ejemplo, una central térmica de carbón (Howard, 2000).

Aunque en la bibliografía científica solo se ha localizado un estudio epidemiológico sobre exposición a metales pesados en individuos que vivían cerca de incineradoras de residuos peligrosos, existen varios estudios realizados en trabajadores de incineradoras de RSU.

En un estudio realizado por Kurttio et ál. (1998), se evalúa la presencia de mercurio tanto en trabajadores como en habitantes de zonas aledañas a una incineradora de residuos peligrosos en Finlandia, donde se observaron cambios en los niveles de mercurio en el cabello de 113 personas que vivían cerca de la incineradora entre 1984 y 1994. Además, en dicho estudio se detectó que las concentraciones de mercurio eran más elevadas en los trabajadores de la planta, y en los residentes incrementaban según disminuía la distancia a la incineradora. Como ejemplo, los niveles que se detectaron eran de 0,16 mg/kg en residentes que vivían a 1,5-2 km de la planta (grupo de mayor exposición); de 0,13 mg/kg en residentes que vivían a 2,5-3,7 km (grupo de exposición media); y de 0,03 mg/kg en residentes que vivían a unos 5 km (grupo de baja exposición).

Los resultados indicaban que era muy probable que la incineradora de residuos peligrosos fuese la fuente de exposición entre los residentes; y afirmaban que la forma principal de exposición era por inhalación y posiblemente por otras vías como la ingestión de agua potable, de verduras y de hortalizas locales. Los autores concluyeron que el incremento en las concentraciones de mercurio en residentes disminuía con el tiempo y, por lo que actualmente se conoce, no representa un peligro para la salud humana.

Por otro lado, el National Research Council (NRC) presentó, en el año 2000, un estudio realizado por el Instituto Nacional de Seguridad Laboral en 1992 en tres incineradoras de RSU de Nueva York, donde se investigaban los niveles de metales pesados en el lugar de trabajo (NIOSH, 1995). De acuerdo a este estudio, las concentraciones en el aire de aluminio, arsénico, cadmio, plomo y níquel, durante algunos periodos de limpieza del precipitador electrostático, eran lo suficientemente elevadas para exceder la capacidad de protección de las máscaras que visten los trabajadores durante la operación. Por lo que se concluye que el trabajo durante las operaciones de limpieza en incineradoras conlleva riesgos para la salud.

Por último, con respecto al arsénico, a mediados de los noventa, las emisiones globales de As a la atmósfera por incineración fueron de 87 ton/año y el factor de emisión correspondiente fue de 1,1 a 2,8 g de As por tonelada de RSU incinerados (Pacyna y Pacyna, 2001). Las principales fuentes de As en los RSU son el vidrio, componentes metálicos (aleaciones, semiconductores) y agroquímicos.

REFERENCIAS BIBLIOGRÁFICAS

Acurio, G., Rossin, A., Texeira, P.F., Zepeda, F., 1997. *Diagnóstico de la situación del manejo de residuos sólidos municipales en América Latina y el Caribe*, Banco Interamericano de Desarrollo y Organización Panamericana, Washington D.C.

ATSDR (Agency for Toxic Substances and Disease Registry), 1997. *Toxicological Profile for Polychlorinated Biphenyls*, U.S. Department of Health and Human Services, U.S. Public Health Service, Atlanta, GA.

Bernache, G., 2003. "The environmental impact of municipal waste management: the case of Guadalajara metro area". *Resource, Conservation and Recycling* 39:223-237.

Bernes, C., 1998. *Persistent Organic Pollutants. A Swedish View of an International Problem. Monitor 16*, Swedish Environmental Protection Agency.

Brown, K.W. y Donnelly, K.C., 1988. "An estimation of the risk associated with the organic constituents of hazardous and municipal waste landfill leachates". *Hazardous wastes and hazardous materials* 5;1-57.

Bruner, D.R. y Carnes, R.A., 1977. "Characteristics of percolate of solid and hazardous waste deposits". *Journal of the American Water Work Association* 69(8):453–457.

Clément, B., Janssen, R.C., Le Dû-Delepierre, A., 1997. "Estimation of the hazard of landfills through toxicity testing of leachates". *Chemosphere* 35 (11):2783-2796.

Colomer Mendoza, F. y Gallardo Izquierdo, A., 2007. *Tratamiento y gestión de residuos sólidos*, Limusa, México, p. 319.

Day, K.E., Ongley, E.D., Scroggins, R.P., Eisenhauer, R.P., 1988. *Biology in the New Regulatory Framework for Aquatic Protection, Proceedings for the Alliston Workshop, National Water Research Institute (Burlington, Ontario) and Environment Canada (Ottawa).*

Denison, R. y Silbergeld, E. 1989. "Comprehensive Management of Municipal Solid Waste Incineration: Understanding the Risks". *Municipal Waste Incineration Risk Management*, CRC Press, Boca Ratón, Florida.

Ding, A., Zhang, Z., Fu, J., Cheng, L., 2001. "Biological control of leachate from municipal landfills". *Chemosphere* 44:1-8.

EPA, 1988. *Case on ground-water and surface water contamination from municipal solid waste landfills*. Report EPA/530-SW-83-040, Spriengfield, EE.UU.

EPA, 1994. "Landfill operations". *Design, operation and closure of municipal solid waste landfills*, Washington, D.C. *Seminar publication* EPA/625/R-94/008, EE.UU.

Falcoz, Q., Gauthier, D., Stéphane, A., Patisson, F., Flamant, G., 2010. "A general kinetic law for heavy metal vaporization during municipal solid waste incineration". *Process Safety and Environmental Protection* 88:125-130.

Flyhammar, P., 1997. "Estimation of heavy metal transformations in municipal solid waste". *The Science of the Total Environment* 198:123-133.

Gendebien, A., Pauwels, M., Constant, M., Ledrut-Damanet, M.J., Nyns, E.J., Willumsen, H.C., Butson, J., Fabry, R., Ferrero, G.L., 1992. *Landfill gas from environment to energy. Luxembourg: Commission of the European Communities. Final Report.*

Goldberg, M., Al-Homsi, N., Goulet, L., Riberdy, H., 1995. "Incidence of Cancer among persons living near a Municipal Solid Waste Landfill in Montreal, Quebec". *Archives of Environmental Health* 50 (6):416-424.

Hontoria García, E. y Zamorano Toro, M. 2000. "El impacto ambiental de los residuos urbanos". *Fundamentos del manejo de los residuos urbanos,* Colegio de Ingenieros de Caminos, Canales y Puertos, España, pp. 563-572.

Howard C.V., 2000. *Particulate aerosols, incinerators and health. In:Health Impacts of Waste Management Policies,* Proceedings of the seminar "Health Impacts of Waste Management Policies", Hippocrates Foundation Kos, Greece, 12-14 November 1998. Eds. P. Nicolopoulou-Stamati, L. Hens and C. V. Howard. Kluwer Academic Publishers.

IARC (International Agency for Research on Cancer), 1987. "IARC Monographs on the Evaluation of Carcinogenic Risks to Humans". *Overall Evaluations of Carcinogenicity. Supplement* 7:440.

Isidori, M., Lavorgna, M., Nardelli, A., Parella, A., 2003. "Toxicity identification evaluation of leachates from municipal solid waste landfills: a multispecies approach". *Chemosphere* 52:85-94.

Kellam, B., Cleverly, D., Morrison, R., Fradkin, L., 1989. *Municipal Waste Combustion Study: Assessment of Health Risks Associated with Municipal Waste Combustion Emissions,* Radian Corp., Hemisphere Publishing Company, Nueva York.

Kilgroe, K.D., 1996. "Control of dioxin, furan and mercury emissions from municipal waste combustors". *Journal of Hazardous Materials* 47:163-194.

Knox, K. y Jones, P.H., 1979. "Complexation characteristics of sanitary landfill leachates". *Water Research* 13:839-849.

Kurttio, P., Pekkanen J., Alfthan G., Paunio, M., Jaakkola, J.J.K., Heinonen, O.P., 1998. "Increased mercury exposure in inhabitants living in the vicinity of a hazardous waste incinerator: A 10-year follow-up". *Archives of Environmental Health* 53 (2):129-137.

Leonard, O.A. y Pinckard, J.A., 1946. "Effect of various oxygen and carbon dioxide concentrations on cotton root development". *Plant Physiology* 21:18-36.

Lisk, D., 1988. "Environmental implications of incineration of municipal solid waste and ash disposal". *Science Total Environmen* 74:39-66.

Lu, J.C.S., Morrisson, R.D., Stearns, R.J. 1981. Leachate production and management from municipal landfills: Summary and Assesment, EPA, Cincinnati, Report EPA 600/9-81-002, March.

Mackie, D., Liu, J., Loh, Y.S., Thomas, V., 2003. "No evidence of dioxin cancer threshold". *Environmental Health Perspectives* 111:1145-1147.

Medina, M., 2000. "Scavenger cooperatives in Asia and Latin America". *Resources, Conservation and Recycling* 31:51-69.

McKay, G., 2002. "Dioxin characterisation, formation and minimisation during municipal solid waste (MSW) incineration: review". *Chemical Engineering Journal* 86:343-368.

Mozzon, D., Brown, D., Smith, J., 1987. "Occupational exposure to airborne dust, respirable quartz and metals arising from refuse handling, burning and landfilling". *American Industrial Hygiene Association Journal* 48:111-116.

Mumma, R., Raupach, D., Sahadewan, K., Manos, C., Rutzke, M., Kuntz, H., Bache, C., Lisk, D., 1990. "National survey of elements and radioactivity in municipal incineration ashes". *Archives of Environmental Contamination and Toxicology* 19:399-404.

NATCO/CCMS, 1991. *Bambury Report 35: Biological Basis for Risk Assessment of Dioxins and Related Compounds,* Cold Spring Harbor Laboratory Press, Cold Spring Harbor.

NIOSH (National Institute for Occupational Safety and Health), 1995. *NIOSH Health Hazard Evaluation Report. HETA 90-0329-2482,* New York City Department of Sanitation, New York. U. S., Department of Health and Human Services, Public Health Service, Centres for Disease Control and Prevention, National Institute for Occupational Safety and Health.

Nolan B.T., 2001. "Relating nitrogen sources and aquifer susceptibility to nitrate in shallow ground waters of the United States". *Ground Water* 39:290-299.

Nozhevnikova, A.N., Nekrasova, V.K., Lebedev, V.S., Lifshits, A.B., 1993. "Microbiological processes in landfills". *Water Science and Technology* 27(2):243-252.

NRC (National Research Council), 2000. *Committee on Health Effects of Waste Incineration 2000. Waste incineration and public health*. National Academy Press, Washington, D.C.

OECD, 2001. *Sector case studies: household energy and water consumption and waste generation: trends, environmental impacts and policy responses. (ENV/EPOC/ WPNEP(2001)15/FINAL)*, Organization for Economic Cooperation and Development Environment Directorate 1999-2001 Program on Sustainable Development, OECD, París.

Oman, C.B. y Junestedt, C. 2008. "Chemical characterization of landfill leachates - 400 parameters and compounds". *Waste Management* 28:1876-1891.

Pacyna, J.M. y Pacyna, E.G., 2001. "An assessment of global and regional emissions of trace metals to the atmosphere from anthropogenic sources worldwide". *Environmental Reviews* 9:269-298.

Petts, J. y Eduljee, G. 1994. "Landfill gas". *Environmental impact assessment for waste treatment and disposal facilities*, John Wiley and sons, Nueva York.

Pilgrim, W., Schroeder, W., Porcella, D.B., Burgoa, C., Montgomery, S., Hamilton, A., Trip, L., 2000. "Developing consensus: mercury science and policy in the NAFTA countries (Canada, the United States and Mexico) ". *Science of the Total Environment.* 261:185-193.

Robles Martínez, F., 2008. *Generación de biogás y lixiviados en los rellenos sanitarios,* Instituto Politécnico Nacional, México D.F., p. 115.

Sang, N. y Li, G., 2004. "Genotoxicity of municipal landfill leachate on root tips of *Vicia faba*". *Genetic Toxicology and Environmental Mutagenesis* 560:159-165.

Sarkar, U., Hobbs, S.E., Philip, L., 2003. "Dispersion of odour: a case study with a municipal solid waste landfill site in North London, United Kingdom". *Journal of Environmental Management* 68:153-160.

Schecter, A., Fürst, P., Fürst, C., Päpke, O., Ball. M., Ryan, J.J., Cau, H.D., Dai, L.C., Quynh, H.T., Cuong, H.Q., Phuong, N.T.N., Phiet, P.H., Beim, A., Constable, J., Startin, J., Samedy, M., Seng, Y.K., 1994. "Chlorinated dioxins and dibenzofurans in human tissue from general populations: A selective review". *Environmental Health Perspectives Supplements* 102 (1):159–171.

Schuhmacher, M., Domingo, J.L., Llobet, J.M., Sünderhauf, W., Müller, L., 1998. "Temporal variation of PCDD/F concentrations in vegetation samples collected in the vicinity of a municipal waste incinerator (1996-1997) ". *The Science of the Total Environment* 218:175–183.

SEMARNAT, 2008. *Programa Nacional para la Prevención y Gestión Integral de los Residuos,* México D.F., p. 190.

Smith, K.L., Colls, J.J., Steven, M.D., 2004. "A facility to investigate effects of elevated soil gas concentration on vegetation". *Water, Air, and Soil Pollution* 161:75-96.

Stolwijk, A.J. y Thimann, K.V., 1957. "On the uptake of carbon dioxide and bicarbonate by roots, and its influence on growth". *Plant Physiology* 32, 513-520.

Tannenberg, P. 1996. "Des clés pour la fermeture des décharges". *L'environnement magazine* 1551:35-48.

Tchobanoglous, G., Theisen, H., Vigil, S.A., 1998. *Gestión integral de residuos sólidos*, (vol. I), McGraw-Hill, Madrid.

UNEP Chemicals, 1999. *Dioxin and furan inventories. National and Regional Emissions of PCDD/PCDF*, United Nations Environment Programme, Ginebra, p. 102.

USEPA, 1998. *The Inventory of Sources of Dioxin in the U.S.*, US Environmental Protection Agency, Washington D.C., p. 450.

Young, P. y Parker, A, 1984. "Origin and control of landfill odors".

Chemical Index 9:329-334.

Zacarías-Farah, A. y Geyer-Allely, E., 2003. "Household consumption patterns in OECD countries: trends and figures". *Journal of Clean Production* 11:819-27.

13. RESIDUOS SÓLIDOS Y AMBIENTE

O. Buenrostro Delgado
Laboratorio de Residuos Sólidos y Medio Ambiente
Instituto de Investigaciones Agropecuarias y Forestales
Universidad Michoacana de San Nicolás de Hidalgo, México
otonielb@umich.mx

ECOSISTEMA Y AMBIENTE. CONCEPTOS BÁSICOS: POBLACIÓN, COMUNIDADES, ECOSISTEMAS

La vida está organizada por niveles de integración, desde el molecular hasta el de la biosfera. La *ecología,*en cuanto ciencia, tiene como objeto de estudio a las poblaciones, las comunidades y los ecosistemas, no obstante que tradicionalmente se ha planteado al ecosistema como su unidad básica de estudio.

Una *población*, por otro lado, se define como un grupo de individuos de una sola especie que se reproducen entre sí, y tiene como atributo principal la *densidad* (número de individuos por unidad de área). La *comunidad* es un grupo de poblaciones, ya sea de animales o plantas en un determinado sitio y cuyo atributo principal es la diversidad (número de especies por unidad de área).

El ecosistema, entendido como la comunidad biótica y su ambiente abiótico en interacción, abarca la cadena alimenticia, a través de la cual fluye la energía, junto con los ciclos biológicos necesarios para el reciclamiento de los nutrimentos esenciales.

El concepto de ambiente se entiende como un conjunto de elementos naturales y artificiales o inducidos por el hombre, que hacen posible la existencia y el desarrollo de los seres humanos y demás organismos vivos que interactúan en un espacio y tiempo determinados.El concepto de ambiente debe ser entendido entonces como un todo, como un sistema, por lo que se considera como un concepto ecosistémico (Brañes, 2000).

FLUJO DE LA ENERGÍA

La *energía* se define como la capacidad de hacer un trabajo; de acuerdo con la ley de la conservación de la energía, esta última no se crea, ni se destruye, solo se transforma (primera ley de la termodinámica). La energía puede ser térmica, mecánica, cinética, potencial, eléctrica y química; esta última, que es la única forma en que puede ser aprovechada por los organismos heterótrofos.

La segunda ley de la termodinámica afirma que la energía fluye siempre de una región de mayor concentración a otra de menor concentración y que la calidad de esta se degrada, mientras es transformada. Otro enunciado muy importante de esta ley es que ningún proceso de transformación de la energía es ciento por ciento eficiente; en esto último está la explicación física de la entropía y, por lo tanto, de la producción de residuos en el ambiente (Mackenzie y Cornwell, 2008).

CICLOS DE LA MATERIA

La materia fluye en los ecosistemas a través de los diferentes niveles tróficos como un *ciclo*, ya que solo se transforma en diferentes formas químicas. Este movimiento se da por el suministro continuo de energía luminosa, la cual se transforma en energía química y es asimilada por los diferentes niveles tróficos. Por ello, la energía es un *flujo* en una sola dirección, en lugar de un proceso cíclico, ya que la energía útil de grado elevado no puede regenerarse a partir de la energía que se disipa en forma de calor.

Los ciclos del carbono, oxígeno, nitrógeno y de otros nutrimentos importantes en la formación de protoplasma, como el azufre y fósforo, involucran todas las comunidades de organismos en interrelación y conforman redes tróficas a través de niveles de productores, consumidores y desintegradores (Mackenzie y Cornwell, 2008).

AMBIENTE Y AMBIENTE URBANO

La producción de residuos no se refiere solo a los residuos sólidos, ya que todas las actividades de producción, consumo y transformación de energía producen residuos. La diferencia entre los sistemas naturales y los urbanoses que los primeros han evolucionado para reintegrar los residuos producidos por un nivel trófico a otro, de manera que lo que para un organismo es un residuo para otroes la materia de la cual extrae los nutrimentos necesarios para su subsistencia. Con ello se conforma una intricada red alimenticia, conocida como *cadena trófica*, a través de niveles de productores, consumidores y desintegradores (Enger y Smith, 2006).

Es así que en los sistemas ecológicos o ecosistemas nada se considera como un desecho; a esto se le conoce como "estructura y función de los ecosistemas", y es lo que asegura su permanencia y autorregulación.

De manera disímil, las ciudades o sistemas urbanos carecen de esta capacidad de autorregulación; aseguran su permanencia a través de crecientes insumos de energía y materiales extraídos de los sistemas naturales y de la modificación de estos últimos (sistemas agrícolas); la transformación y el consumo de estos recursos produce residuos líquidos, sólidos y gaseosos, los cuales se acumulan, ya que se ha trastocado la estructura y el funcionamiento, eliminando niveles tróficos, especialmente el de los organismos desintegradores. Esto hace necesario que en este tipo de sistemasse requiera la inversión de energía; en este caso, trabajo humano para limpiar y recoger los crecientes montones de residuos sólidos que se acumulan en las áreas urbanas.

LOS RESIDUOS SÓLIDOS COMO CONTAMINANTE
CONCEPTOS BÁSICOS: CONTAMINACIÓN Y CONTAMINANTE

La *contaminación* es la alteración de las características físicas, químicas o biológicas de cualquiera de los elementos del ambiente (aire, agua, suelo) por la adición de materiales, ya sea líquidos, sólidos, gaseosos, o energía, en cantidades que sobrepasen los niveles que se encuentran regularmente en la naturaleza.

La contaminación se clasifica de acuerdo con sus características en biológica, física y química, y de acuerdo con las fuentes que la generan en natural y antropogénica.

La contaminación biológica es ocasionada por microorganismos en cantidades que causan desequilibrios en los sistemas en que se presentan; la contaminación física es causada por factores físico-mecánicos relacionados principalmente con la energía; por ejemplo, calor, ruido, ondas electromagnéticas. Por lo general, tiene efectos a largo plazo y es difícil de detectar, por lo que en los humanos influye en el desarrollo de enfermedades psiconeurológicas. La contaminación química es ocasionada por la adición de materiales líquidos o sólidos de naturaleza orgánica e inorgánica.

Un contaminante es cualquier material (líquido, sólido, gaseoso) o energía que cause efectos adversos en los seres vivos o materiales, que se encuentran expuestos a dosis (concentración por unidad de tiempo) determinadas (Mader, 2004). Los contaminantes poseen características o propiedades que los diferencian del impacto que tienen en el ambiente (Porteous, 2008).

Los contaminantes se pueden medir para clasificarlos de acuerdo con el tamaño (diámetro) de partícula en: materia disuelta (10-5 a 10-3 μm); materia coloidal (10-3 a 1 μm) y materia suspendida (1 a 100 μm). Asimismo, existen diferentes métodos como los electroquímicos, volumétricos y colorimétricos, y técnicas como espectroscopía de emisión, de absorción atómica y cromatografía líquida y de gases para identificarlos y cuantificarlos.

Algunos de los contaminantes más comunes en el ambiente pueden ser:

- Agentes patógenos, como bacterias, virus, protozoarios y parásitos; la mayoría de estos entran en el ambiente por la disposición inadecuada de los residuos.
- Sustancias químicas inorgánicas, como ácidos, fertilizantes y compuestos de metales pesados, arsénico.
- Sustancias químicas orgánicas, como el petróleo, plásticos, plaguicidas y detergentes.
- Sedimentos o material en suspensión, provenientes en su mayor parte de partículas de suelo.
- Elementos radiactivos, que se encuentran en el uso de sustancias y materiales radioactivos, ya sea naturales o artificiales, los cuales se liberan al ambiente como residuos, principalmente de la generación de energía eléctrica y del uso con fines médicos.[1]

---

[1] Muchos de estos materialeshan sido dispuestos clandestinamente en sitios para residuos urbanos, lo cual ha ocasionado daños irreversibles (efectos mutagénicos) a la salud de poblaciones que se han visto expuestas, como fue el caso de varilla contaminada con Cobalto-60 (^{60}Co)en la ciudad de Ciudad Juárez, Chihuahua, en México, en el año de 1984. Se calcula que por los menos 4.000 personas se vieron expuestas a la radiación por largo tiempo, y cuando menos en 20 estados de la República Mexicana se encontraron diversas cantidades de varilla contaminada, además de que se construyeron miles de casas habitación, así como edificios públicos y privados (Cardona, 2000).

- Calor, conocido comúnmente como "contaminación térmica", la cual afecta principalmente a los ecosistemas acuáticos, disminuyendo la solubilidad del oxígeno del agua y, por ende, la disponibilidad de este elemento para los organismos acuáticos.

Los residuos sólidos también son un contaminante y pueden tener diferentes impactos (efectos) en el ambiente, los cuales se pueden clasificar de acuerdo con el grado de afectación.

DEFINICIÓN DE RESIDUO

Ya se ha dicho que cualquier proceso de transformación de la energía generará un residuo, ya que estos procesos de transformación no son 100% eficientes. Existen varias formas de definir a un residuo, sin perder de vista que desde el punto de vista físico un residuo es un contaminante y que, por ende, ocasiona contaminación (tabla 13.1).

Tabla 13.1. Clasificación de los residuos de acuerdo con sus características fisicoquímicas y fuente de generación.

Estado físico	Material: Líquidos.
	Sólidos.
	Gaseosos.
	Energía: Calor.
	Ruido.
	Radioactivo: Poseen características de materia y energía.
Características químicas	- Orgánicos.
	- Inorgánicos.
Grado de degradación en el ambiente	- Biodegradables.
	- No biodegradables.
Características físicas	- Inertes.
	- Combustibles.
Origen	- Urbanos.
	- De manejo especial.
	- Industriales.
	- Agropecuarios.

Fuente: Buenrostro, 2001; LGPGIR, 2003.

Tradicionalmente las definiciones de *residuo* se han enfocado bajo una perspectiva económica o de salud; la primera implica la carencia de un valor económico, y la segunda se refiere como un desecho o desperdicioque indica insalubridad y un deseo de deshacerse de él.

Una primera definición con un enfoque económico es la de que un residuo es "un producto de la actividad humana y que no se considera como un bien o servicio desde el punto de vista económico" (Allen y Blair, 1979). Otra definición considera al residuo como "cualquier material líquido sólido o gaseoso que queda después de un proceso de transformación o de uso de un bien o servicio y que se desecha como inútil" (Tchobanoglous, et ál., 1997).

La similitud de las definiciones anteriores radica en la carencia del valor "de uso", que es cuando el material pierde su valor económico o no se puede utilizar, por lo que a partir de ese momento se considera como un residuo.

En muchos países, entre ellos México, la definición de residuo ha venido evolucionando hasta incluir la valorización de este. La valorización de los residuos implica que estos se reintegren a las cadenas productivas mediante procesos de reutilización, reciclado o aprovechamiento de su poder calorífico (Cortinas, 2006).

En la Ley General para el Equilibrio Ecológico y Protección al Ambiente (LGEEPA), un residuo se considera como "...cualquier material generado en los procesos de extracción, beneficio, transformación, producción, consumo, utilización, control o tratamiento cuya calidad no permita usarlo nuevamente en el proceso que lo generó" (LGEEPA, 2003). En la Ley General para la Prevención y Gestión Integral de los Residuos (LGPGIR), el residuo ya se considera como un "...material o producto cuyo propietario o poseedor desecha y que se encuentra en estado sólido o semisólido, o es un líquido o gas contenido en recipientes o depósitos, y que puede ser susceptible de ser valorizado o requiere sujetarse a tratamiento o disposición final conforme a lo dispuesto en esta Ley y demás ordenamientos que de ella deriven" (LGPGIR, 2003).

RESIDUOS SÓLIDOS

Los residuos sólidos son aquellos materiales que "no pueden fluir por sí solos", (San Martín, 1992) y se suelen clasificar de acuerdo con su composición y características físicas, químicas y biológicas, y del sitio donde se generan (fuente de generación).

CLASIFICACIÓN DE LOS RESIDUOS SÓLIDOS

De acuerdo con la composición y características físicas y químicas, los residuos sólidos se clasifican de la siguiente manera (Secretaría de Comercio y Fomento Industrial, 1985):

*Residuos no peligrosos.*Son todos aquellos residuos que no requieren de técnicas especiales para su control o disposición final.

Residuos especiales. Son los residuos que por su relativa peligrosidad, por las condiciones o estado en que se encuentran o bien porque así lo demandan las disposiciones legales vigentes, requieren de técnicas especiales para su control y disposición final.

Residuos potencialmente peligrosos. Son aquellos residuos que, por sus características físicas, químicas o biológicas, puede presentar un daño para el ambiente.

Residuos peligrosos. Son todos aquellos residuos que por sus características físicas, químicas y biológicas representan desde su generación un daño al ambiente o a la salud pública.

Residuos peligrosos biológico-infecciosos. Son los residuos que contienen bacterias, virus u otros organismos con capacidad de causar infección o que contienen o pueden contener toxinas producidas por microorganismos que causan efectos nocivos a seres vivos y al ambiente, y que se generan en centros de atención médica.

Cada uno de estos residuos es producido por diferentes *fuentes de generación* o *generadores*: una fuente de generación se define como "cualquier establecimiento generador de residuos sólidos incluido dentro de los giros municipales por muestrear" (SECOFI, 1985). De acuerdo con Buenrostro (2001), cualquier establecimiento cuya actividad económica o de consumo lo lleve aproducir residuos sólidos se constituye en un generador.

Los generadores se clasifican también de acuerdo al monto de residuos que producen:

Microgeneradores. Son aquellos que producen menos de 400 kilogramos de residuos sólidos anualmente.

Pequeños generadores. Son aquellos que producen de 400 kilogramos a 10 toneladas de residuos sólidos anualmente.

Grandes generadores. Son aquellos que producen más de 10 toneladas de residuos sólidos anualmente (LGPGIR, 2003).

Los residuos sólidos también se pueden clasificar de acuerdo con la fuente de generación de la siguiente manera (Buenrostro et ál., 2001):

- Residuos residenciales o domésticos. Son los generados en viviendas ya sea unifamiliares o plurifamiliares.
- Residuos comerciales. Se generan en establecimientos comerciales, tiendas departamentales, tiendas de autoservicio, restaurantes, mercados y tianguis.
- Residuos institucionales y de servicios.Se generan en oficinas gubernamentales y privadas, centros educativos, museos, bibliotecas, zonas arqueológicas y centros de espectáculo y recreación como cines y estadios.
- Residuos de construcción/demolición. Se generan en obras de construcción y demoliciones.

- Residuos especiales. Se generan en sectores como la investigación, salud, talleres de mantenimiento industrial y automotriz, farmacias y veterinarias, terminales terrestres y aéreas.
- Residuos industriales. Son los residuos generados en cualquiera de los procesos de extracción, beneficio, transformación y producción.
- Residuos agropecuarios. Son todos los residuos sólidos que se generan en actividades de la agricultura y ganadería.

En México, se sigue la clasificación oficial dada por la LGP-GIR (2003), la cual clasifica a los residuos sólidos en residuos sólidos urbanos (RSU), residuos de manejo especial, residuos peligrosos y residuos incompatibles.

Residuo sólido urbano
Son los residuos sólidos generados en las casas habitación, que resultan de la eliminación de los materiales que utilizan en sus actividades domésticas, de los productos que consumen y de sus envases, embalajes o empaques; los residuos que provienen de cualquier otra actividad dentro de establecimientos o en la vía pública que genere residuos con características domiciliarias, y los resultantes de la limpieza de las vías y lugares públicos, siempre que no sean considerados por esta ley como residuos de otra índole.

Residuos de manejo especial
Son aquellos generados en los procesos productivos, que no reúnen las características para ser considerados como peligrosos o como residuos sólidos urbanos, o que son producidos por grandes generadores de residuos sólidos urbanos.

Residuos peligrosos

Son aquellos que poseen alguna de las características de corrosividad, reactividad, explosividad, toxicidad, inflamabilidad, o que contengan agentes infecciosos que les confieran peligrosidad, así como envases, recipientes, embalajes y suelos que hayan sido contaminados cuando se transfieran a otro sitio, de conformidad con lo que se establece en esta ley.

Residuos incompatibles

Son aquellos residuos que al entrar en contacto o al ser mezclados con agua u otros materiales o residuos, reaccionan produciendo calor, presión, fuego, partículas, gases o vapores dañinos.

De acuerdo con Cortinas (2006), es importante clasificar a los residuos sólidos de una forma más sencilla, que asegure la separación de los materiales reciclables, y tener indicadores más fiables del desempeño de los programas de manejo, entre otras ventajas. Esta clasificación distingue:

1. *Residuos orgánicos húmedos.* Restos de alimentos y de jardinería.

2. *Residuos secos.* Pueden incluir residuos orgánicos (papel, cartón, textiles, plásticos y madera) e inorgánicos (vidrio, materiales cerámicos, metales y otros).

EFECTO DE LOS RESIDUOS SÓLIDOS EN EL AMBIENTE

En general, una familia de cinco personas que habita en un ambiente urbano genera en promedio un metro cúbico de residuos sólidos al mes (Buenrostro, 2009). No obstante, la generación y composición de los residuos varían notablemente de acuerdo con los hábitos de consumo, entre otros muchos factores. Los sitios de disposición final, especialmente los que no cumplen con las normas técnicas referentes a la construcción y operación, causan serios impactos negativos, afectando la calidad del ambiente, sobre todo el suelo, agua y aire.

En los países en vías de desarrollo, predomina la disposición final de los residuos sólidos en el suelo. Es muy común que esta se realice inadecuadamente y que los sitios de disposición final no cumplan con los requisitos mínimos que aseguren la mitigación del impacto ambiental y la afectación de la salud pública. Entre los problemas más generalizados de la disposición final de los residuos sólidos, están la mezcla de residuos de diferentes fuentes y características, el recubrimiento deficiente, la pepena, la quema y la carencia de infraestructura para el control de los lixiviados y biogás, lo que ocasiona un círculo vicioso en la gestión de los residuos sólidos en estos países (Buenrostro et ál., 2008) (figura 13.1).

CIRCULO VICIOSO DEL MANEJO DE LOS RESIDUOS SÓLIDOS EN PAÍSES EN VÍAS DE DESARROLLO

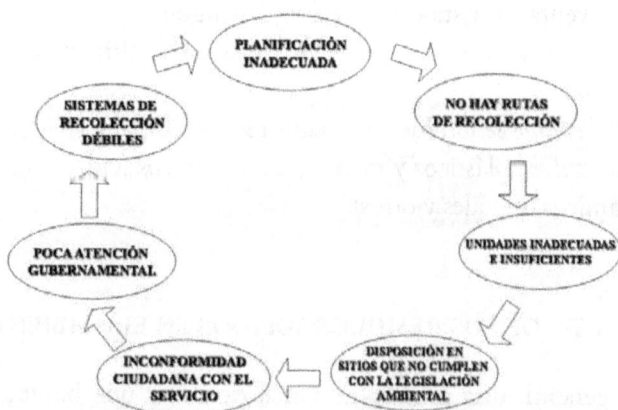

Figura 13.1. Problemáticas a las que se enfrentan los sistemas de aseo público de los países en vías de desarrollo para la gestión de los residuos sólidos.

En el suelo, los residuos sólidos afectan básicamente las capacidades de retención y filtro, alterando muchas de sus propiedades originales, como son la friabilidad, textura, porosidad, permeabilidad, intercambio catiónico y la concentración de macro y micronutrimentos (Lavelle, 1997). En el agua, los residuos sólidos afectan la calidad de las aguas subterráneas por la migración de los lixiviados que se producen de la descomposición de los residuos; además de la eutroficación de los sistemas acuáticos por el arrastre de sólidos provenientes de los sitios de disposición hacia los lagos y ríos.

Por ejemplo, gran parte de la contaminación del lago de Cuitzeo en Michoacán (México), que es el segundo lago más grande del país, proviene de la contaminación por residuos sólidos, biosólidos y lixiviados, provenientes de los sitios de confinamiento de los asentamientos urbanos que rodean al lago (Buenrostro e Israde, 2003).

En el aire, la calidad ambiental del aire.se afecta por la emisión de humos, olores, polvos y partículas, derivadas de la combustión incontrolada y el arrastre de partículas por el viento (Henry y Heinke, 1999). Asimismo, se ha determinado que gran parte de la presencia de coliformes fecales en el aire de asentamientos urbanos situados en la cuenca de Cuitzeo provienen de la disposición inadecuada de residuos sólidos sanitarios, los cuales no son cubiertos eficientemente (Israde et ál., 2009).

El impacto de los residuos sólidos en el ambiente se puede comparar a un iceberg, en el cual el hielo que sobresale de la superficie del agua se asemeja al impacto visual que tienen los residuos sobre el paisaje; es muy notorio, pero al igual que en el iceberg, la mayor parte de la masa de hielo se encuentra por debajo de la superficie del agua. En un sitio de disposición final de residuos sólidos, el problema más acuciante de contaminación y que no se aprecia a la vista es la producción de biogás y lixiviados.

Efectos de los residuos sólidos en el paisaje

Entre los efectos de deterioro más notorios, pero no de los más graves por la disposición inadecuada de los residuos sólidos sobre el suelo, están la contaminación visual y la proliferación de fauna nociva. La contaminación visual se entiende como la presencia de cualquier elemento extraño al entorno natural. Aunque este tipo de afectación se asocia más con el paisaje urbano, es muy frecuente, y desafortunadamente se ha vuelto costumbre en la mayoría de los países en vías de desarrollo la presencia de montones de basura a las orillas de la carretera y tiraderos clandestinos, en los límites de un poblado o ciudad (figura 13.2).

Figura 13.2. Los tiraderos a cielo abierto y la quema intencional de los residuos sólidos es una práctica muy frecuente en los países en vías de desarrollo.

La *fauna nociva* se asocia principalmente a la presencia de ratas, ratones, perros y pulgas en los tiraderos al aire libre, y tiene un gran impacto en la salud de los pepenadores y del personal del servicio de recolección, por las enfermedades que transmiten estos vectores. En el año de 2005, se sacrificaron alrededor de 300 perros que habitaban en el antiguo tiradero de la ciudad de Morelia, Michoacán, ya que se reportó el contagio de rabia de un pepenador, por la mordedura de un perro en este sitio (comunicación personal del encargado del sitio, 2008).

EFECTOS DE LOS RESIDUOS SÓLIDOS EN EL AIRE: PARTÍCULAS SUSPENDIDAS, HUMOS, POLVOS, OLORES DESAGRADABLES, GASES DE COMBUSTIÓN Y BIOGÁS

La quema incontrolada o deliberada de los residuos sólidos es una combustión deficiente que además de afectar seriamente la visibilidad, por la producción de humos, pulveriza los residuos, facilitando el arrastre por el aire. Muchos contaminantes peligrosos para el ambiente y para la salud son dispersados a la atmósfera cuando se incineran los residuos sólidos en los tiraderos. Entre los más frecuentes están:

Humos (material en partículas). Se producen de la quema intencionada o espontánea de los residuos sólidos; producen efectos indeseables en la atmósfera y son un problema de contaminación visual porque reducen la visibilidad y el contraste por el fenómeno de difracción de la luz en las partículas. Los humos también afectan a la salud pública por los efectos negativos en las vías respiratorias; algunos de los compuestos liberados irritan los ojos y tienen efectos cancerígenos, como las dioxinas y los furanos producidos de la combustión de algunos plásticos como el poliestireno.

Las dioxinas (policlorodibenzodioxinas), junto con los furanos (paradiclorobenzofuranos), son compuestos organoclorados, de gran estabilidad química y bioacumulación, lo que determina que sean de los contaminantes de mayor toxicidad por su efecto cancerígeno y las alteraciones en los sistemas inmunitario, reproductor y endocrino (LaGrega etál., 2001).

Los *polvos* son todo aquel material en forma de partículas que por su bajo peso son arrastrados y levantados por las corrientes de aire. Dependiendo del tamaño de partícula, estas se clasifican en: PM 10 (entre 2,5 a 10 micrómetros) y PM 2,5 (menores de 2,5 micrómetros). Las primeras están compuestas por humo, tierra y polvo; las segundas, básicamente por materiales orgánicos y metales pesados, por lo que son más nocivas a la salud.

Los *olores desagradables* son producidos en general por las moléculas de anhídrido sulfuroso, producto de la descomposición anaerobia de la fracción orgánica de los residuos.

Dióxido de carbono (CO_2). Es un gas que se produce tanto de la combustión como de la descomposición aeróbica de los residuos sólidos. En la salud pública, está asociado con la irritación de ojos y vías respiratorias, además es uno de los principales contaminantes que contribuye con el efecto invernadero. Este último es incrementado por la presencia de CO_2, metano y partículas en la atmósfera, que permiten el paso de la luz del sol hasta la superficie del planeta, reflejándose parcialmente de la tierra a la atmósfera. Sin embargo, a mayor concentración de gases, la energía reflejada por la tierra es menor, y queda atrapada por esa capa de gases y partículas. Al aumentar la concentración de gases, la temperatura de la superficie del planeta aumenta, y una cantidad de calor queda atrapada en la parte baja de la atmósfera (Enkerlin et ál., 1997).

Óxidos de nitrógeno (NOx). Son causantes del *smog* fotoquímico, ocasionan irritación en los ojos, nariz, garganta y pulmones, y el agravamiento de enfermedades respiratorias.

Monóxido de carbono (CO). Se asocia con malestares como dolor de cabeza, cansancio, palpitaciones cardiacas, vértigo y disminución de los reflejos. La exposición continua y prolongada a este gas ocasiona la muerte, ya que al combinarse con la hemoglobina de la sangre impide la fijación del oxígeno.

Óxidos de azufre (SOx). Estos gases ocasionan daños en las vías respiratorias. En el ambiente, junto con los NOx y el CO, son los causantes de la disminución del pH del agua atmosférica, ocasionando el efecto de la lluvia ácida. Este se produce por la disminución del pH del agua atmosférica que se produce de la reacción de los gases: óxidos de nitrógeno, monóxido de carbono y óxidos de azufre con el oxígeno y agua atmosféricos. Los productos de estas reacciones son ácidos nítrico, carbónico y sulfúrico, respectivamente. Entre los efectos más importantes de este problema ambiental, están los problemas respiratorios en seres humanos y otros organismos, acidificación de cuerpos de agua, que provoca la muerte de organismos acuáticos y la eutroficación de los cuerpos de agua ocasionada principalmente por los NOx y el fósforo; así como efectos fitotóxicos en la vegetación (muerte de plantas) y el deterioro de materiales de construcción (Enkerlin et ál., 1997; Enger and Smith, 2006).

El *biogás* se produce de la descomposición anaeróbica de los residuos sólidos. Durante el proceso de descomposición, además del metano, se producen también en diferentes volúmenes CO_2, H_2S, N_2, y otros compuestos orgánicos no metanogénicos, que en conjuntoson conocidos comúnmente como "gases de efecto invernadero" (GEI). Aunque el metano se encuentra y produce de forma natural en la atmósfera, las actividades industriales, agrícolas, pecuarias y la disposición de residuos sólidos han contribuido al incremento de los niveles en la atmósfera, y con ello a la temperatura promedio del planeta, por lo que en la actualidad se reconoce al metano como uno de los principales contaminantes con un gran impacto en la modificación del clima a nivel global (IPCC, 2006).

Efectos de los residuos sólidos sobre las capacidades de filtro y amortiguadora de los suelos

La contaminación del suelo se entiende como la acumulación en este de compuestos tóxicos persistentes, productos químicos, sales, materiales radiactivos o agentes patógenos, que tienen efectos adversos en el desarrollo de las plantas y la salud de los animales. Los sitios de disposición final de residuos sólidos urbanos e industriales contaminan los suelos o hayalta probabilidad de contaminarlos si no cuentan con las especificaciones de selección dela ubicación, diseño, construcción, operación, monitoreo, clausura y obras complementarias.

Generalmente, en todos los países se encuentran regulaciones al respecto; tal es el caso de México, en el que se cuenta con la norma oficial NOM-083 para reglamentar los sitios de disposición final de residuos sólidos urbanos y de manejo especial (Secretaría del Medio Ambiente y Recursos Naturales, 2003). No obstante, es muy frecuente que en los países en vías de desarrollo los sitios de disposición final no cumplan con la legislación ambiental en materia de residuos sólidos. Por lo general, se utilizan barrancas, cárcavas o áreas de "bajo valor económico", pero comúnmente con un gran valor ecológico por la diversidad de especies que contienen o por ser zonas de recarga de los mantos freáticos (figura 13.3).

Figura 13.3. Áreas con una gran importancia ecológica son frecuentemente utilizadas para la disposición final de los residuos sólidos en las zonas rurales.

La capacidad filtro y de amortiguamiento de los suelos se entiende como la resistencia y resiliencia a los efectos de un disturbio. La capacidad filtro depende de la porosidad del suelo; esta última es determinada por los tipos de textura y estructura, cantidad de materia orgánica y la densidad aparente de los diferentes horizontes que constituyen el suelo, sobre todo de los superficiales. La capacidad de amortiguamiento de los suelos puede ser fisicoquímica, si las partículas son adsorbidas sobre las superficies activas de las partículas finas del suelo, principalmente arcilla y humus, la cual está dada por el intercambio iónico (catiónico y aniónico); o química si se forman precipitados insolubles en agua, la cual está determinada por el pH, potencial redox y la temperatura del suelo (Coleman et ál., 2004).

La degradación de las propiedades físicas, químicas y biológicas de los suelos se da cuando los contaminantes presentes en los lixiviados que se producen de la descomposición de los residuos sólidos saturan paulatinamente el espacio poroso (capacidad filtro) y la capacidad de intercambio catiónico (amortiguamiento) de los suelos, ocasionando que las partículas contaminantes escapen hacia las capas inferiores del suelo, afectando la calidad de los mantos freáticos.

EFECTOS EN LOS SISTEMAS DE AGUA SUPERFICIAL Y SUBTERRÁNEA

Los lixiviados que se producen del agua contenida en los residuos sólidos o de fuentes externas (lluvia, principalmente) deterioran las propiedades fisicoquímicas del suelo y de la calidad del agua subterránea.

La contaminación del agua subterránea por los lixiviados se da cuando la producción de estos últimos saturan la capacidad de filtro y amortiguamiento del suelo (figura 13.4).

Figura 13.4. El confinamiento inadecuado de los residuos sólidos ocasiona el escape de los lixiviados hacia el exterior.

Una gran cantidad de los lixiviados que se producen provienen del agua externa (mayoritariamente lluvia), especialmente en los sitios de disposición final que carecen de una cobertura y de obras de canalización del agua eficientes. Desafortunadamente, es muy frecuente que en la mayor parte de los países en vías de desarrollo estos requisitos, aunque están contemplados en las legislaciones ambientales al respecto, no se cumplan. El incumplimiento de los requisitos de construcción y operación de los sitios de disposición final incide en un confinamiento deficiente de los residuos sólidos y, por consecuencia, en un mayor impacto al ambiente. Lo anterior ocasiona que en la temporada de lluvias sea frecuente la inundación de estos sitios, lo que dificulta aún más el manejo y confinamiento eficiente de los residuos sólidos (figura 13.5). Los lixiviados contaminan el agua, básicamente con bacterias de origen fecal contenidas en los residuos sólidos como *Vibrio cholerae, Shigella, Salmonella* y *Giardialamblia,* y compuestos orgánicos e inorgánicos. Dentro de estos últimos son de gran importancia por el impacto en la salud el zinc, arsénico ymetales pesados, ya sea de manera disuelta (iones libres no asociados) o de forma coloidal, como el plomo, cadmio, cromo, mercurio, cobre, hierro y níquel (Cunningham y Cunningham, 2008). Los contaminantes arriba descritos alteran las propiedades físicas del agua, como color, olor, sabor, temperatura, turbiedad y conductividad.

Figura 13.5. La inundación es frecuente en los sitios de disposición final en países en vías de desarrollo.

La codisposición de residuos peligrosos en los sitios para confinamiento de residuos urbanos es el factor principal que contribuye con metales pesados en los lixiviados. En un estudio realizado por Israde et ál. (2005), para determinar la afectación de los lixiviados al manto freático del entorno del tiradero, en Morelia, Michoacán (México),se detectaron concentraciones altas de plomo, cadmio, zinc, níquel, cromo total y hexavalente, arsénico y presencia de bifenilospoliclorados. Todos estos contaminantes se encontraron también en el agua subterránea y, con excepción del zinc, rebasaron los límites máximos permisibles establecidos por la norma oficial mexicana NOM 127, 66A1-1994 (Secretaría de Salud, 1996).

La descomposición de la fracción orgánica, además de modificar las características físicas y químicas, disminuye el pH en la matriz de los residuos sólidos y facilita la disolución de los metales contenidos en estos(LaGrega et ál., 2001). En la tabla 13.2 se presentan los metales más comunes en los residuos sólidos.

Tabla 13.2. Contaminantes metálicos y no metálicos encontrados con más frecuencia en los residuos sólidos.

Contaminante	Actividad o producto que lo genera	Características que determinan su presencia en el ambiente
Arsénico	Baterías, aleaciones de varios metales, conservantes de madera, plaguicidas e insecticidas.	La alcalinidad del suelo contribuye a aumentar la movilidad del arsénico.
Plomo	Pantallas de televisión y computadoras, baterías para automóvil, material de soldadura, pinturas.	Se lixivia fácilmente al subsuelo en medios ácidos.
Mercurio	Amalgamas, catalizadores, aparatos electrónicos, lámparas de vapor, recubrimientos de espejos.	El pH ácido se adsorbe a materiales húmicos.
Cadmio	Aleaciones de soldadura, pilas, cableado eléctrico, cerámica, esmaltes de maquinaria, fungicidas, fotografía.	La adsorción a suelos y sedimentos se incrementa al aumentar el pH.
Níquel	Turbinas de gas, fabricación de distintos tipos de aceros y aleaciones con otros metales.	En suelos ácidos se restringe la disponibilidad y movilidad
Zinc	Acero galvanizado, tuberías, baterías y pilas eléctricas.	La solubilidad se incrementa conforme desciende el pH.

Fuente: Elaborado a partir de Vega, 2007; Castillo et ál., 2005.

A efecto de evaluar las características físicas de un sitio para el establecimiento de un relleno sanitario, entre las variables a tomar en cuenta están la topografía, geología, hidrología, vegetación, fauna, etc., y es importante considerar la cantidad del espacio poroso, así como el tipo de poros que el suelo contiene. Se deberá pensar en un suelo de textura arcillosa, o en su defecto recubrir con este tipo de material y compactar antes y después de depositar los residuos, con el fin de eliminar aún más el espacio poroso. Esto es una de las muchas medidas que se deben de tomar en cuenta para controlar la filtración de lixiviado al manto freático.

LOS RESIDUOS SÓLIDOS COMO RECURSO
GESTIÓN SUSTENTABLE DE LOS RESIDUOS SÓLIDOS

Ya se ha dicho que la producción de residuos en los sistemas urbanos y ecológicos es análoga, ya que los procesos de transformación de la energía, siempre generarán algún residuo.

La gran diferencia entre ambos sistemas radica en que los ecológicos se mantienen en equilibrio por delicados mecanismos de autorregulación, de manera que los residuos que se producen en un nivel trófico son el alimento de otro, por lo que el concepto de "desecho" no existe en este tipo de sistemas. De hecho, los ecosistemas persisten porque las relaciones de producción sobrepasan a las pérdidas, lo que hace sustentable su permanencia.

Los sistemas urbanos se caracterizan por sobrepasar estos mecanismos de regulación, a costa de grandes insumos de energía provenientes de los sistemas ecológicos; esta dependencia se refleja en un trastrocamiento de las interrelaciones entre los dos tipos de sistemas, con el consecuente impacto ambiental derivado de la extracción de materias por un lado y de la disposición de desechos por el otro. Debido a que la generación de residuos sólidos es un proceso inherente a las actividades de producción y consumo, es precisamente en la producción de residuos donde se rompe el equilibrio y eficacia aparentes con los que funciona la economía de mercado. Ello, porque se produce una gran asimetría en la distribución de los recursos y de responsabilidades que el uso y manejo de estos últimos implica.

Por un lado, la racionalidad económica es eficiente para estimular la explotación de los recursos (aunque la ineficiencia de esta se refleja en la distribución inequitativa de los bienes), pero por otro falla completamente en la distribución de responsabilidades para el manejo de los residuos y la conservación de los recursos naturales que son de propiedad común. Ello ocasiona que nadie en lo particular se responsabilice por la conservación o restauración, ya que el sistema económico no provee los incentivos que aseguren el uso sustentable de los recursos (Buenrostro, 2001).

De lo anterior, se desprende que la respuesta para la solución a la creciente generación de residuos sólidos en los sistemas urbanos radica en que la sociedad en conjunto modifique la racionalidad económica imperante (Leff, 2004), y que incluya criterios de sustentabilidad y de consumo responsable. Es imprescindible que dentro de los ciclos de producción que determinan la generación de residuos sólidos se instituyan y fortalezcan cadenas productivas que preponderen el valor de uso de estos materiales y puedan crearse mercados para los materiales reciclados.

Esto último es clave para que el reciclaje sea viable y factible desde el punto de vista económico y que, así, los residuos puedan visualizarse, además de como un contaminante, como un recurso. Para ello, es necesario la vinculación de la investigación básica y aplicada con los mecanismos de producción y la institución de la regla de las "tres inter" (interdisciplina, intermunicipalidad e integral), para cambiar el círculo vicioso de la gestión de los residuos en un círculo virtuoso (figura 13.6) y así alcanzar la gestión sustentable de los residuos sólidos.

CIRCULO VIRTUOSO

LA REGLA DE LAS 3 "INTER"

INTERMUNICIPALIDAD   INTERDISCIPLINA

INTEGRAL

Fig. 13.6. Círculo virtuoso para la gestión sustentable de los residuos sólidos.

Interdisciplina, porque es importante que todas las disciplinas que confluyen a la investigación sobre el problema de la producción de los residuos sólidos visualicen, identifiquen y consensen las soluciones con un enfoque holístico.*Intermunicipalidad* porque es frecuente que muchos municipios se vean rebasados en su capacidad financiera y técnica para construir y administrar por sí solos un sitio de disposición final de residuos sólidos; y porque el crecimiento de otros asentamientos urbanos que rebasan los límites geopolíticos requiere de una visión "metropolitana" para la construcción y operación de estos sitios de disposición final.*Integral*, porque es importante que los sistemas de aseo público incluyan y preponderen por igual todas las etapas del manejo de los residuos sólidos (generación, recolección, tratamiento, separación y reciclamiento y disposición final). Los criterios a tomar por los diferentes actores involucradosdeben ser que la tasa de extracción de un recurso no exceda a la tasa de regeneración, y que la tasa de producción de residuosno exceda a la capacidad de asimilación del sistema (disposición sustentable de los residuos).

Además del consumo responsable y el reciclaje como estrategias principales para la gestión integral y sustentable de los residuos sólidos, el composteo de la fracción orgánica de estos es una alternativa que también debe fomentarse. Esto último, debido a que la fracción orgánica en la composición de los residuos sólidos de la mayoría de los países en vías de desarrollo continúa siendo por arriba del 50%, por lo que es importante la reincorporación de esta fracción orgánica a los ecosistemas, de los cuales tradicionalmente se extraen estos materiales. No obstante, es más importante que esta reincorporación se realice en forma de nutrimentos y no como residuos sólidos, ya que de lo contrario se corre el riesgo del incremento de la contaminación hacia los sistemas naturales por el traslado de estos materiales como contaminantes de los sistemas urbanos a los sistemas naturales. Por esto último, es imprescindible fomentar no solo la investigación básica, sino también la investigación aplicada en estos aspectos, así como la instauración de programas eficientes de vinculación y extensión hacia la sociedad en general.

REFERENCIAS BIBLIOGRÁFICAS

Allen, V., Blair, T., 1979. *Environmental quality and residuals management: Report of a research program on economics, technological, and institutional aspects (RFF Press)*, The Johns Hopkins University Press, EE.UU.

Buenrostro, O., 2001. *Los residuos sólidos municipales. Perspectivas desde la investigación multidisciplinaria,*Editorial Universitaria, México.

Buenrostro, O.,Bocco, G. yCram, S., 2001. "Classification of sources of municipal solid wastes in developing countries". *Resources, Conservation and Recycling*32, 29-41.

Buenrostro, O. e Israde, I., 2003. "La gestión de los residuos sólidos en la cuenca del lago de Cuitzeo, México". *Revista Internacional de Contaminación Ambiental* 19 (4):161-169.

Buenrostro, O., Márquez, L., Pinette, F., 2008. "Consumption patterns and household hazardous solid waste generation in an urban settlement in Mexico". *Waste Management* 28:S2-S6.

Buenrostro, O., 2009. "La producción y manejo de los residuos sólidos en Morelia" [en línea]. *Revista La Jornada Ecológica* <http: //www.jornada.unam.mx/ 2009/06/01/ eco-h.html>. (Última consulta: 10 de junio de 2010).

Brañes, R., 2000. *Manual de derecho ambiental mexicano* (2da. ed.), Fondo de Cultura Económica, México.

Castillo, F., Roldán, D., Blasco, R., Huertas, J., Caballero, J., Moreno, C., Luque, M., 2005. *Biotecnología ambiental.* Tébar, España.

Coleman, D., Crossley Jr. D. yH endrix, P., 2004.*Fundamentals of soil ecology*, Academic Press Limited, EE.UU.

Cortinas, C., 2006. *Bases para legislar la prevención y gestión integral de los residuos,*Secretaría del Medio Ambiente y Recursos Naturales, México.

Cunningham, W.y Cunningham, M., 2008.*Environmental science.A global concern*, McGraw Hill, EE.UU.

Enger, D. y Smith, F., 2006.Ciencia ambiental. Un estudio de interrelaciones. McGraw-Hill/Interamericana, México.

Enkerlin, E., Cano, G., Garza, R., Voguel, E., 1997. *Ciencia ambiental y desarrollo sostenible,* Thompson Editores, México.

Henry, J. y Heinke, W., 1999. *Ingeniería ambiental,* Prentice Hall, México. IPCC, 2006.*2006 IPCC Guidelines for national greenhouse gas inventories. The National Greenhouse Gas Inventories Program.* Eggleston, S., Buendia L., Miwa K., NgaraT.,Tanabe, K. (eds). Intergovernmental Panel on Climate Change, Vol. 5.Waste, IGES, Japan.

Israde I., Buenrostro, O., Carrillo, A., 2005. "Geological characterization and environmental implications of the placement of the Morelia landfill, Michoacan, Central Mexico". *Journal of the Air and Waste Management Association*55:755-764.

Israde, I., Buenrostro, O., Garduño, V., Hernández, V., López, E., 2009. "Problemática geológico-ambiental de los tiraderos de la cuenca de Cuitzeo, norte del estado de Michoacán". *Boletín de la Sociedad Geológica Mexicana* 61(1):1-9.

LaGrega, M., Buckingham, P. y Evans, J., 2001. *Hazardous Waste Management,* McGraw Hill, EE.UU.

Lavelle, P., 1997. "Faunal activities and soil processes: Adaptive strategies that determine ecosystem function". Begon, M., Fitter, A. (eds.), *Advances in ecological research*, Academic Press, Inc., EE.UU., pp. 93-122.

Leff, E., 2004. *Racionalidad ambiental. La reapropiación de la naturaleza*, Ed. Siglo XXI, México.

LGEEPA (Ley general del equilibrio ecológico y la protección al ambiente), 2003. Diario Oficial de la Federación, 23 de mayo de 2006, México.

LGPGIR (Ley general para la prevención y gestión integral de los residuos), 2003. Diario Oficial de la Federación, 8 de octubre de 2003, México.

Mader, S.S., 2004. *Human biology*, McGraw-Hill/Interamericana, México.

Mackenzie, D. y Cornwell, A. 2008. *Introduction to environmental engineering*, McGraw Hill, EE.UU.

Secretaría de Salud, 1996. Norma Oficial Mexicana, NOM-127-66A1-1994, Salud ambiental, agua para uso y consumo humano, límites permisibles de calidad y tratamiento a que debe someterse el agua para su potabilización, Diario Oficial de la Federación, 18 de enero de 1996, México.

Porteous, A., 2008.*Dictionary of environmental science and technology*, John Wiley & Sons, Ltd., Inglaterra.

San Martín, H., 1992. *Tratado general de la salud en las sociedades humanas*, Prensa Médica Mexicana, México.

Secretaría de Comercio y Fomento Industrial, 1985. Relación de Normas Oficiales Mexicanas Aprobadas por el Comité de Protección al Ambiente. Contaminación del Suelo. México.

Secretaría del Medio Ambiente y Recursos Naturales, 2003. Norma Oficial Mexicana NOM-083- SEMARNAT-2003. Especificaciones de protección ambiental para la selección del sitio, diseño, construcción, operación, monitoreo, clausura y obras complementarias de un sitio de disposición final de residuos sólidos urbanos y de manejo especial. Diario Oficial de la Federación, 20 de octubre de 2004, México.

Tchobanoglous, G., Theisen, H., Vigil, S., 1997. *Gestión integral de los residuos sólidos,* McGrawHill, Madrid.

Vega, K. J.C., 2007. *Química del medio ambiente*, Alfaomega, México.

14. BIORREMEDIACIÓN DE LIXIVIADOS DE RESIDUOS SÓLIDOS URBANOS

J. M. Sánchez-Yáñez y L. Márquez-Benavides
Instituto de Investigaciones Químico-Biológicas, Universidad
Michoacana de San Nicolás de Hidalgo, México
syanez@umich.mx

INTRODUCCIÓN

EMISIÓN DE LIXIVIADOS DE RESIDUOS SÓLIDOS URBANOS AL AMBIENTE

Los residuos sólidos urbanos (RSU), una vez depositados en un relleno sanitario (RESA) inician un proceso de digestión anaerobia, que genera dos productos principales: biogás y lixiviados (LXS). En consecuencia, el principal objetivo de un RESA es salvaguardar la salud pública y el ambiente del impacto de ambos productos.

En particular, un RESA se construye con una serie de membranas o capas de recubrimiento plásticas o de suelo arcilloso para evitar el contacto de los LXS con el ambiente o con los mantos freáticos. Sin embargo, es posible que la membrana de recubrimiento plástica se rompa, o que por defecto la capa arcillosa se vea minada o, peor aún, si el sitio no es manejado apropiadamente esta barreras son inexistentes y entonces es factible que los LXS se liberen al ambiente.

En Santa María Chiconautla (estado de México, México), por ejemplo, el mal manejo del vertedero municipal dañó 120 casas cuando el LXS alcanzó hasta las salas de algunas viviendas cercanas, por lo fue necesario desalojar 203.000 litros de LXS por día de las lagunas del sitio (Salinas-Cesareo, 2007). Este lugar recibía diariamente 1.800 toneladas de residuos del área conurbada de la Ciudad de México. Se reportó un impacto negativo sobre la salud de la población humana, principalmente en los niños con afecciones cutáneas y respiratorias, además del peligro por los incendios suscitados en el lugar. Dos años antes de este hecho, se había provocado la contaminación de 10 hectáreas agrícolas en este mismo municipio de Chiconautla y Totolcingo, Edo de México, y a la fecha (2011) no existen reportes de la remediación o recuperación de esas zonas contaminadas con LXS.

TIPOS DE MEMBRANAS UTILIZADAS COMO RECUBRIMIENTO EN UN RELLENO SANITARIO

Las membranas para el recubrimiento de la base de un RESA son de PEAD (polietileno reticulado de alta densidad) de diferente diámetro de espesor. Aunque el alcance de este capítulo no cubre un estudio detallado de las membranas, algunas se describen a continuación.

Sistemas de una capa

Estos sistemas consisten de sola lamina de arcilla geosintética o una geomembrana (plástica especializada), comúnmente usada en los RESA o en celdas diseñadas para contener RSU considerados inertes, como los de la construcción y demolición.

Sistema de capas compuestas
Estos sistemas consisten de una geomembrana en combinación con una lámina de arcilla. Son más eficaces para limitar la migración de LXS en el subsuelo que una única capa de arcilla o solo de una geomembrana. Este es el tipo de revestimientos necesario en un vertedero para RSU.

Sistemas de doble capa
Es un sistema que consiste de dos láminas sencillas, dos compuestas; o una sencilla y una compuesta. La parte superior (principal) por lo general tiene las funciones de colectar los LXS, mientras que el inferior (secundaria) actúa como uno de detección de fugas y refuerzo para el revestimiento principal. Estos sistemas de doble capa se utilizan en algunos vertederos de RSU y en todos los vertederos de RSU peligrosos.

Sistemas de recolección de lixiviados
Inmerso entre los sistemas de protección y cobertura existen los propios sistemas de colecta de LXS. El sistema usado para LXS se compone de arena y grava o una *geored* (figura 14.1), la que consiste en una manta de drenaje de plástico en forma de red. En esta capa se incluye una serie de tubos de recolección para drenar los lixiviados del vertedero de tanques al almacenamiento y tratamiento final. En los sistemas de doble capa, la capa de drenaje superior es el sistema de recogida de lixiviados, y la capa inferior de drenaje es el sistema de detección de fugas. La capa de detección de fugas contiene un segundo sistema de tuberías de drenaje. La presencia de lixiviados en estas tuberías sirve para alertar a los técnicos del vertedero si es que el revestimiento primario tiene una fuga.

Figura 14.1. Geored como material de drenado hecha de HDPE diseñada para permitir el flujo de gases y líquidos en plano horizontal.

Los componentes del sistema de cobertura están protegidos por una capa que disminuye al mínimo la perforación potencial por materiales en el RESA que funcionan como punzocortantes. Esta capa protectora está compuesta convencionalmente de suelo, arena y grava, aunque actualmente algunos vertederos utilizan una capa de residuo suave en lugar de suelo. Este tipo de capa consiste de papel, desechos orgánicos, neumáticos triturados y caucho.

Si bien la función primaria de un RESA es contener los RSU, muy pocos son 100% efectivos para contener los LXS, no obstante, el uso de sistemas de cubiertas permite una protección razonable. Por ejemplo, algunos reportes muestran en relación con el rendimiento a largo plazo y la vida útil de la geomembrana de HPDE, que es probable que el periodo útil de la geomembrana inmersa inmersa en LXS supere los 700 años e incluso llegue a los 1.000 años (o más) a 20 °C, o que sea mayor de 150 años (incluso muy probablemente alcance 225-375 años) a 35 °C, y que la duración de este período sea mayor de 40 años (probablemente 50-90 años) a 50 °C (Rowe et ál., 2009).

Benson et ál. (2010) exhumaron una cubierta final: geocompuesto, geomembrana y revestimiento de bentonita de un vertedero de RSU, para evaluar su estado físico después de 4,7 a 5,8 años de servicio. La permisividad del geocompuesto había disminuido por un factor de 3,9, pero la transmisividad fue superior a la reportada por el fabricante, el criterio de filtración de la geored fue satisfactorio y la fuerza de la interfaz de la geomembrana apareció sin cambios y en algunas muestras del revestimiento de bentonita había conductividad hidráulica 1.000-10.000 veces mayores que la inicial, mientras que en el resto la conductividad no hubo cambios. Sobre la base de esto se recomiendan disminuir los años para dar servicio a corto plazo (< 6 años). Aún más, algunos autores reportan que soluciones químicas fuertemente alcalinas provocan modificaciones en la mineralogía de las bentonitas e influyen positivamente en su desempeño como barreras ambientales. Los cambios en la mineralogía de la bentonita causada por la reacción con una solución de hidróxido de sodio 1 M a 20-25 ° C revelan que ciertos componentes de las bentonitas, como la esmectita, el sílice y el cuarzo opalino, se disuelven en una solución alcalina. Asociado con ello se genera la síntesis de hidroxi-aluminosilicato hidratado, así como fases minerales de carbonato.

Se considera que estos precipitados formados a partir de la reacción de la bentonita con LXS alcalinos es lo que causa un llenado de poros o espacios intersticiales y, por ende, baja conductividad hidráulica de algunas bentonitas en contacto con LXS a pH alcalino (Gates y Bouazza, 2010). A pesar de todo, la sola existencia de barreras o capas de cubiertas no asegura la imposibilidad de fugas de LXS, pues influyen otros factores: que el sitio esté bajo un monitoreo estricto incluso después de la postclausura, un manejo y una operación que garanticen la estabilidad física de las cubiertas, prácticas comunes de mantenimiento, planes de manejo con acción de contención contra desastres naturales tales como inundaciones, incendios, terremotos, etc. De tal forma que prácticamente cualquier RESA o vertedero es potencialmente contaminante. Los sitios con el más alto potencial para contaminación por LXS son:

VertederoSC>>VertederoSS>>RESA>RESAM

Donde un vertedero sin control (SC) de emisiones es potencialmente más contaminante que uno que emplea un solo suelo (SS) y ambos tienen una mayor posibilidad para impactar el ambiente que un RESA que cumple con las normas ambientales vigentes; el RESA ideal es aquel que además está sujeto a períodos continuos de monitoreo y mantenimiento y que toma en cuenta la estabilidad de todo el sitio frente a situaciones extremas de clima y movimientos geológicos (RESAM).

BIORREMEDIACIÓN DE AMBIENTES IMPACTADOS

En las últimas décadas, entre las técnicas diseñadas para minimizar los efectos negativos del contenido químico de los LXS generados de la fracción orgánica (FO) en los RSU, está la alternativa ecológica conocida como *biorremediación* (BR). Este término fue propuesto a principios de la década de los ochenta, proviene del concepto de *remediación*, que hace referencia a la aplicación de estrategias físico-químicas y biológicas para recuperar ambientes impactados negativamente con tóxicos ambientales; en función de que los microorganismos en la naturaleza tienen el potencial bioquímico para mineralizar una amplia diversidad de compuestos químicos contaminantes de riesgo para la salud humana (Vullo, 2003).

La BR es una rama de la biotecnología que intenta resolver los problemas de impacto ambiental negativo de cualquier producto que daña la naturaleza o los seres humanos mediante la explotación del potencial bioquímico microbiano, similar al que existe en las plantas, para destruir o inactivar elementos y compuestos que provocan deterioro ambiental: en el suelo, en sedimentos, en agua dulce o de mar, e incluso en el aire, como se muestra en la figura 14.2, en la que se explica de manera general cómo la actividad bioquímica microbiana es útil en la mineralización de tóxicos ambientales (Sanchez-Yañez, 2008). La BR dependiente del metabolismo microbiano heterotrófico y se resume en la figura 14.2.

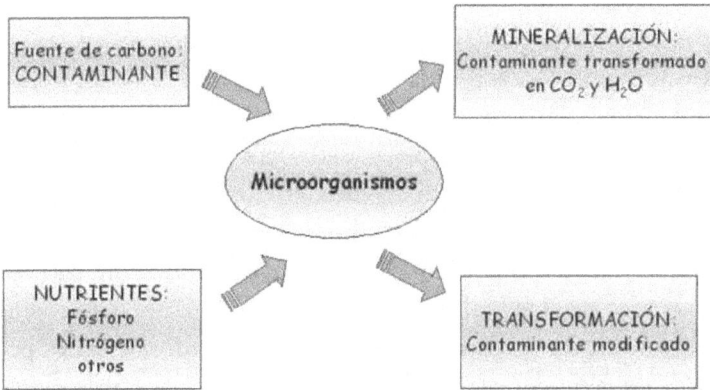

Figura 14.2. Los microorganismos consumen algunos contaminantes como fuente de carbono, inducidos con compuestos solubles de nitrógeno (N), fósforo (P), magnesio (Mg), potasio (K), calcio (Ca), etc. La mineralización de moléculas complejas genera simples como el dióxido de carbono (CO_2) y agua (H_2O), los que por regla de la BR de ambientes impactados son los productos de la eliminación de esos compuestos tóxicos.

Tipos de biorremediación

La BR tiene básicamente tres variantes aplicables a ambientes impactados negativamente con elementos y compuestos contaminantes existentes en los LXS derivados del efecto de la descomposición de fracción orgánica de los residuos sólidos urbanos (Sanchez-Yañez, 2008; Vullo, 2003).

Bioaumentación

La BR vía bioaumentación (BA) *ex situ* de lixiviados se emplea cuando este tipo de tóxicos ambientales se traslada a un sitio específico para su tratamiento, con el objeto de aprovechar la capacidad bioquímica microbiana natural para mineralizar esos compuestos orgánicos a inocuos. Al respecto, se reportan numerosos géneros y especies de actinomicetos, bacterias verdaderas, así como macro y micromicetos que consumen moléculas orgánicas complejas y sus derivados como benceno, tolueno, acetona, éteres, alcoholes, etc., incluso plaguicidas o herbicidas, como fuente de carbono y energía. Los microbios de la BA son útiles para su aplicación en el tratamiento de LXS generados de RSU, al igual que aquellos microbios que acumulan, por distintos mecanismos especializados, metales pesados del tipo del uranio (U), cadmio (Cd) y mercurio (Hg), que pueden ser comunes en los LXS de los RSU.

En la BR por BA también es necesario enriquecer con minerales esenciales los sitios impactados con tóxicos ambientales para favorecer la actividad de los microorganismos especializados en transformar las moléculas hechas por el hombre; esta área es motivo de intensa investigación actualmente (Ding et ál., 2001, Groudeva et ál., 2000; Matejczyk et ál., 2011). La BR de LXS en suelos, aguas superficiales y subterráneas por BA también se aplica con base en la amplia diversidad de grupos microbianos existentes en el suelo y aguas residuales que se seleccionan naturalmente o por ingeniería genética para convertir esos contaminantes en elementos no tóxicos, como es el ejemplo de los géneros bacterianos transgénicos de *Burkholderia y Pseudomonas* para mineralización de plaguicidas organoclorados. Igualmente, de manera natural se seleccionan otros géneros de bacterias heterótroficas anaerobias, que reducen compuestos y elementos metálicos de Hg en otros menos tóxicos y volátiles. Otro ejemplo de BR de ambientes contaminados con metales vía BA es el caso del cromo (Cr), que se transforma en formas químicas menos tóxicas e insolubles, como en su reducción de Cr^{+6} a Cr^{+3} (Qian et ál. 199; García et ál. 2007).

Finalmente, también existe la BR de ambientes impactados con metales radiactivos por BA; esto se logra mediante la inoculación de la archeabacteria extremófila *Deinococcus radiodurans,* que es efectiva en la conversión de metales radiactivos a estados no tóxicos; ya que este género tolera condiciones extremas de radiación y de desecación e incluso niveles de concentración relativamente altos de otros metales pesados (Vullo, 2003; Sobolewski, 1999).

Bioestimulación

La bioestimulación (BE) es el tipo de BR en la mineralización de compuestos contaminantes complejos e los inorgánicos, como los contenidos en los LXS de los RSU. Se logra al enriquecer el sitio impactado con elementos nutritivos esenciales que normalmente limitan a los microbios nativos de ese sitio para eliminar esos tóxicos, además del ajuste de otros factores tales como el nivel de oxígeno, el pH, la temperatura y —en su caso— la utilización de detergentes para los compuestos insolubles del tipo hidrocarburos (Sanchez-Yañez, 2008; Younger et ál., 2003).

BIORREMEDIACIÓN IN SITU DE LIXIVIADOS

La biorremediación in situ (BIS) o remedición en el lugar del impacto negativo de los LXS derivados de los RSU, así como en sistemas aguas poco profundas y subterráneas, es un proceso secuencial. Inicialmente se utiliza un filtro para separar de los LXS los sólidos en suspensión; después se agregan nutrientes y algún aceptor de electrones en una zona cercana a la fuente de contaminación, como un foso de un depósito excavado que acumula agua superficial o subterránea.

La BIS propiamente dicha se realiza con minerales para inducir la actividad oxidante de grupos microbianos autóctonos, con el apoyo de bombeo de los pozos de recuperación. Esto permite el arrastre de las aguas subterráneas por encima de los suelos, para continuar con su BIS, donde el fósforo y el nitrógeno son básicos en la eliminación de los compuestos o elementos tóxicos de los LXS. Por ende, es crítico determinar qué nutrientes y qué concentración limitan las BIS y así alcanzar los resultados esperados en términos de la remediación del sitio (Rudolf et ál., 1995; Younger et ál., 2003).

La *bioventilación* representa una segunda alternativa de la BIS, particularmente en cuerpos de agua. En este procedimiento se bombea aire en la zona vadosa a velocidad lenta —para evitar la deshidratación de microorganismos y del suelos— mientras que al agua se agregan nutrientes con un rociador o mediante un sistema de drenaje que se ubica debajo de la zonas contaminada, ahí se construyen tuberías horizontales para captar el agua añadida y aspirar el aire hasta el acuífero (Qian et ál., 1999, García et ál., 2007).

FACTORES INVOLUCRADOS EN LA BIS

Perfil del área contaminada con LXS de RSU

En la BIS de una zona impactada con los compuestos o elementos tóxicos derivados de los LXS de RSU, es necesario conocer las propiedades fisicoquímicas del suelo y el acuífero, la extensión horizontal y vertical de la contaminación, y si los tóxicos de los LXS alcanzaron el agua subterránea o solo al subsuelo.

Es conveniente conocer la profundidad en la que está ubicada esa agua contaminada, la conductividad hidráulica o la permeabilidad de los suelos, el coeficiente de almacenamiento del acuífero, el sitio de influencia de los pozos de recuperación o reinyección, la dirección del flujo de las aguas subterráneas e incluso el intercambio de cationes del suelo. La composición aniónica y catiónica del suelo y del agua subterránea como factores fisicoquímicos influyen en la efectividad de la BR del ambiente impactado (Vullo, 2003; DMA, 19971; García et ál., 2007).

Existen métodos geotécnicos empleados en la BIS de ambientes contaminados con LXS que son imprescindibles, como las técnicas de perforación e instalación de los pozos de control, las cuales aseguran que se usa un diseño adecuado para la biorrestauración del lugar impactado con LXS. El éxito de la BIS en una zona contaminada se basa en un conocimiento de la geología y de hidrología en el reciclaje del agua en los suelos superficiales o subterráneas. También es vital un control hidrogeológico para que el agua no llegue a los sitios no contaminados, mientras que se debe evitar el excesivo enriquecimiento mineral para los microorganismos que eliminan los tóxicos, tanto en el flujo de agua subterránea y en áreas no contaminadas.

El conocimiento de la geología y la geoquímica del sitio es primordial para prevenir la interacción entre el suelo o el agua y los minerales agregados; esto es relevante cuando se añade P en un suelo o agua con un elevado contenido en Ca; ambas situaciones provocan su precipitación y bloquean el sistema de conducción, aunque el hierro (Fe) o el Mg no son problema. Otros factores considerados en la BIS con LXS de RSU son: la localización de objetos enterrados como cables eléctricos, tubería de agua potable, alcantarillas, etc., y la topografía del lugar, que interfirieren en la eliminación de los tóxicos ambientales existentes en los LXS (Sanchez-Yañez, 2008; Vullo, 2003).

Diversidad microbiana en la BR de LXS de RSU

Los microorganismos nativos en la naturaleza provienen del suelo, del agua, de las plantas e incluso de los animales, lo que se demuestra con técnicas de detección, de distribución y de la actividad biológica necesaria para la BR de sitios impactados con tóxicos. Ciertos géneros de bacterias heterotróficas aerobias como *Arthrobacter y Pseudomonas* tienen la capacidad potencial de consumir los contaminantes existentes en los LXS derivados de los RSU. Por ejemplo, se sabe que estos procariotes oxidan los hidrocarburos (HC) alifáticos y aromáticos adsorbidos por las arcillas. En la bibliografía se reporta que una mezcla de esos HC desaparece a la velocidad de 2 g de HC/g de célula bacteriana, y también se observó la existencia de por lo menos estos dos géneros oxidantes de HC en agua subterránea contaminada con petróleo por una natural adaptación (Groudeva et ál., 2000; Rudolf et ál., 1995).

De hecho, está demostrado que la microbiota nativa de sedimentos fluviales del río consume aromáticos como el α-nitrofenol por una continua exposición. Está reportado que el α-nitrofenol se mineraliza lentamente, mientras que el fenol α-cresol y el bromuro de etileno tienen una mineralización rápida, por lo que es posible que la microbiota nativa de un acuífero tenga un potencial de adaptación a los compuestos tóxicos derivados de los LXS (Ercoli et ál., 2001). En general, la adaptación de los microorganismos nativos en la BIS de ambientes impactados con compuestos o elementos tóxicos derivados los LXS es importante para asegurar la efectividad de esa microbiota en la destrucción de los compuestos tóxicos o contaminantes (Ercoli et ál., 2001).

La contaminación de sitios impactados con HC existentes en LXS ejerce una presión selectiva natural sobre la capacidad de la microbiota nativa para eliminar esa clase de tóxicos. Se ha reportado, en géneros de bacterias aerobias heterotróficas, la existencia de ADN-plásmidos que codifican para la destrucción de esos compuestos o elementos tóxicos encontrados en los LXS, en comparación con los mismos grupos bacterianos aislados de un sitio sin impactar con esta clase de contaminantes ambientales.

Se considera que la microbiota nativa de ambientes contaminados con lixiviados tiene poca probabilidad de intercambio genético, dado que la dinámica de la digestión anaerobia de los RSU no favorece esta clase interacciones genéticas entre los miembros de los distintos consorcios microbianos; esto, a pesar de que las poblaciones en los LXS poseen una amplia diversidad metabólica, similar a la reportada en algunos grupos microbianos marítimos capaces de mineralizar compuestos tóxicos derivados de HC.

Limitantes de la BIS

Existen cuatro factores que limitan la aplicación de la BIS causada por LXS de RSU: el tiempo, los metabolitos secundarios recalcitrantes generados por la actividad microbiana degradadora, la geoquímica y la hidrología.

Tiempo

La BIS no es un proceso instantáneo, requiere tiempo para el desarrollo del trabajo geotécnico que estimule a los microorganismos nativos para la eliminación de los LXS, por lo que es obligado limpiar la zona con formas convencionales de bombeo que sean más rápidas en otros métodos aplicados, excepto la excavación. La BIS de sitios impactados con tóxicos detectados en LXS puede ser rápida si se utiliza el arrastre por aire en la superficie; la combinación de esta clase de tecnologías es más eficaz que la aplicación de solo una (Sánchez-Yáñez. 2008).

Producción de metabolitos secundarios

En la BIS de LXS, una razón para determinar la actividad biológica de la población microbiana autóctona involucrada en la eliminación de compuestos tóxicos es la detección de los productos secundarios metabólicos no deseados, que son metabolitos secundarios derivados de la degradación parcial y no de la mineralización. Cuando no se estimula el crecimiento de la microbiota oxidante de HC en LXS, la BIS mínima esperada debe alcanzar del 20-29% en 4-6 semanas; si no sucede así, se recomienda el uso de otras tecnologías en la recuperación de una zona contaminada con LXS, tal como la posibilidad de incluir un sistema de BR en el subsuelo.

Por ejemplo, uno de los compuestos intermediarios de degradación del clorobenceno se observa en las colonias bacterianas de color púrpura que se generan tras la acumulación de 3-clorocatecol. Por ello se intenta que en un sitio impactado con LXS los consorcios bacterianos eliminen preferentemente las mezclas complejas de HC, para evitar la acumulación de metabólicos secundarios más tóxicos y recalcitrantes que los que les dieron origen. En la BIS de ambientes contaminados con LXS que contienen metales pesados del tipo Cd, Hg o Cr, es clave evitar la movilización de esos complejos metálicos mediante cambios del pH que alteren su estado de oxidación y, con ello, su solubilización, lo que aumenta su toxicidad. La precipitación selectiva de metales pesados in situ tiene que ser investigada para definir su seguridad dado que en los LXS estos elementos químicos son contaminantes comunes (FOE, 2003; Sanchez-Yañez, 2008; Rudolf et ál., 1995; Stolz y Greger 2002).

Geoquímica e hidrología

La geoquímica e hidrología de un sitio representan un factor limitante en la BIS por LXS en el suelo, en el agua superficial y en subterránea. Ese es el caso de un lugar ubicado sobre un lecho de roca fracturado o un acuífero definido de forma pobre e incompleta, para una BIS que haga posible mover el agua y los nutrientes de BS a través del acuífero aunque sea lenta, mientras que en un suelo poco permeable tardará más en alcanzar el nivel de limpieza adecuado, si el tiempo no es un factor crítico. La BIS es posible en suelos con textura arcilla arenosa; en estas circunstancia cualquier tecnología de BR por BE empleará más tiempo del que requiere un lugar permeable impactado con LXS (> 10^{-5} cm/s).

Factores ambientales involucrados en la BIS
En la BIS por LXS derivados de RSU en suelo y acuíferos, factores ambientales como la temperatura, el pH y el potencial redox pueden ser críticos para la efectividad de la BR. La temperatura en suelo y acuíferos impactados con LXS cambia con la estación del año, aunque esto no es un limitante para la eficacia de la BR de un sitio impactado con LXS vía BE (Sánchez-Yáñez, 2008).

El pH del suelo y el acuífero fluctúa desde 6-9, y algunas veces el tipo de contaminante contenido en los LXS baja el pH a 4, en esta condición la BR se limita por la drástica variación del pH derivada de acidificación; si en el acuífero esta elevada concentración de iones hidrogeno no se amortigua, la caída del pH provocará la inhibición de la actividad microbiana y movilización de compuestos y elementos insolubles tóxicos, lo que agravará y hará más complicada la BR del sitio impactado (Stolz y Greger, 2002; Younger et ál. 2003).

El O2 es un factor crítico en la BIS de ambientes impactados con LXS, lo que se resuelve por inyección de aire en el subsuelo. También se recomienda peróxido de hidrógeno o cualquier otro aceptor final de electrones como nitratos o sulfatos. La desventaja de inyectar O_2 es que se oxida el hierro y el manganeso, ambos se precipitan y provocan el taponamiento de tubería empleada para transporte de agua desde y para el acuífero (Sanchez-Yáñez, 2008).

Ventajas de la BIS

La BIS de un suelo o subsuelo impactados con LXS que contienen HC es lenta debido a las arcillas de suelo que impiden el intercambio de gases, pero es posible acelerarla con la adición de minerales e inyección de O_2; mientras que la BS con minerales y bombeo de O_2 al agua superficial y subterránea permite que el tiempo de recuperación del sitio contaminado sea relativamente menor, en comparación con un tratamiento basado solo en la inyección de O_2 (Sanchez-Yañez, 2008; Vullo, 2003).

Esto significa que la condición aeróbica y la BE hace posible que los HC se transformen en biomasa, H_2O y CO_2, con la ventaja de un relativo bajo costo, en contraste con la incineración, que aunque rápida tiene un costo de entre tres a diez veces mayor que la BIS del sitio impactado (Ercoli et ál., 2001; Vullo, 2003).

Fitorremediación, una alternativa para el tratamiento de LXS de resa

La fitorremediación (FR) es el uso de plantas para limpiar ambientes contaminados con diversos agentes tóxicos. Aunque esta biotecnología está en desarrollo, es una estrategia ecológica y económicamente atractiva, dada la capacidad de algunas especies vegetales para absorber, acumular o tolerar altas concentraciones de contaminantes como metales pesados, radiactivos y compuestos orgánicos (figura 14.2).

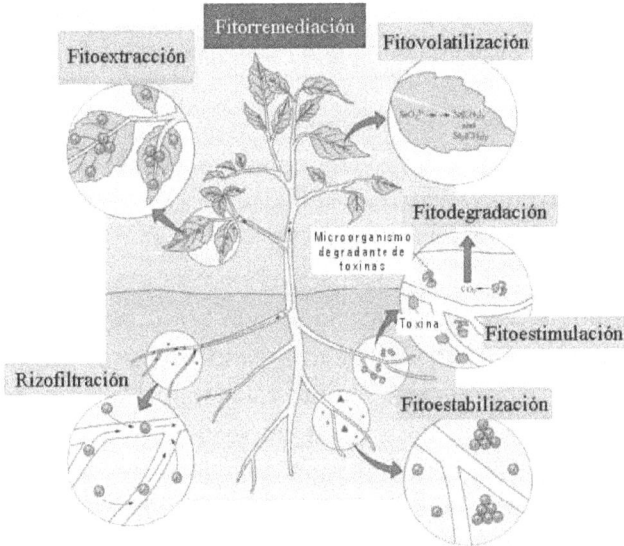

Figura 14.2. Las plantas poseen diversos mecanismos bioquímicos para la FR de ambientes impactados con LXS derivados de DA de RSU en RESA. Fuente: Vullo, 2003.

La FR tiene ventajas y limitaciones en comparación con otros tipos de BR para eliminar tóxicos en ambientes como suelo y acuáticos.

Ventajas de la fitorremediación
Las plantas sembradas para FR de sitios impactados con tóxicos pueden ser utilizadas como bombas extractoras de bajo costo, para depurar suelos y aguas contaminadas con LXS derivados de RSU. Para la FR de ambientes con compuestos orgánicos tóxicos, se recomienda la utilización de plantas cuyas raíces contengan microorganismos que sean capaces de eliminar los tóxicos (Manyin et ál., 1997; Sobolewski, 1999). La FR es apropiada para descontaminar grandes superficies en

áreas restringidas impactadas con LXS durante un plazo largo (DMA, 1971; Qian et ál., 1999; Stolz y Greger, 2002).

Limitaciones de la fitorremediación

La FR de ambientes impactados con tóxicos está limitada a la profundidad de la penetración de las raíces vegetales en agua o suelo. El periodo de la FR de ambientes contaminados con LXS es generalmente prolongado. Las plantas utilizadas para la FR de suelo y agua impactados con compuestos orgánicos tóxicos o metales requieren que estos sean químicamente disponibles, lo que representa un factor limitante para su eliminación o captación. Las plantas empleadas en FR incorporan a su biomasa los contaminantes mediante diversas acciones metabólicas, como se explica en la tabla 14.1.

Tabla 14.1. Tipos de fitorremediación útiles
en el tratamiento adecuado de lixiviados generados
por la descomposición bacteriana anaeróbica
de la fracción orgánica de los residuos sólidos urbanos
en un relleno sanitario.

Tipo	Proceso involucrado	Recomendación según contaminación
Fitoextracción	Las plantas concentran metales en su biomasa áerea o vegetal: hojas y raíces.	Cadmio (Cd), cobalto (Co), cromo (Cr), niquel (Ni), mercurio (Hg), plomo (Pb), selenio (Se), cinc (Zn).
Rizofiltración	Las raíces de las plantas absorben, precipitan y concentran metales pesados de efluentes líquidos contaminados y los productos de la degradación compuestos orgánicos.	Cd, Co, Cr, Ni, Hg, Pb, Se, Zn, isótopos radioactivos, compuestos fenólicos.
Fitoestabilización	Plantas tolerantes a metales reducen la movilidad y evitan su transporte a aguas subterráneas o al aire.	Lagunas de desecho de yacimientos mineros. Para fenólicos y compuestos clorados.
Fitoestimulación	Los exudados radicales vegetales promueven el crecimiento de microorganismos degradadores de tóxicos orgánicos como bacterias y hongos.	Hidrocarburos derivados del petróleo y poliaromáticos, benceno, tolueno, atrazina.
Fitovolatilización	Las plantas captan y modifican metales pesados o compuestos orgánicos y los liberan a la atmósfera con la transpiración.	Hg, Se y solventes clorados tetraclorometano, triclorometano.
Fitodegradación	Las plantas acuáticas y terrestres captan, almacenan y degradan compuestos orgánicos para dar subproductos menos tóxicos o no tóxicos.	Municiones: TNT, DNT, RDX, nitrobenceno, nitrotolueno, atrazina, solventes clorados. DDT, pesticidas fosfatados, fenoles y nitrilos, etcétera.

Fuente: (Younger et ál., 2003).

Especies vegetales usadas en la fitorremediación

Se conocen más de 400 especies de plantas hiperacumuladoras de metales pesados para la FR de ambientes impactados con este tipo de elementos tóxicos. En la mayoría de los casos, no son especies vegetales raras, sino plantas como el girasol (*Heliantus anuus* L), que acumula grandes cantidades de Ur depositado en el suelo (Groudeva et ál., 2000); el álamo (*Populus spp* L), que absorbe selectivamente Ni, Cd y Zn; y el arbusto *Arabidopsis thaliana,* que es útil para hiperacumular Co y Zn. De hecho, otras plantas comunes en la naturaleza también tienen éxito en FR de sitios contaminados con metales pesados existentes en LXS: el girasol, la alfalfa (*Medicago sativa* L), la mostaza (*Mustum ardens* L), el tomate (*Solanum lycopersicum* L), la calabaza (*Cucurbita pepo* L), el esparto (*Stipa tenacissima* L), el sauce y el bambú (*Bambu spp* L) (DMA, 1971; Manyin et ál., 1997; Qian et ál., 1999).

Incluso cuando en el suelo ha sido deteriorado por una alta concentración de cloruro de sodio o carbonatos, es posible emplear la FR para disminuir drásticamente la elevada salinidad en algunos casos, resultado de la contaminación con LXS (Sanchez-Yañez., 2008).

La FR de un cuerpo de agua o el suelo contaminados con metales pesados de LXS de RSU se realiza con algún vegetal hiperacumulador natural o seleccionado por ingeniería genética; luego de un período de tiempo determinado, su biomasa aérea se cosecha e incinera, y los metales acumulados en esas plantas no se mueven en la cadena alimenticia a otros seres vivos, en general esto evita el riesgo de un daño ambiental colateral (DMA, 1971; Manyin et ál., 1997; Sobolewski, 1999).

Tipos de fitorremediación

Los principales mecanismos de FR se explican como sigue.

Rizofiltración

Este tipo de FR se aplica en ambientes contaminados con metales pesados diversos, esas plantas utilizan el sistema radical y el apoyo de los microorganismos que viven en esta parte del vegetal para extraer desde metales pesados hasta los del tipo radiactivo, como el Ur encontrado en LXS derivados de RSU. Además, esta clase vegetal se emplea en la FR *ex situ*; como ejemplo están las plantas que detoxifican compuestos fenólicos, cuyo origen son herbicidas asperjados en agricultura como el 2,4-D en el control de malezas y que también pueden ser parte de los RSU (Vullo, 2003; Qian et ál., 1999; Rudolf et ál., 1995).

Fitovolatilización

Este tipo de FR se usa en ambientes contaminados con LXS que contiene metales pesados. Una de las especies vegetales naturales o modificadas por ingeniería genética más empleadas para ese objetivo es *A. thaliana* transgénica, porque contiene genes de *Pseudomonas spp,* lo que le confiere al vegetal la capacidad de tolerar una elevada concentración de Hg —el cual convierte de la forma iónica a la estable—, e incluso de acumular otros metales como Cd y As, los que pueden ser comunes en LXS.

Fitoextracción

La fitoextracción es el tipo de FR que se utiliza en ambientes impactados por metales pesados y metaloides. En este mecanismo, las plantas absorben los tóxicos por sus raíces, que luego transportan a sus órganos aéreos. Los metales y metaloides acumulados en los tallos y hojas de estos vegetales se cosechan y se retiran del sitio como parte de los residuos vegetales. La fitoextración de ambientes contaminados metales pesados puede ser continua e inducida: en la primera, las plantas acumulan elevados niveles de un metal durante el ciclo de su vida, y por ello se las considera hiperacumuladoras; en el segundo tipo, se aplican vegetales que capturan un metal en un tiempo limitado, mediante la secreción de un agente quelante que le permite la absorción y la subsecuente acumulación del metal en sus tejidos. Los principales metales que acumulan son Pb, Cd, Cr, Ni, Zn, sobre todo usando plantas como la mostaza india y el girasol (Sanchez-Yañez., 2008; Vullo, 2003; Qian et ál., 1999).

Fitoestabilización

La fitoestabilización es una forma de FR en donde las plantas se utilizan para retener metales pesados mediante la síntesis de sustancias quelantes de la raíz, pero en menor cantidad que las hiperacumuladoras, al mismo tiempo que este sistema de raíces induce la formación de agregados de suelo. Este tipo de vegetal se siembra en suelos y aguas contaminados ligeramente con LXS, en especial con metales pesados (Sanchez-Yañez,, 2008; Groudeva et ál., 2000; Sobolewski, 1999).

Fitodegradación

La fitodegradación consiste en la FR de lugares impactados mediante la siembra de plantas que eliminan contaminantes en el sitio transformándolos en compuestos inocuos. El proceso se lleva a cabo a nivel de la raíz, donde existen microorganismos con la capacidad de mineralizar y volatilizarlos, o bien se incorporan en la matriz del suelo por la vía de las raíces. La eficacia de la FR de un ambiente contaminado depende de los exudados de las raíces generados por la planta; en el caso de la alfalfa (*Melilotus spp*), su rizósfera estimula una amplia diversidad de microorganismos que destruyen los tóxicos orgánicos contenidos en los LXS de los RSU (Sanchez-Yañez, 2008; Vullo, 2003).

OTRAS OPCIONES ECOLÓGICAS PARA LA LIMPIEZA DE TÓXICOS EN LIXIVIADOS DE RELLENOS SANITARIOS

DEGRADACIÓN ENZIMÁTICA

La degradación enzimática como técnica de BR requiere del empleo de enzimas extracelulares aplicadas en el sitio contaminado. Estas enzimas se obtienen en cantidades industriales de géneros de bacterias como *Bacillus spp* u hongos del tipo *Trichoderma spp* que normalmente las sintetizan, o por *Pseudomonas spp* genéticamente modificada y comercializada por empresas de biotecnología.

Existe un amplio número de enzimas microbianas que se emplean para eliminar los tóxicos que existen en los LXS de RSU. Las extracelulares como la celulasa, la amilasa o las proteasas son las principales que se usan para hidrolizar polímeros complejos, que también pueden ser parte de los LXS, con la ventaja de que se aplican en ambientes donde los microorganismos que destruyen contaminantes no crecen por el elevado nivel de concentración de esos tóxicos y otros factores involucrados. Otra enzima útil es la peroxidasa, que inicia el rompimiento de fenoles y aminas aromáticas detectadas en los LXS y que después son relativamente fáciles de mineralizar usando BE de ambientes contaminados con estas mezclas de compuestos orgánicos y elementos inorgánicos (Groudeva et ál., 2000; Ercoli et ál., 2001; Vullo, 2003; Younger et ál., 2003).

Uso de biofiltros

De manera relativamente reciente se ha probado el uso de biofiltros para tratar lixiviados. Los medios filtrantes son variados e incluyen desde composta derivada de residuos, suelos, ladrillos pulverizados hasta residuos sólidos urbanos estabilizados (Jokela et ál., 2002; Tyrrel et ál., 2008; Thornton et ál., 2000; Youcai, 2002).

Los efluentes producidos tienen la ventaja principal de reducir las cargas de nitrógeno amoniacal (< 10 mg/L), pero no logran retirar compuestos orgánicos recalcitrantes del lixiviado, por lo que no se considera apropiado descargar directamente los lixiviados sin un tratamiento posterior.

No solamente el medio filtrante es de consideración, sino que las características del lixiviado pueden influenciar su comportamiento frente a un medio filtrante. La adsorción de microcontaminantes tales como BTEX, hidrocarburos aromáticos, cloroaromáticos, compuestos alifáticos, pesticidas, etc., en columnas con material de acuífero como piedra arenisca triásica, es ocho veces menor cuando el lixiviado es acetogénico, pero se incrementa seis veces cuando el lixiviado corresponde a la fase metanogénica. Esto significa una combinación de interacciones entre los microcontaminantes, la materia orgánica disuelta del lixiviado y la fracción mineral del acuífero. Sin embargo, la implicación es que aun cuando el material del acuífero tiene una capacidad de biorremediación potencialmente grande, la degradación de contaminantes orgánicos de lixiviados acetogénicos o típicamente ácidos (jóvenes) es limitada y, por ende, los contaminantes en este tipo de lixiviados presentan un riesgo mayor a las aguas subterráneas que los lixiviados maduros.

A pesar de lo anterior, existen algunos reportes que mencionan el uso de la biofiltración como una tecnología prometedora. Jokela et ál. (2002) reportan que el uso de biofiltración puede ser un método de bajo costo y eficaz para la remoción biológica de nitrógeno en lixiviados, sobre todo en área con climas fríos. Li et ál. (2009) usaron residuos viejos para tratar 50 m^3 de lixiviado por día, en tres etapas, y observaron remociones de nitrógeno amoniacal de hasta 99,4% y de DQO de hasta 96,2%. El efluente obtenido del proceso constituyó un líquido inodoro y pálido con concentraciones de DQO < 1.020 mg/L, además, los resultados de este reporte indican que la remoción de nitrógeno amoniacal no se vio afectada significativamente por la temperatura en el biofiltro.

Finalmente, es importante señalar que en la actualidad se realiza una intensa investigación sobre los diversos compuestos y elementos tóxicos ambientales contenidos en los LXS derivados de la FO de los RSU en RESA, para desarrollar estrategias innovadoras en la recuperación aguas superficiales, subterráneas y suelos impactados con esta mezcla de compuestos orgánicos y elementos inorgánicos, tanto en la BIS como en la *ex situ*. La tendencia es la aplicación de acciones integrales que aseguren una recuperación de ambientes contaminados por LXS, de tal forma que se inicia la BR de un sitio vía BE y se concluye con fitorremediación, con el uso de indicadores biológicos que comprueben que los tóxicos de los LXS generados en un RESA no representan más un riesgo potencial.

AGRADECIMIENTOS

Se agradece el apoyo del proyecto 2.7 (2011) y 2.15 (2011) de la Coordinación de Investigación Científica (CIC) de la Universidad Michoacana de San Nicolás de Hidalgo, Morelia, Mich, México.

REFERENCIAS BIBLIOGRÁFICAS

ATSDR, 2001. *Landfill Gas Primer: An overview for environmental health professionals*. *Agencia Norteamericana para las sustancias tóxicas y registro de enfermedades*, EE.UU.

Benson C.H., Kucukkirca I.E., Scalia J., 2010. "Properties of geosynthetics exhumed from a final cover at a solid waste landfill". *Geotextiles and Geomembranes* 28 (6):536-546.

Vullo, D. L., 2003. "Microorganismos y metales pesados una interacción en beneficio del medio ambiente" [en línea]: *Revista Química Viva* 2 (3) http://www.quimicaviva.qb.fcen.uba.ar/Actualizaciones/metales/metales.htm (Última consulta: 13 de noviembre de 2011).

Ding A., Zhang Z., Fu J., Cheng L., 2001. "Biological control of leachate from municipal landfills" *Chemosphere* 44 (1):1-8.

DMA (Directiva Marco de Aguas de la Unión Europea), D 2000/60/CE, 1971. Convenio de Ramsar o Convención relativa a los humedales de importancia internacional especialmente como hábitats de aves acuáticas, firmado en la ciudad de Ramsar, Irán, 2 de febrero de 1971.

Ercoli, E., Gálvez, J., Di P., Cantero J., Videla, S., Medaura, Bauzá J., 2001, *Biorremediación en Mendoza*, Universidad de Cuyo, Argentina.

Environmental Research Foundation, 1989a. "Clay landfills liners leak in ways that surprise landfill designers. " *Semanario* N.o 125 *de Rachel's Environment and Health News*

Environmental Research Foundation, 1989b. "The best landfill liner: HDPE". *Boletín de Rachel's Environment and Health News* 117.

FOE, Friends of the Earth 2003. *Citizen's guide to municipal landfill United States*. *GAIA (Global Alliance for Incinerator Alternatives)*. Resources up in Flames, Phillipines.

García, H, D., Sosa, A, C.R y Sánchez-Yáñez, J. M., 2007. *Biorremediación de agua domestica contaminada con aceite residual automotriz. Ingeniería Hidráulica en México* XXII: 115-118.

Gates W.P. y Bouazza A., 2010. "Bentonite transformations in strongly alkaline solutions". *Geotextiles and Geomembranes*, 28 (2):219-225.

Groudeva V.I, Groudev S.N, Doycheva A.S., 2001. "Bioremediation of waters contaminated with crude oil and toxic heavy metal" International Journal of Mineral Processing.62: 293-299.

Jokela, J. P. Y., Kettunenb, R. H., Sormunena, K. M. Rintala, J. A., 2002. "Biological nitrogen removal from municipal landfill leachate: low-cost nitrification in biofilters and laboratory scale in-situ denitrification". *Water Research* 36(16):4079-4087.

Li, H., Zhao, Y., Shi, L. y Gu, Y., 2009. "Three-stage aged refuse biofilter for the treatment of landfill leachate". *Journal of Environmental Sciences* 21(1):70-75.

Manyin T., Williams F., Stark Lloyd, 1997. "Effects of iron concentration and flow rate on treatment of coal mine drainage in wetland mesocosms: An experimental approach to sizing of constructed wetlands" *Ecological Engineering* 9:171-185.

Matejczyk, M., Płaza, G.A., Nałęcz-Jawecki, G., Ulfig, K. y Markowska-Szczupak, A., 2011. "Estimation of the environmental risk posed by landfills using chemical, microbiological and ecotoxicological testing of leachates". *Chemosphere*, 82(7):1017-1023.

Qian J., Zayed A., Zhu Y., Yu M. y Terry N., 1999. "Phytoaccumulation of trace elements by wetlandplants: III. Uptake and accumulation of ten trace elements by twelve plant species". *Journal of Environmental Quality* 28:1448-1455.

Rowe R.K., Rimal S., Sangam H., 2009. "Ageing of HDPE geomembrane exposed to air, water and leachate at different temperatures"*Geotextiles and Geomembranes*, 27 (2):137-151.

Rudolf I. Laman, Wolfgang Ludwig y Kart–Heinz Schleifer, 1995. "Phylogenetic identification and "in situ" detection of individual microbial cells without cultivation"

Microbiological Reviews 59:143-169.

Salinas-Cesareo, J., 3 agosto de 2007. "Estados: Contaminación por lixiviados arruina viviendas en Ecatepec" [en línea]. *Diario La Jornada.* <http://www.jornada.unam.mx/ 2007/08/13 /index.php?section=estados&article=03 2n1est>. (Última consulta: 20 de enero de 2011).

Sanchez-Yañez, 2008. *Biorremediación, Antología. Secretaria de Extensión y Difusión Cultural,* Universidad Michoacana de San Nicolás de Hidalgo, Morelia, Mich, México.

Sobolewski A., 1999. "A review of processes responsible for metal removal in wetlands treating contaminated mine drainage". *International Journal of Phytorremediation* 1: 19-51.

Stolz E. y Greger M., 2002. "Accumulation properties of As, Cd, Cu, Pb and Zn four wetland plant species growing on submerged mine tailings". *Environmental and Experimental Botany* 47: 271-280.

Thornton, S.F., Bright, M.I., Lerner, D.N., Tellam, J.H. "2000 Attenuation of landfill leachate by UK Triassic sandstone aquifer materials: 2. Sorption and degradation of organic pollutants in laboratory columns *Journal of Contaminant Hydrology*, 43(3-4):355-383.

Tyrrel, S.F., Seymour, I., Harris, J.A., 2008. "Bioremediation of leachate from a green waste composting facility using waste-derived filter media: *Bioresource Technology* 99(16):7657-7664.

Youcai, Z., Hua, L., Jun, W., Guowei, G., 2002. "Treatment of Leachate by Aged-Refuse-based Biofilter". *J. Envir. Engineering* 128(7):662-668.

Younger, P., Ayora C., Carrera J., Lovgren L., Loredo J., Sauter M., Wolkersdorfer C., Veselic M., LeBlanc M., Oehlander B., Landin J., 2003. *Research Project of the European Commission Fifth Framework Programme. Passive In-situ Remediation of Acid Mine / Industrial Drainage (PIRAMID).*

15. RESIDUOS DE CONSTRUCCIÓN Y DEMOLICIÓN

I. T. Mercante, S. Llamas
Centro de Estudios de Ingeniería de Residuos Sólidos (CEIRS)
Universidad Nacional de Cuyo, Argentina
imercante@fing.uncu.edu.ar

M. D. Bovea Edo
Grupo de Ingeniería de Residuos Sólidos (INGRES)
Departamento de Ingeniería Mecánica y Construcción
Universitat Jaume I, España

INTRODUCCIÓN

La industria de la construcción denota un papel muy importante en la economía de una región o país, y de su desarrollo dependen en gran medida actividades productivas primarias y de servicios. Es una actividad que consume ingentes cantidades de materia prima y energía, y a la vez genera grandes volúmenes de residuos predominantemente de tipo sólidos.

Los materiales utilizados en la construcción de obras civiles están sometidos a diversas transformaciones durante su ciclo de vida, entendiendo como tal la totalidad de etapas desde la explotación de recursos naturales para su fabricación hasta su disposición final como residuo. El manejo que de ellos se hace durante la última fase, llamada también de "fin de vida", puede presentar distintas características y alternativas dependiendo de factores económicos, técnicos y ambientales.

Este residuo se caracteriza porque presenta un bajo riesgo ambiental en cuanto a toxicidad; por el contrario, su impacto visual es con frecuencia alto por el gran volumen que ocupan y por el escaso control ambiental ejercido sobre los terrenos que se eligen para su depósito. Además, se evidencia un impacto ambiental negativo derivado del desperdicio de materias primas que implica la gestión sin valorización.

El tratamiento y la gestión de los residuos de construcción y demolición (RCD) han evolucionado en las últimas tres décadas hacia un manejo más eficaz y respetuoso con el ambiente. Hasta fines de la década del setenta, solo se practicaba la disposición clandestina e incontrolada, hoy se trata al RCD como un recurso valorizable, y se propician acciones de minimización, reutilización y reciclaje.

Se abordará en este capítulo la definición y clasificación de los RCD, sus opciones de gestión y tratamiento, y un panorama general de su situación en Europa, España y América Latina.

CLASIFICACIÓN Y CARACTERIZACIÓN DE LOS RCD

Los RCD se generan en la propia actividad de la construcción. Se define a los RCD como aquellos residuos que se generan durante la construcción, renovación (ampliación o reparación) y demolición de obras de edificios residenciales o no residenciales (industriales, comerciales e institucionales), obras viales (puentes, calles, avenidas), obras hidráulicas (canales de riego, diques) además de cualquier otra obra de ingeniería civil. Incluyen además los generados en instalaciones auxiliares que den servicio exclusivo a la obra, tales como plantas de hormigón elaborado, plantas de concreto asfáltico y depósito de materiales de construcción, en la medida en que el montaje y desmontaje de dichas instalaciones tenga lugar al inicio, durante o al final de la ejecución de la obra.

CLASIFICACIÓN DE LOS RCD

La clasificación de los RCD puede plantearse según distintos factores, tales como el origen y fuentes de generación, y la naturaleza del residuo. Si se tiene en cuenta el primero de ellos, se obtienen los siguientes tipos:

- Materiales de limpieza de terrenos: Tocones, ramas, árboles.

- Material de excavación: Este es normalmente un residuo inerte y, en general de naturaleza pétrea, aunque en algunos casos se presenta con contaminantes. Algunos componentes son las tierras, rocas de excavación y los excedentes de materiales granulares.

- Residuos resultantes de construcción nueva, de ampliación o reparación (obra menor): Son los que se originan en el proceso de ejecución material de los trabajos de construcción. Se generan durante la propia acción de construir y de los embalajes de los materiales. Sus características y cantidad son variadas y dependen de la fase del trabajo y del tipo de obra.

- Residuos de obras viales: Compuestos por trozos de losas de hormigón de la demolición y construcción de caminos, residuos de asfalto y mezclas del pavimento asfáltico, residuos de renovación de puentes, entre otros.

- Residuos de desastres: Son aquellos generados por la acción de desastres naturales, tales como sismos, aluviones, vientos e inundaciones.

Otra clasificación muy útil es la que determina los tipos de RCD de acuerdo a su naturaleza por estar asociada a las condiciones para el vertido (CE, 1999). En este caso, se pueden clasificar en tres categorías: inertes, no especiales o reciclables y especiales o peligrosos.

- Inertes: Se definen como residuos no peligrosos que no experimentan transformaciones físicas, químicas ni biológicas significativas; no son solubles ni combustibles, no reaccionan física ni químicamente ni de ninguna otra manera, no son biodegradables, no afectan negativamente a otras materias con las cuales entran en contacto de forma que puedan dar lugar a contaminación del medio ambiente o perjudicar a la salud humana. La lixiviabilidad total, el contenido de contaminantes de los residuos y la ecotoxicidad del lixiviado deberán ser insignificantes, y en particular no deberán suponer un riesgo para la calidad de las aguas superficiales o subterráneas (CE, 1999). Esta categoría engloba tierras de excavación, materiales pétreos, cerámicos y vidrio.

- No especiales o reciclables: Estos residuos pueden ser almacenados o tratados en las mismas condiciones que los residuos domésticos. La característica de no ser peligrosos es la que define sus posibilidades de reciclaje, de hecho se reciclan en instalaciones industriales juntamente con otras fracciones provenientes de distintas corrientes de residuos. Se incluyen maderas, papel, plásticos y metales.

- Especiales o peligrosos: Son los RCD que tienen características que los hacen potencialmente peligrosos, tales como sustancias inflamables, tóxicas, corrosivas, irritantes, cancerígenas. Incluye pinturas, solventes, amianto, entre otros.

La Comunidad Económica Europea (CEE) ha listado los RCD en grupos categóricos en el Catálogo Europeo de Residuos (CE, 2000); ellos corresponden a la clase 17, resumida en la tabla 15.1. Cada categoría se divide además en subcategorías.

Tabla 15.1. Categorías principales de la clase 17:
Residuos de construcción y demolición.

Código CER	Descripción
17 01	Hormigón, ladrillos, tejas y materiales cerámicos.
17 02	Madera, vidrio y plástico.
17 03	Mezclas bituminosas, alquitrán de hulla y otros productos alquitranados.
17 04	Metales (incluidas sus aleaciones).
17 06	Materiales de aislamiento y materiales de construcción que contienen amianto.
17 08	Materiales de construcción a base de yeso.
17 09	Otros residuos de construcción y demolición.

En el caso de RCD que contienen residuos peligrosos, el CER los denomina con códigos que aparecen con un asterisco. Por ejemplo, "residuos que contienen mercurio" se identifican con el código 17 09 01*.

CARACTERIZACIÓN DE RCD

La elaboración y ejecución de planes de gestión de residuos sólidos para una región determinada requiere, como primera etapa, la consecución de los datos de caracterización. El objetivo de esta es conocer qué cantidad y en qué proporciones o composición se generan las distintas categorías de materiales residuales. Estos datos son básicos a los fines de seleccionar y valorar adecuadamente la viabilidad de diferentes tecnologías de tratamiento, especialmente en lo que concierne a los programas de reciclaje (Lund, 1996). Además, los datos de composición se utilizan para determinar los compuestos químicos potenciales que serán emitidos en forma de lixiviados tienen un impacto directo sobre la densidad conseguida in situ en el caso de disposición final en terreno, y sobre el cálculo de la vida útil de los vertederos.

Los datos de composición obtenidos en distintas regiones han indicado porcentajes de entre 75-80% para la fracción inerte. El resto, entre 20-25%, corresponde a fracciones de RCD no especiales y peligrosos. Los porcentajes pueden variar según las categorías incluidas en la composición. La figura 15.1 muestra la distribución porcentual de los distintos tipos de RCD publicados en el Plan de gestión de RCD en España (MARM, 2008).

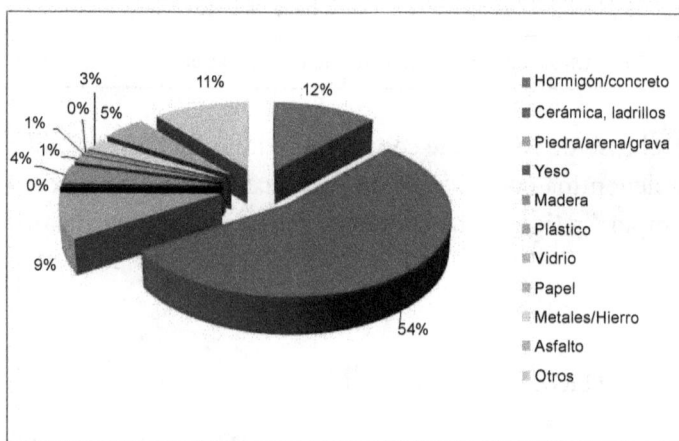

Figura 15.1. Distribución porcentual en peso de RCD en España.

La cantidad y composición de RCD varía de una comunidad a otra debido a la demografía histórica y al crecimiento actual de cada una. Por ejemplo, en áreas de expansión urbana el flujo de residuos de construcción de obra nueva presenta una mayor cantidad que los residuos de demolición. Otros factores que influyen en las características de los RCD son el tipo de proyecto: edificación o infraestructura; la cantidad anual de superficie construida y demolida, y la etapa de ejecución de las obras: fundación, estructuras, cierres verticales y horizontales, terminaciones o acabados en el caso de obras de edificación; los hábitos constructivos y los materiales utilizados. En la tabla 15.2 se señala la variabilidad de la composición de RCD según el tipo de obra y actividad medidos en peso.

Tabla 15.2 Composición porcentual de RCD según la actividad generadora.

	Construcción nueva			Renovación	Demolición	
	Residencial % (1)	Residencial % (2)	Residencial % (3)	Residencial % (4)	Residencial % (5)	Multifamiliar % (6)
Madera	42	67	2	45	42	14
Hormigón	-	5	-	-	24	-
Ladrillos	6	-	34	-	-	14
Tejados	6	-	-	28	-	3
Plásticos	2	-	1	-	-	-
Metales	2	-	-	-	2	-
Yeso/ panel secos	27	20	5	21	-	17
Mezclas	15	8	55	6	32	1
Escombro	-	-	3	-	-	51

En el caso de construcción nueva, las diferencias en las columnas (1), (2) (EPA, 1998) y (3) (Mercante, 2005) están dadas sobre todo por el tipo de materiales empleados. Así, la tercera columna, por ejemplo, corresponde a una vivienda construida con materiales de concreto y cerámico principalmente. La columna (4) indica una composición con mayor porcentaje de residuos de techados y desaparición del concreto. En el caso de demoliciones (5) y (6), se destaca el porcentaje de madera para la primera y el escombro para la segunda por tratarse en este caso de una edificación de varios pisos con importantes fundaciones (EPA, 1998). Las consideraciones realizadas demuestran que a los fines de establecer índices de generación regionales o nacionales representativos es necesario realizar varios muestreos.

La metodología para estimar el peso y volumen de los RCD generados en una región combina los datos de superficies construidas y demolidas con resultados de muestreos puntuales. Las unidades de los índices de generación que se utilizan frecuentemente en edificación se expresan en kg/m^2 y m^3/m^2. La tabla 15.3 indica algunos valores de dichos índices estimados en el II Plan Nacional de RCD (II PNRCD) de España para el periodo 2007-2015 (MARM, 2008).

Tabla 15.3. Índices de generación de RCD.

Tipo de construcción	RCD producido por m^2 de edificación kg/m^2
Obras de edificios nuevos	120
Obras de rehabilitación	338,7
Obras de demolición	1.129

Los datos de generación de residuos pueden brindar información útil si pueden vincularse a la etapa de obra en la cual se producen. La forma de obtener tal relación puede ser directa, a través de la toma de "datos de generación", y al mismo tiempo apuntar la "tarea ejecutada" o vinculando indirectamente los cronogramas de producción de obra con la generación de RCD. La primera alternativa puede ser compleja en el caso de que se construyan varias edificaciones iguales, debido a la ejecución simultánea de varias etapas a lo largo del plazo de ejecución de la obra.

La aplicación de estos índices, tanto para la gestión interna como externa de los RCD, se resume en la tabla 15.4 (Mercante, 2005).

Tabla 15.4. Aplicación de los índices de generación de residuos.

	Aplicación empresarial	Aplicación administrativa
Índice Ic (kg/m²)	Costo de vertido (a)	Fianza (b)
Índice Iv (m³/m²)	Necesidad de contenedores (c)	Capacidad de vertedero (e)
	Costo de transporte (d)	---------------

(a) Los vertederos controlados cobran una tasa por vertido de RCD expresada en $/t.

(b) La fianza municipal, garantía implementada por algunas legislaciones para asegurar la correcta gestión de los RCD, se determina según la cantidad de residuos generada. Si no hay datos, puede recurrirse a otros índices tal como la superficie a construir.

(c) La cantidad y el tipo de contenedores en la obra, así como su frecuencia de recolección, se determinan en función del volumen.

(d) El costo de transporte depende de los volúmenes a retirar de la obra.

(e) Las metodologías para calcular cantidades locales o nacionales incluyen índices de generación por tipo de obra.

A nivel regional o municipal se utilizan las unidades ton/per cápita/año y ton/año (EPA, 1998 *op. cit.*). Cada una tendrá una aplicación diferente según el objetivo de la caracterización. La tabla 15.5 indica datos de generación de distintos países.

Tabla 15.5. Datos de generación de RCD
en distintos países.

País o ciudad	Cantidad (kg/hab./día)
Europa (CE-15) (Symonds et ál., 1999)	1,30
España (MARM, 2008)	1,80- 2,50
México D.F. (González, 2007)	0,375 - 0,625
Brasil (Gusmão, 2008)	0,76- 2,08

En cuanto a los parámetros a determinar en la composición, como mínimo debe estructurarse el estudio en base a una "macroaproximación", lo que implica tener en cuenta una clasificación en los tres componentes principales que ya se han mencionado: inertes, no especiales o reciclables y especiales o peligrosos. Sin embargo, y a los fines de valorar diversas estrategias de reciclaje y comercialización, es imprescindible la adopción de una "microaproximación" para analizar cada componente residual en subcomponentes. La tabla 15.6 (Mercante et ál., 2009) presenta una posible clasificación atendiendo a los argumentos expuestos. Cabe señalar que los estudios de caracterización de residuos sólidos en general se basan en razonamiento estadístico, y que se obtienen en todos los casos estimaciones de los resultados.

Tabla 15.6. Clasificación de materiales en el flujo de RCD.

Tipo	Componentes	Subcomponentes
Inertes	Tierras	
	Pétreos	Hormigones, morteros, áridos.
	Cerámicos	Ladrillos, revestimientos, losetas, tejas.
No especiales o reciclables	Madera	Contrachapada, machimbre, puntales, tablas, pallets, madera tratada.
	Papel	Corrugado en embalajes, bolsas de cemento y cal, papel oficina.
	Plásticos	Policloruro de vinilo (PVC), polietileno tereftalato (PET), poliestireno expandido (PS), polietileno de baja densidad (PEBD), polietileno de alta densidad (PEAD), polipropileno (PP), otros.
	Metales	Plomo, aluminio, cobre, hierro, acero, bronce.
	Vidrio	Translúcido, de color.
	Yeso	Mortero de yeso, muro seco.
Peligrosos o especiales	Asfaltos; amianto; pinturas, solventes, y aditivos de hormigón y sus envases.	

En relación con los residuos peligrosos que pueden encontrarse en los RCD, se mencionan los más comunes y su característica de peligrosidad:
- Aditivos de hormigón (inflamables).
- Adhesivos, másticos y sellantes (inflamables, tóxicos o irritantes).
- Emulsiones alquitranadas (tóxicas, cancerígenas).
- Materiales a base de amianto, en forma de fibra respirable (tóxicos, cancerígenos).
- Madera tratada con fungicidas, pesticidas (tóxica, ecotóxica, inflamable).

- Revestimientos ignífugos halogenados (ecotóxicos, tóxicos, cancerígenos).
- Equipos con PCB (ecotóxicos, cancerígenos).
- Luminarias de mercurio (tóxicas, ecotóxicas).
- Sistemas con CFCs (afectan la capa de ozono).
- Elementos a base de yeso (fuente posible de sulfhídrico en vertederos; tóxicos, inflamables).

OPCIONES DE VALORIZACIÓN DE RCD

La valorización se define como todo procedimiento que permita el aprovechamiento de los recursos contenidos en los residuos. Estos recursos pueden ser energéticos o materiales. En el caso de los RCD, dado que la mayor fracción corresponde a los residuos inertes, existe una mayor posibilidad de recuperación material en comparación con la energética.

REUTILIZACIÓN

La acción de reutilizar involucra la aplicación de un material residual, de modo que mantiene su forma e identidad original; es decir, la recuperación de elementos constructivos completos y el reuso con las mínimas transformaciones posibles, lo que conduce además a la reducción de los residuos. Durante el proceso de construcción, se generan algunos residuos reutilizables procedentes de los materiales propios de las obras y otros de los materiales auxiliares, tales como encofrados de madera y metálicos, andamios o sistemas de protección y seguridad; también embalajes y envases como grandes contenedores, silos y pallets.

En los procesos de demolición y aplicando técnicas de "deconstrucción", se pueden recuperar elementos tales como tejas, carpintería metálica y de madera, techados, entre otros.

RECICLAJE

La actividad del reciclaje se refiere a la operación que incorpora los residuos en un proceso en el que requerirán ser tratados y luego sometidos a un proceso de elaboración junto con otros insumos. Es una de las estrategias de gestión de los residuos sólidos, en general, y de los RCD en particular, igual de útil que el vertido, pero ambientalmente preferible.

En países desarrollados el apoyo estatal al reciclaje responde a una amplia demanda por parte de la población y es practicado con los RCD desde la década de los ochenta. En países en vías de desarrollo, el reciclaje estuvo reducido a recuperación informal y venta hasta fines de los años noventa, cuando se comenzó con la instalación de plantas para reciclar los materiales recuperados, simultáneamente con la aparición de normativas nacionales.

La naturaleza de los materiales que componen los RCD determina cuáles son reciclables y cuál es su utilidad potencial. Los residuos pétreos, hormigones y ladrillos principalmente que componen la fracción inerte pueden ser reintroducidos en las obras como material de relleno, una vez que hayan sido sometidos a un proceso de trituración y tamizado. También esta fracción ha sido utilizada en bases de caminos con muy buenos resultados y sobre todo en obras públicas. No obstante, se han investigado otras aplicaciones para este material (Rolón Aguilar et ál., 2007) cuyos resultados han permitido dirigir su uso en hormigones y morteros. Estos estudios concluyen que los áridos reciclados procedentes de hormigón presentan un elevado nivel de poros, con posibilidad de absorber más agua y una densidad más baja que los áridos naturales.

Por otra parte, las propiedades mecánicas estáticas de hormigones apuntan a una reducción en sus cuantías, producidas por el incremento de reemplazo de áridos naturales por áridos reciclados procedentes de hormigón, y sus variaciones dependen del tipo de hormigón original y de su estado de conservación. Estas incertidumbres limitan el uso de agregados reciclados en estructuras y se tienden a usar solo fracciones de estos.

Otro estudio de dosificaciones y caracterización de morteros elaborados con áridos reciclados de hormigón concluye que los morteros de albañilería con base de cemento pueden incorporar como máximo un 20-25% de árido reciclado sin evidenciar pérdidas significativas de calidad (Vegas, 2009). Otros usos son la fabricación de bloques de concreto (Carneiro, 2005) y la construcción de estacas de compactación como mejoradores de suelos arenosos (Gusmão, 2008).

El resto de las fracciones reciclables, tales como papel, plástico, vidrio y metal, se introducen en el ciclo productivo del material virgen con condiciones de pureza determinadas. La madera también es factible de reciclaje, triturada y utilizada en la fabricación de placas aglomeradas.

Además de la viabilidad técnica de los materiales reciclados, se debe estudiar su impacto ambiental, esto es, el análisis "de la cuna a la tumba" durante la etapa de fin de vida. Se han realizado ya algunas evaluaciones a través de la metodología del Análisis de Ciclo de Vida (ACV) aplicada al sistema de gestión de los RCD (Ortiz et ál., 2009). Los resultados dan el perfil ambiental del sistema de tratamiento propuesto y permiten comparar distintos escenarios. Por otra parte, se puede incluir en la evaluación la carga evitada por la sustitución del material virgen y compensar las cargas ambientales del reciclaje en una consideración más equitativa. De este modo, la aplicación de la herramienta del ACV se constituye en un elemento de juicio adicional al momento de decidir por un tratamiento.

Desde el punto de vista económico, el reciclaje es una actividad industrial que conlleva la generación de empleos y renta pública. Sin embargo, para que tenga éxito es imprescindible la existencia de un mercado que absorba los materiales generados en forma eficiente. Al inicio de la implementación de un sistema de gestión de RCD, la actividad de obras públicas debe ejemplificar con el empleo de áridos reciclados. En este sentido, son necesarias normas técnicas, que caractericen el material y fijen los límites de calidad para diversos usos, todo ello amparado en legislación y fiscalización efectivas.

RECUPERACIÓN DE ÁREAS

La valorización de los RCD como recuperación de materia de los residuos se relaciona con su utilización en la restauración de áreas degradadas con el fin de lograr su integración ambiental y paisajística. Los factores a tener en cuenta para el aporte de materiales externos a un área degradada son la proximidad, el tipo de RCD, las características propias del área y la evaluación ambiental.

Los materiales ideales son los RCD mezclados que no tienen residuos peligrosos y cuyo reciclaje es dificultoso justamente por dicha mezcla. Las áreas degradadas por explotación de canteras son los lugares prioritarios para disposición final de la fracción inerte de los RCD, pues representa una alternativa real de posterior reutilización de estas. Los criterios utilizados para la selección de sitios aptos para disposición de RCD inertes, en general, deben incluir aspectos urbanos, ambientales y económicos.

VALORIZACIÓN ENERGÉTICA

La valorización energética implica recuperar energía de los residuos. El objetivo es eliminar la toxicidad de estos y a la vez aprovechar el calor contenido, por lo que en este caso la capacidad calorífica del material residual será la variable principal a tener en cuenta. Esto puede hacerse, en el caso de los RCD, con las fracciones de papel, plásticos, maderas y algunos componentes peligrosos, tales como restos de pinturas, asfaltos, envases de pinturas y solventes. Dado su potencial de contaminación atmosférica debido a las emisiones gaseosas al aire, esta es la opción menos preferida de entre las que corresponden a la valorización de residuos.

GESTIÓN DE RCD

Se define la gestión de RCD al conjunto de acciones y actividades de control que dan al residuo el destino más adecuado para proteger la salud humana y el ambiente en general. En el caso de los RCD, se pueden considerar dos fases: interna o intraedificacional y externa, considerando para la primera las etapas de generación y recogida en obra, y para la segunda las etapas de recogida, transporte, tratamiento y disposición final (figura 15.2).

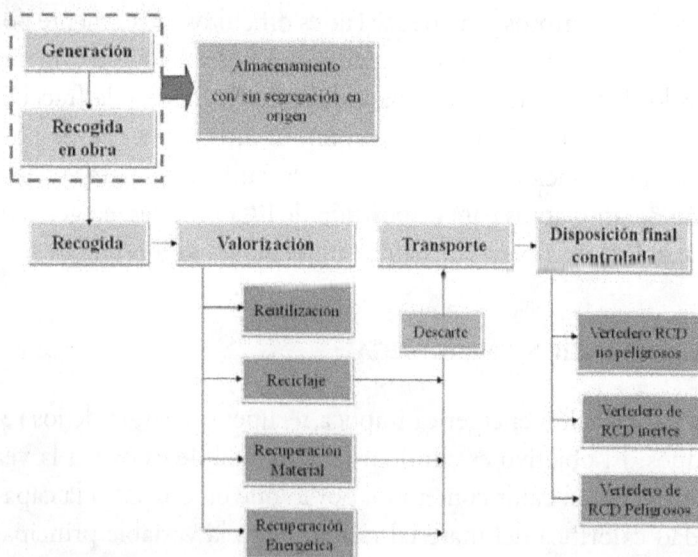

Figura 15.2. Etapas de gestión de los RCD.

Un aspecto a tener en cuenta en la planificación de la gestión interna es el tamaño y la importancia de la obra civil de que se trate. Esto es debido a que las obras de pequeña envergadura, denominadas "obra menor" en la mayoría de las legislaciones, no tendrán el mismo tratamiento respecto a la gestión de sus residuos; su generador se exime de la responsabilidad en la gestión, y la autoridad de gobierno correspondiente las toma a su cargo a través de programas de alcance local. En este caso, el límite puede estar entre 1 y 2 m³ según la normativa y se gestionan a través de ecopuntos, es decir, sitios donde los generadores menores llevan sus RCD para luego ser transportados a plantas de tratamiento por la autoridad local.

Manejo interno y almacenamiento

Las empresas de la construcción se enfrentan últimamente a distintos retos derivados de la degradación medioambiental, de la necesidad de optimizar el consumo de recursos, especialmente agua y energía; y ligado con todo lo anterior, de la aparición de nuevos requisitos normativos que imponen restricciones y obligaciones ambientales en cuanto al manejo de los RCD. En este marco, la tendencia mundial es tomar todas las medidas para minimizar emisiones y residuos en forma progresiva y permanente en los procesos mediante la utilización de buenas prácticas.

En la fase de gestión interna, los residuos generados en las actividades de construcción o demolición se recogen en cada área de trabajo y se almacenan para luego ser trasladados a plantas de tratamiento y disposición final. Una herramienta básica para la eficiencia en el manejo de RCD es el plan de gestión interna. Su elaboración, como parte de los proyectos ejecutivos de construcción/demolición, permite la prevención en origen a través de la implementación de medidas de minimización (figura 15.3), la planificación óptima del movimiento de RCD dentro de la obra, la identificación de gestores externos y la determinación de costos de gestión. Este plan es un requisito a cumplir en las legislaciones de varios países.

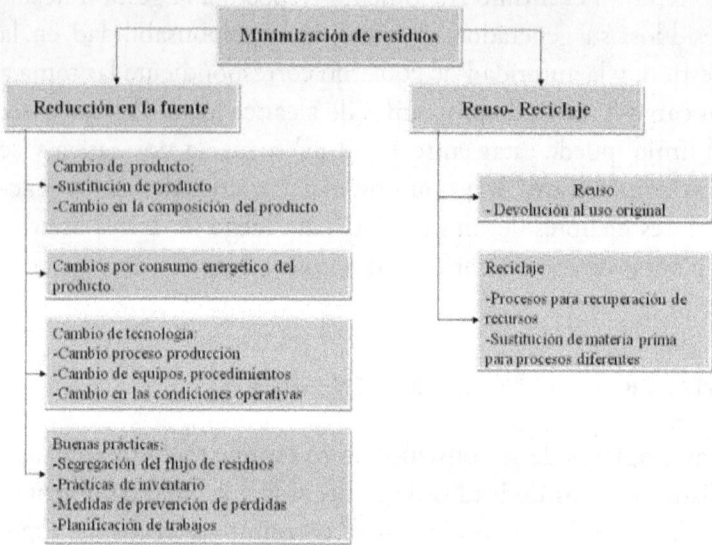

Figura 15.3. Prácticas de minimización de residuos. (Fuente: Begum et ál., 2007, modificado)

En cuanto a las medidas de minimización, un estudio (Begum et ál., 2007) realizado sobre 130 empresas constructoras, a fin de evidenciar la percepción sobre la efectividad de las medidas de minimización, ha demostrado que los factores que más contribuyen a la reducción de residuos son la compra de materiales durables y reparables, la adquisición de materiales que tengan embalajes reutilizables, y el reuso y reciclaje de materiales.

Con un nivel de importancia media fueron calificados el uso de productos no tóxicos, el cambio del diseño de procesos de construcción, la obtención de materia prima exacta a las necesidades y el uso de los materiales antes de su vencimiento o antes de ser deteriorados. Los menos considerados fueron el uso de tecnologías que generen pocos residuos, la implantación de programas de educación o programas de incentivos y la segregación en distintos tipos de residuos con miras al reciclaje, pero fueron además estas últimas prácticas las menos ejecutadas. Las ventajas de la implementación de prácticas ecoeficientes se traducirán en beneficios de tipo no solo ambiental, sino además económicos, tales como la reducción de pérdidas de materiales, disminución de riesgos laborales, optimización de la operatividad en la obra, mejor gestión de procesos, retorno adicional debido a la recuperación y venta de subproductos, disminución del costo de tratamiento o disposición final de los residuos, mejor imagen del desempeño ambiental y aseguramiento del acceso a mercados y créditos.

El modo de recogida de los RCD en obra puede ser diferenciado o no según la cultura y los hábitos de la empresa que se trate, de la legislación existente y de las posibilidades de tratamiento de que se disponga en la ciudad donde se localiza la obra. La disposición y la cantidad de contenedores, al igual que las zonas de almacenamiento, dependerán del volumen producido en obra. Cabe señalar que la recogida selectiva trae como ventaja que los residuos tengan altas posibilidades de valorización por la pureza de su composición. Los residuos mezclados pueden ser seleccionados luego, pero con mayor costo de operación, y generalmente van a vertedero.

La figura 15.4 muestra una imagen de contenedores plásticos de prerrecogida en un edificio de varios pisos correspondiente a materiales no peligrosos reciclables (madera, papel, metales y plástico). Se observa que los contenedores están perfectamente identificados a los fines de la separación. La figura 15.5 muestra la organización de zonas de almacenamiento para los mismos materiales, y la figura 15.6, la recogida de materiales inertes en contenedores metálicos cuyo volumen puede variar entre 3 y 7 m^3.

Figura 15.4. Prerrecogida selectiva de RCD en un edificio de varios pisos.

Figura 15.5. Zonas de almacenamiento de RCD reciclables.

La fracción de residuos peligrosos obligatoriamente deber ser recogida y gestionada en forma separada, ya que se encuentra regulada por normativa específica en la mayoría de los países.

Figura 15.6. Almacenamiento de RCD inertes.

Finalmente, cabe mencionar que la recogida en obra se encuentra en gran parte condicionada por la relación "superficie ocupada por la obra/ superficie del terreno", y de esta relación depende el espacio disponible para el almacenamiento de los residuos y, por lo tanto, la frecuencia de recolección. Cuanto mayor sea el factor de ocupación, más eficaz debe ser el manejo de los residuos hacia los puntos de retiro de los materiales. La planificación de esta etapa requiere de la aplicación de índices de generación mencionados en la tabla 15.4.

INSTALACIONES DE GESTIÓN EXTERNA

La gestión externa de los flujos de RCD y su valorización para su transformación en nuevos productos constituye un proceso que requiere el uso de maquinaria especializada y de procesos industriales que garanticen la calidad de los materiales según las normativas de cada región. Se necesita, por lo tanto, maquinaria capaz de realizar la compleja clasificación de materiales inertes y no especiales de distinta naturaleza (pétreos, papel, cartón, plásticos, metales), la trituración de los componentes inertes de hormigón, cerámicos o asfálticos y su posterior cribado a los fines de introducirlos en el mercado de materiales de construcción.

En las normativas implementadas recientemente en España y otros países, se ha establecido la figura del gestor de RCD, empresario o empresa que ejerce las operaciones de almacenamiento, selección, reciclaje y eliminación, orientadas a dar a los residuos producidos el destino más adecuado desde el punto de vista medioambiental. Por otra parte, las actividades de valorización y eliminación están sujetas a autorización medioambiental previa, y a controles por parte de la administración pública.

PLANTAS DE CLASIFICACIÓN Y TRANSFERENCIA

Las plantas de transferencia son instalaciones para el depósito temporal de RCD que han de ser tratados o eliminados en instalaciones localizadas a grandes distancias. Es posible realizar en estos sitios la separación y clasificación de las fracciones de los residuos, con lo que se mejora la gestión en las plantas de reciclaje y depósitos controlados que constituyen su destino final. Cabe señalar que la gestión de los RCD no resiste grandes distancias de transporte por su elevada densidad, gran volumen y escaso valor económico y, por tanto, el del sobrecoste económico por el tratamiento. En ocasiones, funcionan junto a las plantas de reciclaje de inertes y solo transfieren el resto de materiales hacia las correspondientes plantas de tratamiento.

El proceso comienza con la llegada de los residuos mezclados a la planta en camiones que acceden al recinto donde se supervisa la carga, controlando el origen, el tipo, las características y el pesaje en la báscula. Posteriormente se descargan los residuos en la zona de playa. Allí se separan los materiales voluminosos por medio de una máquina retroexcavadora con pinza que deposita los materiales reciclables en contenedores de almacenamiento para madera, plástico, papel y cartón, metales. De la misma forma, los residuos peligrosos que se detectan se separan y almacenan adecuadamente hasta su entrega a un gestor autorizado. Los RCD voluminosos que necesitan trituración son almacenados en la zona correspondiente.

En otro sector, el material previamente clasificado es alimentado a la línea de proceso sobre una tolva del alimentador y precribador de barras vibrantes que separa el material de tamaño superior a 80 mm (este tamaño máximo puede variar hasta 200 mm según la instalación). El material medio de tamaño inferior a 80 mm pasa a la cinta transportadora, donde un separador magnético separa elementos férreos, el material sigue a un tromel de limpieza con mallas de 40 mm donde se clasifica la fracción fina de tierras.

Los materiales que quedan pasan por una cabina de triaje para separar manualmente los plásticos, los metales, el cartón o la madera (figura 15.7). Estos materiales recuperados son compactados y enviados a industrias recicladoras, donde podrán ser transformados en subproductos aptos para su uso como materias primas.

Figura 15.7. Cabina de triaje manual y almacenamiento transitorio de materiales recuperados.

Para retirar los posibles fragmentos de plásticos ligeros, como por ejemplo las bolsas de plástico (polietileno de baja densidad), se usa un aspirador neumático al final de la línea. Los residuos ya clasificados en diferentes granulometrías tienen como destino las plantas reciclado o bien su puesta directa en el mercado. Estas instalaciones no realizan la operación de triturado.

PLANTAS DE RECICLAJE: FIJAS Y MÓVILES

Las plantas de reciclaje pueden ser fijas, móviles o semimóviles, y debe ser estudiada su factibilidad para determinar la viabilidad económica de una u otra en una situación determinada. Pueden tener incorporado el equipamiento de clasificación descripto en el ítem anterior.

Una central de reciclaje fija se parece mucho a la típica planta de producción de áridos naturales. En ella se tratan RCD heterogéneos o se restringe el servicio a materiales solo inertes. Para los materiales limpios y separados, el sistema de procesamiento es siempre más barato, ya que el equipo de reducción primario puede proporcionar productos finales de calidad y se requieren menos operaciones para su procesamiento. El tipo y la naturaleza de la mezcla determinan la estrategia básica del procesamiento. En todos los casos, se rechazan cargamentos que contengan residuos peligrosos.

En general, estas plantas cuentan con servicios e instalaciones para la recuperación, clasificación y almacenamiento de RCD, planta de trituración para los inertes o escombros, y servicios para la clasificación y venta de los áridos reciclados.

La figura 15.8 ejemplifica un modelo de planta fija.

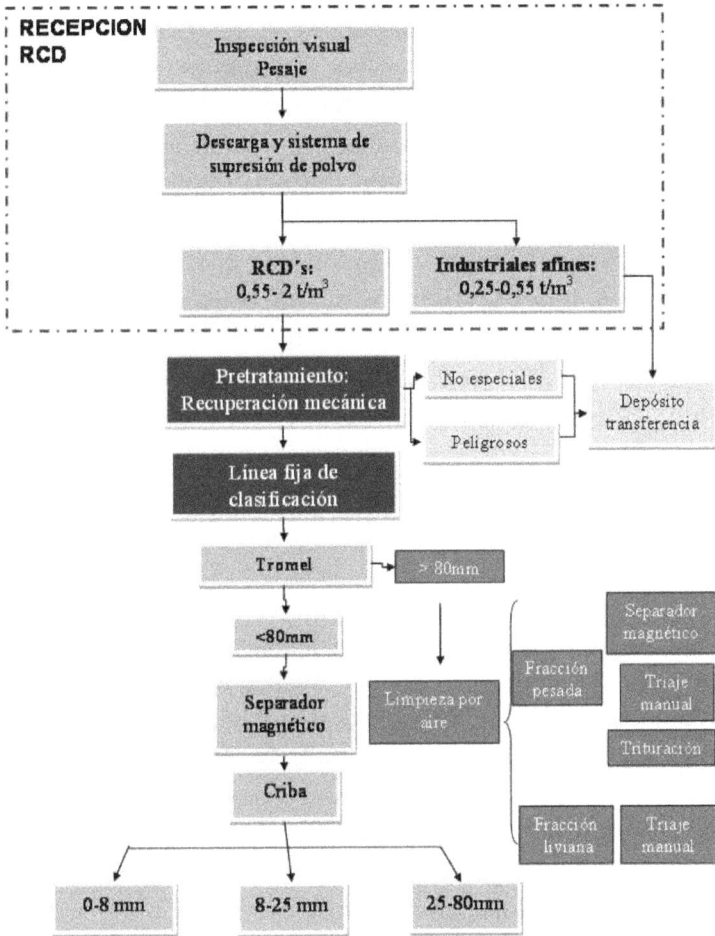

Figura 15.8. Esquema de planta de reciclaje fija.

Actualmente, se encuentran en funcionamiento plantas de reciclaje de distintos niveles tecnológicos, 1, 2 y 3 (Aneiros, 2006), según las posibilidades tecnológicas y económicas de cada país. Las de primer nivel se componen de trituradoras móviles y equipo de cribado. Procesan materiales inertes, ya que no tienen capacidad de clasificación. Las de nivel 2 cuentan con electroimán para la separación de metales y con planta de trituración fija; poseen mayor cantidad de cribas. Finalmente, las de nivel 3 cuentan con cabinas de triaje, sistemas de aspersión de materiales livianos y separación en húmedo, y están preparadas para separar distintas fracciones de RCD mezclados.

Las plantas móviles tienen la ventaja de poder ubicarse temporalmente en las obras de construcción o demolición. Se trasladan a través de ruedas de neumáticos (tipo camión) o por un sistema de orugas autopropulsadas. El costo de tratamiento por tonelada de RCD resulta superior a la de una central fija.

Vertederos de inertes

Los vertederos son instalaciones para la eliminación de los RCD de forma controlada, principalmente residuos inertes, que van a estar depositados por un periodo mínimo determinado por la legislación, que es de un año en el caso de la Directiva Comunitaria Europea (CE, 1999). En la citada normativa estos se clasifican en vertederos de residuos peligrosos, no peligrosos e inertes, se especifican las características técnicas de cada uno y los requisitos mínimos para su diseño, construcción, explotación y clausura.

Para el caso de los vertederos de inertes, se listan los residuos admisibles sin realización previa de pruebas en vertederos para residuos inertes y los valores límite de lixiviación para los residuos admisibles en vertederos para residuos inertes (CE, 2003).

La base y los lados del vertedero están determinados por una capa mineral que cumpla unos requisitos de permeabilidad y espesor cuyo efecto combinado en materia de protección del suelo, de las aguas subterráneas y de las aguas superficiales sea por lo menos equivalente al derivado del requisito siguiente: vertederos para residuos inertes: $k \leq 1{,}0 \times 10^{-7}$ m/s; espesor ≥ 1 m (k = coeficiente de permeabilidad, [m/s]).

Cuando la barrera geológica natural no cumpla las condiciones antes mencionadas, se puede complementar mediante una barrera geológica artificial, que consiste en una capa mineral de un espesor (e) no inferior a 0,5 m. La figura 15.9 ejemplifica las condiciones impuestas por la normativa mencionada.

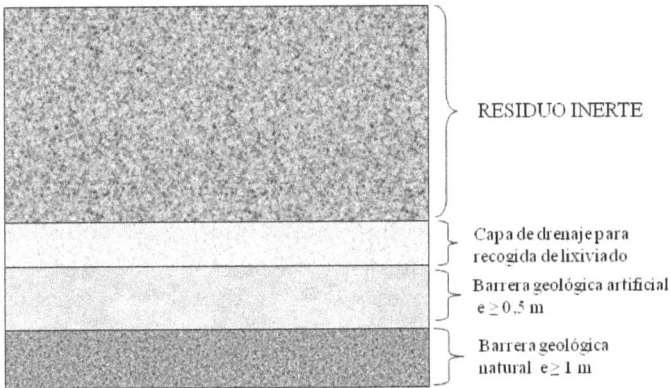

Figura 15.9. Esquema de las barreras impermeabilizantes en vertederos de inertes.

Estas especificaciones generales se dan a modo de ejemplo, y las barreras impermeabilizantes deben adaptarse al resultado de un análisis de riesgo que tome en cuenta las condiciones ambientales de la región donde se ubicará el vertedero de que se trate.

SITUACIÓN DE LOS RCD EN EUROPA, ESPAÑA Y AMÉRICA LATINA

En Europa, mediante las directivas comunitarias, se ha producido un gran avance en las últimas décadas en materia medioambiental. Especialmente, se ha puesto interés en todo lo referido a la gestión de los residuos sólidos en general y los RCD en particular (Symonds, 1999).

El destino de los RCD se está orientando rápidamente desde el relleno y vertido hacia el reciclaje. El motivo principal ha sido la implementación de medidas de carácter legal y económico, tales como el incremento del costo del vertido o su prohibición como medio de internalización de costos ambientales, en algunos países europeos. Esta política de reciclaje se fundamenta en la escasez de materias primas para la obtención de áridos naturales, y en la dificultad de encontrar emplazamientos para vertederos.

La fracción del residuo que en estos momentos es objeto de especial atención como material a ser reciclado es la denominada Escombros en el Plan Nacional de RCD de España (MARM 2008), que representa alrededor del 75- 80% del total de los residuos de RCD.

En Latinoamérica, Brasil es el primer país donde se instaló una planta de reciclaje de RCD, en 1996. A partir de la resolución emitida por el Consejo Nacional de Medio Ambiente N.º 307/2002 (CONAMA, 2002) que establece directrices, criterios y procedimientos para la gestión de los RCD, algunos municipios vienen implantando acciones para el reciclaje, pautadas en la legislación municipal adecuada, como es el caso de Salvador, Belo Horizonte y São Paulo, entre otros.

En México, en 2003 se publicó la Ley de Residuos Sólidos para el Distrito Federal, que regula las disposiciones de la LGPGIR de alcance nacional (SMA, 2003). Tuvo una gran connotación en la industria de la construcción, ya que enuncia que los propietarios, directores, responsables de obras, contratistas y encargados de inmuebles en construcción o demolición son responsables por la gestión de sus residuos, y establece la obligación de planes de manejo. En 2004 se puso en marcha la primera planta de reciclaje y única en el país, en el Distrito Federal, Concretos Reciclados S.A. El Distrito Federal fue el primero en gestionar normas que regulen el vertido de los residuos de construcción, a través de la Norma ambiental (NADF-007-RNAT-2004) del 12/07/2006 (SMA, 2006), que establece la clasificación y las especificaciones de manejo de residuos de la construcción.

En Argentina, con una realidad semejante a la del resto de los países de Latinoamérica, la gestión de RCD está en estado incipiente, y se resume en pocas etapas: recogida, transporte y la disposición final en vertederos, la mayoría de ellos incontrolados. Las dificultades en la gestión de los RCD se manifiestan por causas principalmente económicas, marcadas por la escasez de recursos monetarios que enfrentan los países en vías de desarrollo.

REFERENCIAS BIBLIOGRÁFICAS

Aneiros Rodríguez, L.M., 2006. "Tecnología de las plantas de reciclaje de RCD y niveles tecnológicos en la UE". *Revista Técnica Residuos* 103, 56-64.

Begum, R. A., Siwar, C., Pereira, J.J., Jaafar, A.H., 2007. "Implementation of waste management and minimisation in the construction of Malasya". *Resources Conservation & Recycling* 51:190-202.

Carneiro, F. P., 2005. *Diagnóstico e Açóes da Atual Situaçáo dos Resíduos de Construçáo e Demoliçáo na Cidade do Recife*, Universidade Federal da Paraíba, Joáo Pessoa, Brasil.

CE (Consejo de la Unión Europea), 1999. Directiva 1999/31/CE del Consejo relativa al vertido de residuos [en línea]. <http://eur-lex.europa.eu/LexUriServ/LexUriServ.do?uri =CELEX:31999L0031: ES:HTML>. (Última consulta: 26 de noviembre de 2010).

CE (Consejo de la Unión Europea), 2000. CER (Catálogo Europeo de Residuos), Decisión 2000/532/CE, de la Comisión, del 3 de mayo, modificada por las Decisiones de Comisión, 2001-118, del 16 de enero, Decisión 2001-119, del 22 de enero, y por la Decisión del Consejo 573-2001, del 23 de julio de 2001.

CONAMA (Consejo Nacional de Medio Ambiente de Brasil), 2002. Resolución N° 307 [en línea]. Estabelece diretrizes, critérios e procedimentos para a gestáo dos resíduos da construçáo civil. Publicaçáo DOU n° 136, de 17/07/2002, págs. 95-96. <http://www.mma.gov.br/port/conama/ legiabre.cfm?codlegi=307>. (Última consulta: 26 de noviembre de 2010).

EPA (Environmental Protection Agency), 1998. *Characterization of Building Related Construction and Demolition Debris in the United States*, EPA 530-R-98-010 [en línea]. <http://www.epa.gov.ar>. (Última consulta: 26 de noviembre de 2010).

González, G.J.F., 2007. "Reciclar es lo de hoy" [en línea]. Construcción y Tecnología, febrero: 42-46. <http://www.imcyc.com/ct2007/index.htm>. (Última consulta: 26 de noviembre de 2010).

Gusmão, A. D., 2007. "Melhoramento de terrenos arenosos". Gusmao, A.D., Gusmao Filho, J.A., Oliveira, J.T.R., Maia, G.B. *Geotecnia no Nordeste*, Editora UFPE,Brasil, pp. 331-363.

Lund, H. F., 1996. *Manual Mc Graw Hill de Reciclaje* (cap. 3), Mc Graw Hill.

MARM (Ministerio de Medio Ambiente y Medio Rural y Marino), 2008. *Plan Nacional de Residuos de Construcción y Demolición de España 2008-2015*. Texto aprobado por Acuerdo de Consejo de Ministros de 26-12-2008. Boletín Oficial del Estado N.º 49 del 26-02-2009, sección I, pp. 19893-20016.

Mercante, I., 2005. *Impacto ambiental de los residuos de construcción y demolición. Alternativas de gestión,* Universidad Nacional de Cuyo.

Mercante, I., Césari, R., Arena, A.P., 2009. "Propuesta metodológica para la caracterización de residuos de construcción y demolición. Aplicación al área del Gran Mendoza". *Actas del V EnIDI Encuentro de Investigadores y Docentes de Ingeniería*, Mendoza.

Ortiz, O., Pasqualino, J.C., Castells, F., 2009. "Environmental performance of construction waste: Comparing three scenarios from a case study in Catalonia, Spain". *Waste Management* 30:646-654.

Rolón Aguilar, J. C., Nieves Mendoza, D., Huete Fuertes, R., Blandón González, B., Terán Gilmore, A,. Pichardo

Ramírez, R., 2007. "Caracterización del hormigón elaborado con áridos reciclados producto de la demolición de estructuras de hormigón". Materiales de Construcción 57 (288):5-15.

SMA (Secretaría de Medio Ambiente del Distrito Federal de México), 8 de octubre de 2003. Ley de Residuos Sólidos para el Distrito Federal que regula las disposiciones de la LGPGIR de alcance nacional [en línea]. Diario Oficial de la Federación. <http://www.contraloria.df.gob.mx/prontuario/vigente/r2381.htm>. (Última consulta:20 de octubre de 2010).

SMA (Secretaría de Medio Ambiente del Distrito Federal de México), 12 de julio de 2006. Norma Ambiental para el Distrito Federal NADF-007-RNAT-2004, que establece la clasificación y especificaciones de manejo para residuos de la construcción en el Distrito Federal [en línea]. *Gaceta Oficial del Distrito Federal de México.* <http://www.sma.df.gob.mx/sitia/download/marco%20normativo/NADF-007-RNAT-2004.pdf>. (Última consulta: 20 de octubre de 2010).

Symonds, ARGUS, COWI, PRC Bouwcentrum, 1999. *Report to DGXI, European Comission, Construction and Demolition Waste Management Practices and their economic impacts* [en línea]. <http://ec.europa.eu/environment/waste/studies/cdw/cdw_chapter1-6.pdf >. (Última consulta: 20 de octubre de 2010).

Vegas, I., Azkarate, I., Juarrero, A., Frías, M., 2009. "Diseño y prestaciones de morteros de albañilería elaborados con áridos reciclados procedentes de escombro de hormigón". *Materiales de Construcción* 59 (295): 5-18.

16. Manejo adecuado de desechos electrónicos

G. J. Román-Moguel
*Proyecto Manejo y Destrucción Ambientalmente Adecuados de
Bifenilos Policlorados en México (UNDP 00059701)
Programa de las Naciones Unidas para el Desarrollo, México
guillermo.roman@semarnat.gob.mx*

L. L. Beltrán-García
*Proyecto Manejo y Destrucción Ambientalmente Adecuados de
Bifenilos Policlorados en México (UNDP 00059701)
Programa de las Naciones Unidas para el Desarrollo, México*

A. Gavilán-García
*Dirección General de Investigación sobre la Contaminación
Urbana y Regional
Instituto Nacional de Ecología, México*

O. García-Bermúdez
*Dirección de Cómputo y Comunicaciones
Instituto Politécnico Nacional, México*

Introducción

Se considera basura electrónica aquellos dispositivos que al concluir su vida útil son desechados. Los desechos electrónicos se producen en cantidades crecientes en todo el mundo, y de manera análoga en México, situación que se agrava debido al aumento exponencial en el uso de dispositivos electrónicos. En general, una parte de los aparatos electrónicos al final de su uso primario no se desecha inmediatamente sino que se conserva o se transfiere a un segundo usuario. En años recientes, la percepción pública sobre este problema ha aumentado, principalmente, en lo relacionado con la posible toxicidad de estos. El manejo inadecuado de aparatos hace que se convierte en basura electrónica y tiene un destino en su mayoría no se conoce, además se presume que parte de ellos se depositarán en rellenos sanitarios, en el mejor de los casos. El principal motivo de preocupación reside en que, debido a la lixiviación de estos y del depósito inadecuado, puede haber infiltración potencial a los mantos acuíferos, principales suministros de agua potable, que pueden ser contaminados con las sustancias residuales derivadas de este proceso.

Ciento siete millones de personas en México generan entre 200 y 300 mil toneladas de desechos electrónicos por año (televisores, computadoras de escritorio y portátiles, equipos reproductores de sonido y teléfonos tanto fijos como móviles). A partir de la población de México, esto representa una cantidad de 2-3 kg/persona. Adicionalmente existen otra gama de residuos generados en las actividades industriales y de consumo que no se incluyen en este documento.

En los países de América Latina como México existen actividades de manejo de estos residuos, las cuales se llevan a cabo por empresas recicladoras o similares, mientras que en otras regiones del mundo ya se están implementando iniciativas para su control y manejo. Por ejemplo, en Estados Unidos, en 2005, se desecharon 1,5-1,9 millones de toneladas, de las cuales se reciclaron formalmente entre 345 mil y 379 mil toneladas de desechos, entre televisores, computadoras, impresoras, escáneres, faxes, teclados, teléfonos móviles y monitores (*United States Environment Protection Agency*, 2007). En otros países, como Canadá, los estudios indican la cantidad de 140.000 toneladas de desecho por año (*Recycling Council of British Columbia*, 2008).

La Comisión para la Cooperación Ambiental de América del Norte (CCAAN) ha incluido dentro de sus actividades el estudio de las cadenas de proveeduría de las industrias manufactureras de productos electrónicos, así como los aspectos de ciclo de vida de estos productos. Como aportación, plantea como los retos principales para el manejo adecuado:

- La armonización para su producción y manejo dentro de cada país y entre los países.
- Reacondicionamiento y reuso.
- Manejo de las substancias tóxicas.
- Procesamiento de desechos eficiente en su operación y ambientalmente efectivo.
- Manejo transfronterizo.

Los puntos anteriores requieren de inventarios y diagnósticos, que son el punto de partida de cualquier actividad. Su elaboración debe enfocarse en las necesidades de manejo y en las condiciones de los diferentes países, sin embargo la dificultad de elaborarlos aumenta debido a la dispersión de la información y a que no existen tantas fuentes de referencia oficiales.

La liberación al ambiente de las sustancias peligrosas, así como la exposición a ellas de seres humanos o de organismos de la biota acuática y terrestre, puede ocurrir en cualquiera de las fases del ciclo de vida de productos, procesos y servicios, incluyendo: 1) producción, reciclaje, importaciones y exportaciones; 2) transporte; 3) almacenamiento; 4) distribución, 5) uso, y 6) disposición final. La relación de flujos se indica en la figura 16.1.

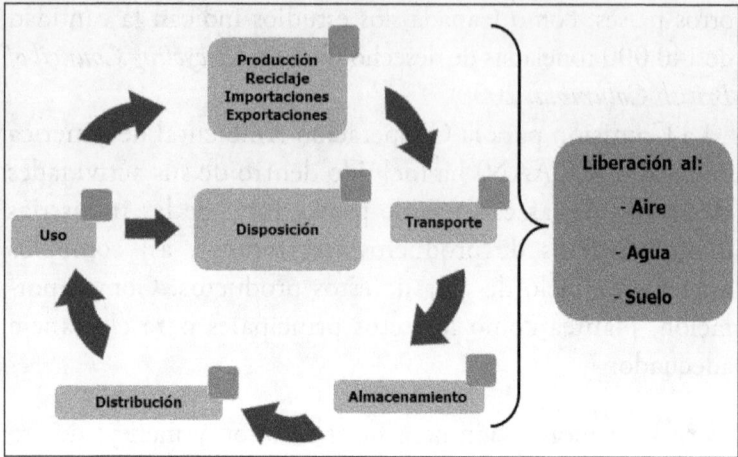

Figura. 16.1. Ciclo de vida de las sustancias químicas y sus liberaciones al ambiente.

CLASIFICACIÓN Y CARACTERIZACIÓN DE LOS DESECHOS ELECTRÓNICOS

Los residuos electrónicos están formados por diversos componentes, entre los cuales se encuentran partes poliméricas, metálicas, cerámicas y fibras. La tabla 16.1 detalla las partes por componente electrónico con las que están integrados, así como su composición elemental.

Tabla 16.1. Características de los desechos electrónicos.

Componente principal	Composición principal	Frecuencia en aparatos electrónicos
Gabinete y tableros de control	Plásticos con retardador de flama, hierro, cobalto y cromo	La mayoría
Cables de interconexión	Plástico con retardador de flama y cobre	La mayoría
Resistor	Carbón o grafito, cerámica, alambre, pintura	Todos
Capacitor	Aluminio, polímero, alambre, ácido	Todos
Diodo semiconductor	Alambre, silicio o germanio	Todos
Transistor	Alambre, silicio o germanio	Todos
Inductor o bobina	Cobre, laca, acero, cartón	La mayoría
Conector para conexiones	Plástico, acero, cobre, aluminio	La mayoría
Interruptor para el control	Plástico, acero, cobre, aluminio, mercurio	Todos
Transformador	Cobre, laca, acero, cartón	La mayoría
Circuito integrado	Cadmio, cerámica, plata, silicio	La mayoría
Circuito impreso	Selenio, cobre	Todos
Display o pantalla	Plomo, mercurio, antimonio	Algunos
Soldadura para uniones	Aluminio, plata, estaño, plomo	Todos

En los dispositivos electrónicos y en los desechos generados al concluir su vida útil, existen dos grupos principales de sustancias consideradas tóxicas al ambiente y a la salud humana y, por lo tanto, de riesgo potencial. Primeramente, los metales pesados como: cadmio, cromo hexavalente, mercurio y plomo. Estos se pueden encontrar en las partes de los dispositivos electrónicos e incluyen: plomo en tubos de rayo catódico y soldadura, arsénico en tubos de rayo catódico más antiguos, trióxido de antimonio como retardador de flama, selenio en los tableros de circuitos como rectificador de suministro de energía, cadmio en tableros de circuitos y semiconductores, cromo en el acero como anticorrosivo, cobalto en el acero para estructura y magnetividad, mercurio en interruptores y cubiertas.

Diagnóstico del manejo de desechos electrónicos

Un diagnóstico del manejo de residuos postconsumo de este tipo incluye tres elementos: el análisis de la normatividad aplicable, la determinación del inventario de generación y el padrón y características de la infraestructura existente para su manejo.

El primero de ellos consiste en la búsqueda, revisión e interpretación de la normatividad ambiental aplicable, así como otras que se pudiesen utilizar para su importación, exportación y manejo a nivel nacional e internacional. Por ejemplo en México, la Ley General para la Prevención y Gestión Integral de Residuos y su reglamento; a nivel internacional, la Convención de Basilea, el Convenio de Estocolmo, o más recientemente las directivas europeas sobre el tema.

El inventario de generación se puede obtener por medio de fuentes primarias y secundarias, es decir, los primarios son los datos oficiales publicados por agencias gubernamentales o cámaras industriales, mientras que las secundarias son proyecciones estadísticas que se realizan con base en datos oficiales o encuestas de uso y consumo de aparatos electrónicos, que pueden ayudar a determinar los patrones de final-de-vida.

Otras opciones para desarrollar inventarios de residuos se basan en algunos de los métodos siguientes.

- Análisis de información de reportes oficiales de generadores (con consideraciones de: tamaño de universo, tamaño de muestra, tipo de reporte, comparación de reportes, fecha de reporte, fallas al reportar, etc.).

- Análisis de información de reportes de empresas tratadoras, aunque existen consideraciones a tomar en cuenta: no reciben todo lo que se genera, y no reportan todo lo que reciben, análogamente al caso de los residuos sólidos urbanos.

- Estimaciones con base en indicadores económicos y en correspondencia con reportes de otros países (número de empleados, mismos procesos = mismos residuos).

- Proyecciones a todo el país con base en reportes de zonas o áreas geográficas estudiadas.

- Cálculos basados en tecnologías de producción de artículos electrónicos.

- Cálculos basados en el consumo (uso) de los productos antes de su desecho.

- Cálculos basados en el balance de materiales en el país (producción + importación − exportación = acumulación o desecho potencial).

NORMATIVIDAD

Para el control de los materiales y sustancias químicas en cada una de las etapas de su ciclo de vida, en los países se cuenta con diversos instrumentos legales, jerarquizados y, en este caso, ejemplificado para México, como se indica en la figura 16.2.

General

| Constitución Política |
| Leyes /Convenios Internacionales |
| Reglamentos/Planes/Programas |
| Normas |
| Acuerdos |
| Actas |
| Procedimientos |
| Registros |
| Inspecciones |
| Multas |
| Programas voluntarios |

Particular

Figura 16.2. Jerarquización del marco legal en México.

Acuerdos internacionales

El "Convenio de Basilea sobre el movimiento transfronterizo de residuos peligrosos" incluyó en el listado A del anexo VIII sustancias tóxicas como cadmio, mercurio y plomo (UNEP, 1989); y, a partir de 2006, se iniciaron diversos programas de alianzas para el manejo de teléfonos celulares y equipo de cómputo, con la finalidad de controlar el comercio ilegal y regular la exportación de productos electrónicos de segundo uso a países en vías de desarrollo, los cuales tienen que lidiar con la problemática de su disposición cuando estos llegan al final de su vida útil.

El "Convenio de Estocolmo sobre contaminantes orgánicos persistentes" incluyó en su cuarta conferencia de las partes, de mayo de 2009, una lista de nueve sustancias adicionales, entre las que se encuentran diversos retardadores de flama bromados que son aun utilizados en la elaboración de productos electrónicos. A este respecto, México, por ser signatario de este

Convenio, adquirió el compromiso de eliminar el uso de estos materiales.

La Unión Europea adoptó, en 2006, una directiva (WEEE, del inglés *Waste Electrical and Electronic Equipment*), cuyo objetivo es prevenir la generación de residuos de aparatos eléctricos y electrónicos, así como su valorización (lo cual significa el aprovechamiento de materiales o su potencial de suministro de energía al quemarlos), a fin de reducir el impacto en el ambiente. Esta directiva engloba los mencionados aparatos en sus diferentes etapas, desde su diseño (el cual debe tener como base la prevención de la contaminación) hasta el manejo integral de los desechos. Asimismo, en ella se ordena que la valorización debiera llegar a un mínimo de 70%, a finales de 2006.

Otra importante directiva europea, la de "Restricción de Sustancias Peligrosas" (RoHS, del inglés *Restriction of Hazardous Substances*), emitida en julio de 2006, establece que los productos electrónicos sujetos a la directiva WEEE que se vendan en el mercado europeo no pueden contener ninguna de las siguientes sustancias: plomo, cadmio, mercurio, cromo hexavalente, bifenilos polibromados (PBBs) y éteres bifinílicos polibromados (PBDEs), los cuales generalmente forman parte de los plásticos y resinas como retardadores de flama.

Por su parte, la Universidad de las Naciones Unidas lanzó, también en 2006, una iniciativa mundial llamada "StEP" (*Solving the E-Waste Problem*, o "Resolviendo el problema de los desechos electrónicos) la cual impulsa, mediante alianzas público-privadas, el manejo adecuado de estos desechos. En ella colaboran instituciones como la Agencia de Cooperación Técnica Alemana (gtz), el Instituto Tecnológico de Massachusetts (mit), el Instituto de Tecnología y Prueba de Materiales de Suiza (empa), Hewlett Packard y una veintena más de organismos.

Gobierno Federal

Con respecto al manejo de los residuos electrónicos, en la competencia federal se tiene la "Ley General para la Gestión y Prevención Integral de los Residuos" (LGPGIR), que establece la clasificación de tres tipos de residuos:

- Los residuos peligrosos, cuyo manejo es atribución de la federación.
- Los residuos de manejo especial, cuyo manejo corresponde a las entidades federativas.
- Los residuos sólidos urbanos, que son responsabilidad de los municipios.

Como parte de los residuos de manejo especial, la LGPGIR define, en su artículo 19, los residuos tecnológicos como aquellos provenientes de la industria de informática, fabricantes de productos electrónicos o de vehículos automotores y otros que al transcurrir su vida útil, por sus características, requieren de un manejo especial (SEMARNAT, 2003).

Asimismo, el reglamento de la LGPGIR establece la instrumentación de planes de manejo para los residuos de manejo especial que representen un riesgo ambiental y busca fomentar la valorización de los materiales. Adicionalmente, se establece que mediante la Norma Oficial Mexicana (NOM) se definirán los listados de residuos de manejo especial, los criterios de inclusión y exclusión de residuos al listado y los requerimientos para los planes de manejo específicos mediante esquemas de corresponsabilidad (SEMARNAT, 2006).

Por otro lado, la NOM-052-SEMARNAT-2005 establece las características, el procedimiento de identificación, clasificación y los listados de los residuos peligrosos. Con respecto a los residuos electrónicos, algunas de las sustancias contenidas en estos poseen las propiedades de corrosividad, reactividad, inflamabilidad o toxicidad (CRIT).

Las entidades federativas en México, como lo establece la LGPGIR, tienen la atribución de la gestión de los residuos de manejo especial. A este respecto, como primera actividad, las entidades federativas deben adecuar su marco legal para registrar los planes de manejo elaborados por los generadores, así, algunos estados tienen un mayor avance que otros; sin embargo, de forma voluntaria se han realizado programas para el acopio y la disposición adecuada de los residuos electrónicos en todo el país.

Con respecto a los gobiernos de los municipios, la única atribución legal que tienen con respecto al manejo de residuos electrónicos radica en la necesidad de contar con un plan de manejo como gran generador de residuos sólidos urbanos, en cuya corriente se pueden incluir diversas corrientes de residuos electrónicos.

INVENTARIOS DE GENERACIÓN

Para elaborar los inventarios de generación, se requiere obtener información sobre importación, exportación, producción, consumo y disposición a nivel nacional. Esta se busca a partir tanto de fuentes primarias como de fuentes secundarias. Para el objeto de este capítulo, el diagnóstico se enfoca a los siguientes dispositivos:

- Computadoras de escritorio y portátiles.
- Teléfonos celulares.
- Televisores.
- Equipos reproductores de sonido.

Estos equipos representan a la mayor cantidad de dispositivos y usos individuales por las poblaciones de los países. En realidad, los componentes electrónicos son ubicuos en las actividades cotidianas. Con respecto a fuentes primarias de uso y consumo, la información industrial inicial se reúne a partir de asociaciones industriales para la identificación de empresas. A partir de los listados obtenidos, se seleccionan y buscan las empresas a encuestar. La información secundaria se obtiene de organismos gubernamentales y secretarías de estado relacionadas con el tema.

Desarrollo y aplicación de encuestas
Con el fin de conocer los patrones de consumo y de desecho de los residuos, así como lo que sucede al final-de-vida de estos, se ejemplifican dos ciudades fronterizas al norte de México: Tijuana y Ciudad Juárez, y se aplican encuestas a consumidores (con un tamaño de muestra estadísticamente significativa), preferentemente a empresas maquiladoras (muestra estadísticamente significativa de cada ciudad), aduanas y a empresas recicladoras (de las cuales se busca obtener todo el universo oficialmente registrado, aunque se sabe que existen empresas que los procesan informalmente e inadecuadamente). Los detalles se presentan a continuación.

Para conocer la información de las fuentes primarias, se diseñan encuestas cuyo objetivo es conocer los patrones de consumo, uso y desecho de los productos electrónicos de la población. De esta manera, se permite integrar un diagnóstico de generación para este tipo de desechos.

El contenido de la encuesta al público, en general, consiste en preguntas cerradas que sirven para obtener información sobre frecuencia de uso y tipo de aparatos electrónicos; disposición de un aparato después de su vida útil; exploración de conocimientos sobre posibles daños a la salud de los desechos electrónicos y también conocimientos sobre reuso y reciclaje; a las empresas y organizaciones, según sea el caso, se les inquiere sobre generación anual de desechos electrónicos; capacidades de reciclaje, valor de los residuos, normatividad, procesos de clasificación de residuos; importaciones y exportaciones, entre otras.

La forma de aplicar las encuestas a las organizaciones se realiza a partir de la creación de grupos de trabajo para aplicarlas, y se establece la forma de aplicación mediante una preparación previa de selección de muestras, organización de citas para entrevistas, elaboración de cartas-oficios para los futuros encuestados, así como también de retroalimentación en campo.

Para determinar el tamaño y tipo de la muestra, a partir de los hogares o casas habitación (consumidores), se establece una clasificación por nivel de consumo, con el objetivo de identificar las diferencias en los estratos del consumidor. La clasificación se realiza tomando como base el nivel de ingreso por colonia y se confronta con el plano de índice de y con conocimiento propio de la zona. La clasificación en este ejemplo se toma de tres niveles de ingresos, como se muestra en la tabla 16.2:

Tabla 16.2. Clasificación de niveles de consumo.

Nivel de consumo	Ingreso en salarios mínimos mensuales*	Ingreso que predomina en la colonia (USD)
A	Hasta 2	Menos de 260
B	Más de 2 y hasta 5	260 a 680
C	Más de 5	Más de 680

*Un salario mínimo equivale a USD 130. Fuente: Elaboración propia y datos del estudio INE 2009.

Con base en la distribución de la población por colonias, las encuestas se aplican de la manera indicada en la tabla 16.3.

Tabla 16.3. Encuestas por segmento para las ciudades de
Tijuana (Baja California) y Ciudad Juárez (Chihuahua), México.

Segmento	Tijuana		Ciudad Juárez	
	Población (%)	Encuestas por segmento	Población (%)	Encuestas por segmento
A	19,48	75	42	161
B	54,24	208	40	154
C	26,27	101	18	69
Total	100	384	100	384

Fuente: Elaboración propia y datos del estudio INE 2009.

Los cuestionarios se aplican por medio de entrevista directa en casas, centros de trabajo y escuelas.

El instrumento diseñado para recolectar información sobre los hábitos de consumo y desecho de la basura electrónica debe estar enfocado a obtener datos de casa habitación como unidad. Por esta razón se toma como universo el total de casas habitación que disponen de televisión. Este es el equipo electrónico más generalizado y con mayor cobertura en hogares del país. En la tabla 16.4 se muestra que, en el caso de Tijuana, el 94,2% de los hogares dispone de televisión y en el caso de Ciudad Juárez el 96,6%.

Tabla 16.4. Información sobre la población, los hogares y el número de viviendas que disponen de televisión en las ciudades sujetas a estudio.

Ciudad	Población	Hogares	Viviendas particulares que disponen de televisión	Cobertura (%)
Tijuana	1.410.687	332.110	313.060	94,26
Ciudad Juárez	1.313.338	320.585	309.802	96,64

Fuente: Elaboración propia y datos del estudio INE, 2009.

Cabe mencionar que el total de hogares comprende las viviendas particulares clasificadas como casa independiente, departamento en edificio, vivienda o cuarto en vecindad y vivienda o cuarto en azotea y las que no especificaron clase de vivienda.

La muestra se determina tomando como universo el número de viviendas que cuentan con televisión, con un nivel de confiabilidad de 95% y un margen de error de 5%, como se muestra en la ecuación 16.1

Ec. 16.1

$$n = \frac{N * Z_a^2 \, p * q}{d^2 * (N - 1) + Z_a^2 * p * q}$$

Donde:

Z_α^2 = coeficiente para una distribución normal, que toma el valor de 1.962 cuando se tiene una confianza del 95%.

p = proporción (0,05).

q = 1 – p (en este caso 1 – 0,5 = 0,5)

d = margen de error (5%).

N = número total de viviendas.

n = tamaño de muestra.

El instrumento dirigido a personas sobre los hábitos de consumo y desecho de los aparatos electrónicos consta de 15 preguntas divididas en tres grandes secciones. La primera parte debe enfocarse a buscar información del encuestado, como edad y número de personas que viven en su mismo domicilio. Se sugiere que en la segunda parte se incorporen preguntas para conocer la cantidad de aparatos electrónicos con los que se cuenta actualmente y el tiempo que los utiliza antes de desecharlos o cambiarlos. La última parte se podrá enfocar en obtener la información que se tiene sobre el destino que tienen estos aparatos electrónicos una vez que han sido desechados.

En forma resumida, la encuesta diseñada se muestra en la tabla 16.5.

Tabla 16.5. Ejemplo resumido del formato de la encuesta sobre desechos electrónicos para ser aplicada en Tijuana y Ciudad Juárez (México) para la sección de computadoras.

Equipo electrónico

Número de computadoras existente en uso en la vivienda: _____

Número	Tipo (PC / laptop)	¿Cuándo fue adquirida?	¿Cómo fue adquirida? (Nueva / usada)	¿Dónde fue adquirida? (México / extranjero)	Si se adquirió en México, ¿dónde fue adquirida? (Establecimiento formal / informal)
C1					
C2					

Número de computadoras almacenadas en la vivienda: _____

Número	Tipo (PC / laptop)	¿Cuándo fue adquirida?	¿Cómo fue adquirida? (Nueva / usada)	¿Dónde fue adquirida? (México / extranjero)	¿Cuánto tiempo se utilizó?	¿Cuánto tiempo se ha almacenado sin usar en la vivienda?
C1						
C2						

Número de computadoras desechadas: _____

Número	Tipo (PC / laptop)	¿Cuándo fue adquirida?	¿Cómo fue adquirida? (Nueva / usada)	¿Donde fue adquirida? (México / extranjero)	¿Cuánto tiempo se utilizó?	¿Cuánto tiempo se almacenó en la vivienda?
C1						
C2						

Destino de las computadoras anteriores:

Venta:	
2.do uso:	
Reciclaje:	
Basura:	
Pérdida / robo:	

Como ejemplo sobre la instrumentación de las encuestas de uso, se tiene el caso de Ciudad Juárez, donde al utilizar el instrumento ya mencionado se obtiene una serie de resultados que se presentan en la tabla 16.6, la cual evidencia las cantidades de aparatos electrónicos con los que se cuenta en las casas habitación de los encuestados allí.

Tabla 16.6. Cantidad de aparatos electrónicos por casa habitación, Ciudad Juárez, Chihuahua (México).

Tipo de aparato	Número de aparatos					Cantidad ponderada
	Solo 1 (%)	De 2-3 (%)	De 4-5 (%)	6 o más (%)	Otros (%)	
Televisión	15	61	18	6	-	2,97
Sonido	57	34	3	1	5	1,64
Teléfono fijo	64	30	3	0	3	1,53
Celular	22	50	23	5	0	3,01
Computadora	61	31	0.5	0.5	7	1,44

Fuente: INE, 2009.

En relación con el conocimiento que la población tiene sobre el manejo que se les da a sus aparatos electrónicos en desuso, y los efectos que estos ocasionan al medio ambiente, se obtiene la siguiente información. El 72% de los encuestados mencionan que no creen que los aparatos electrónicos puedan causar daños a la salud, el resto considera que sí. En la figura 16.3 se presenta la percepción pública hacia los daños a la salud y al medio ambiente que se relacionan con este tipo de residuo.

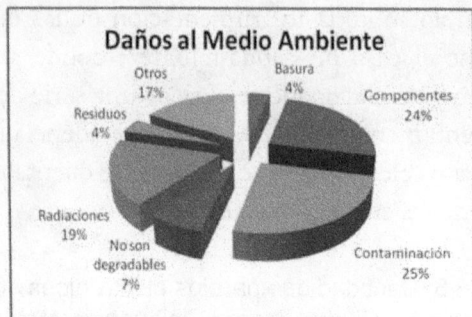

Figura 16.3. Daños al medio ambiente con los que el encuestado relaciona los aparatos electrónicos que no están en uso, Ciudad Juárez (México). Fuente: Elaboración propia con datos del estudio INE 2007.

En referencia al conocimiento que tienen las personas sobre el destino de sus aparatos electrónicos al final de su vida útil, el 22% declara saber qué pasa con ellos. De ese 22%, el 14% menciona que van a tiraderos, el 5% a rellenos sanitarios, el 1% a confinamiento y el resto a otros, como reciclaje.

El 47% de los encuestados declara que los aparatos electrónicos que ya no usa los regala, el 35% los tira al camión de la basura, el 12% los vende y el 6% los almacena. Del 6% que respondió que los almacena, el 52% lo hace por un periodo de un mes, el 27% de dos a cinco meses, el 3% por seis meses y el 18% restante por más de seis meses.

El 84% responde que no conoce a alguna persona que recicle este tipo de aparatos, mientras que solo el 16% sí sabe quién recicla; aunque, por otro lado, el 94% mencionó que no conoce ningún plan de disposición adecuada de aparatos electrónicos. De los que sí conocen un programa o un plan de disposición, el 61% es de instituciones educativas, el 32% de gobierno y 7% de otros. La figura 16.4 muestra el inventario de desechos electrónicos generados bajo las consideraciones antes expuestas, de donde se observa que los desechos electrónicos potenciales a finales de 2010 estarán entre 250 y 400 mil toneladas, según la consideración que se haga.

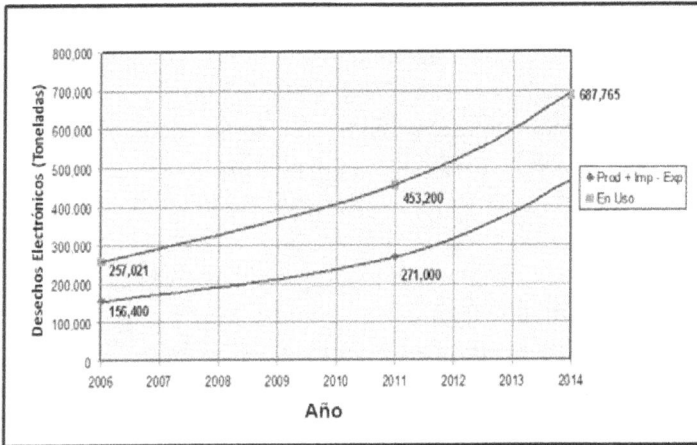

Figura 16.4. Desechos electrónicos potenciales bajo distintas consideraciones. Prod.: producidos; imp: importados; exp.: exportados. Fuente: INE, 2007.

INFRAESTRUCTURA DE MANEJO

De acuerdo con los estudios realizados por el INE, existen pocas empresas dedicadas al manejo de los residuos electrónicos en el país debido a la falta de certeza jurídica que incentive la inversión en el sector de reciclaje. Esto se debe a que no se han definido claramente qué parte de los residuos electrónicos debe ser manejada como residuos peligrosos, de manejo especial y sólidos urbanos, ni los esquemas de responsabilidad entre gobierno, iniciativa privada y sector social.

Actualmente en México no se cuenta con la capacidad para el reciclado, la correcta eliminación ni gestión de los residuos electrónicos. Oficialmente se tienen tres empresas dedicadas al reciclaje de residuos electrónicos (considerándolo como un residuo peligroso) en operación, de acuerdo con información disponible en el sitio web de la Secretaría de Medio Ambiente y Recursos Naturales (SEMARNAT, 2010).

Sin embargo, si existen diversas empresas dedicadas al desmantelamiento, separación y, en algunos casos, reciclaje de residuos electrónicos en las diferentes regiones del país, principalmente en la zona fronteriza. Se cuenta con cerca de 32 empresas que reciclan residuos industriales en la zona noreste del país (Tamaulipas, Nuevo León y Coahuila), y 10 empresas en la zona fronteriza de los estados de Baja California y Chihuahua. Adicionalmente, se encuentran cinco empresas en la Zona Metropolitana de Guadalajara y dos empresas en la Zona Metropolitana del Valle de México donde se realizan este tipo de actividades (INE, 2007; INE, 2009). Se estima que la capacidad de estas empresas solo cubre menos del 20% del volumen generado a nivel nacional. En la mayoría de estas empresas, la función recae solamente en el desensamblado como clasificación o trituración.

Asimismo, existe un número no definido de empresas dedicadas al reciclaje de algunos de los componentes que forman parte de los residuos electrónicos. Una organización, el Instituto Nacional de Recicladores (INARE), representa a las empresas pequeñas e individuos de casi todo el país; está dedicada a reciclar los diferentes tipos de materiales (vidrio, plásticos, metales, baterías de plomo y residuos electrónicos) a partir de toda la gama de desechos.

Es importante contar con estudios para dimensionar el valor económico de los residuos electrónicos y su potencial de valorización, lo cual es necesario para fomentar la autogestión de estos materiales (Barba-Gutiérrez et ál., (2008); Biddle, 2000; C-Tech, 2007; INE, 2006).

REUTILIZACIÓN

La reutilización se considera una extensión de tiempo de vida útil, aunque se plantea solo como una alternativa, por ejemplo, para que el equipo obsoleto de un usuario se traslade a otro usuario que no requiera de especificaciones tan altas. Sin embargo, tendrá que regularse de una manera cuidadosa ya que puede ser la forma que ciertos usuarios (empresas u organizaciones) usen para trasladar el desecho a otros actores como escuelas. El reuso podría considerarse de amplia aplicación con los teléfonos celulares, aun cuando la vida del segundo uso sea reducida.

El papel del reuso y reacondicionamiento es complicado en la mayoría de los sistemas de desechos electrónicos. Los beneficios ambientales del reuso están bien documentados, aproximadamente el 80% del consumo de energía eléctrica en su ciclo de vida a diferencia de los equipos eléctricos ocurre en la etapa de manufactura. Por tanto, el reuso que evita nueva manufactura representa un mayor beneficio que el reciclado, el cual solamente evita la extracción y procesamiento de materia prima virgen.

Un estudio desarrollado en la Universidad de las Naciones Unidas (con sede en Tokio, Japón) identificó que la reventa o reacondicionamiento en una de cada diez computadoras reduce el uso total de energía en 8,6% y 5,2%, respectivamente, mediante la reducción de la demanda de nuevos equipos. En contraste, el reciclado de los materiales en una de cada diez computadoras solamente ahorra 0,43% mediante la sustitución de la demanda de materiales que sirven para su fabricación (Kuehr and Williams, 2003).

En su mayor parte, los negocios de reuso y acondicionamiento son las pequeñas y medianas empresas (pymes, en México), las organizaciones no lucrativas u organizaciones comunitarias o de servicio social. En el último caso, los dispositivos obtenidos son utilizados para entrenar a los jóvenes o para lograr varias metas comunitarias y sociales, tales como proveer computadoras reacondicionadas a salones que de otra manera no contarían con esta infraestructura.

A pesar de la clara preferencia ambiental por el reuso y reacondicionamiento, existen varias razones por las cuales se minimizan o desincentivan estas opciones en los programas de manejo de electrónicos:

- Los residuos electrónicos se enfocan en el desecho y el reuso tiene lugar antes de que los materiales se vuelvan desecho.
- El propósito de los programas de desechos electrónicos es subsidiar a un sistema que requiere de ello mientras que el reuso no requiere un subsidio.
- Conducir hacia el reuso a los productos descartados compite con la necesidad de los recolectores y procesadores para cumplir sus cuotas.
- Subsidiar el reciclado crea una desventaja económica relativa hacia las organizaciones que operan el reuso.
- Es complicado subsidiar el reuso ya que eventualmente los productos reusados regresan para reciclarse y se debe de pagar dos veces por ello.
- Los manufactureros, quienes bajo los sistemas de responsabilidad del productor controlan la mayor parte de la infraestructura de resultado, no cuentan con un incentivo para encausar productos hacia reuso; de hecho, lo anterior compite con la venta de nuevos productos.
- La preocupación respecto a la seguridad en la eliminación de los datos de los discos duros. Por esta razón, algunos manufactureros prefieren que sus discos duros se destruyan y de hecho requieren en algunos países un "certificado de destrucción segura".

RECICLAJE

El método tradicional para el final-de-vida de residuos electrónicos en México es la disposición en rellenos sanitarios. Sin embargo, se han desarrollado diversas estrategias exitosas para la segregación de los componentes de los residuos electrónicos al final de su vida útil, como se indica en la figura 16.5.

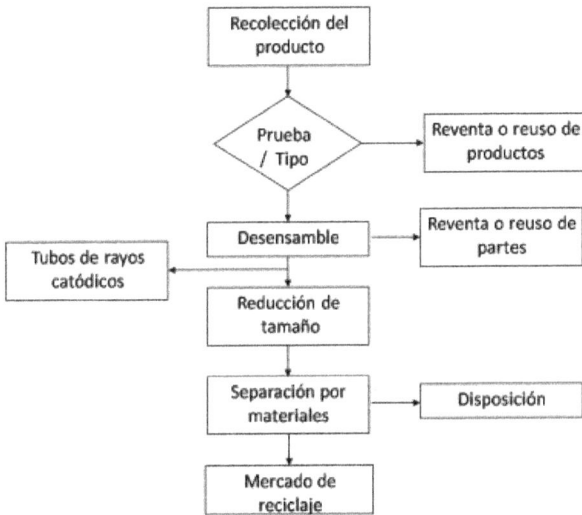

Figura 16.5. Diagrama simplificado para el reciclaje de productos electrónicos. Fuente: Kang and Schoenung, 2006.

La etapa de recolección y transporte es la más costosa en el proceso de reuso y reciclaje de productos electrónicos, y puede llegar a representar más del 80% del costo total. A pesar de lo anterior, la recolección de puerta en puerta se puede realizar de forma periódica a través de un sistema de recolección municipal, lo cual puede reducir de forma considerable los costos de operación. También se pueden organizar eventos de acopio para recepción de residuos electrónicos y así maximizar la participación de la población, de lo cual existen algunos ejemplos en México. Otra opción consiste en el uso de los centros de acopio de residuos sólidos municipales como centros de recepción permanentes, la cual resulta ser la opción más costo-efectiva. Finalmente, los productores de equipo original pueden establecer un sistema de recolección en el cual los consumidores regresan el equipo obsoleto para su manejo; esta opción considera que los costos del reciclaje se incluyan como parte del precio del producto original cuando se adquiere (Kang y Schoenung, 2006).

Como ejemplo del proceso de reciclaje se pueden tomar los tubos de rayos catódicos (CRT), que están compuestos de dos partes: componentes de vidrio (vidrio de redireccionamiento, vidrio del panel, vidrio de soldar y el cuello) y componentes no elaborados de vidrio (plástico, hierro, cobre, recubrimiento con fósforo). Dado que el CRT contiene plomo, se requiere un manejo especial para evitar la contaminación del aire, agua o suelo. Actualmente, existen dos tecnologías para el reciclaje de CRT: reciclaje vidrio a vidrio y reciclaje vidrio a plomo. Antes de iniciar el proceso de reciclaje, se debe eliminar la carcasa, y los tubos deben despresurizarse (Kang and Schoenung, 2006). El diagrama de flujo para el proceso de reciclaje de CRT se presenta en la figura 16.6.

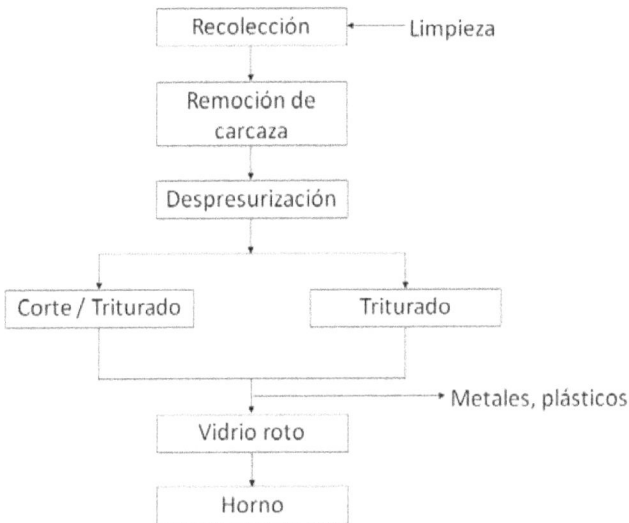

Figura 16.6. Diagrama de flujo para el reciclaje de CRT. Fuente: Kang and Schoenung, 2006.

Para el proceso de *vidrio a vidrio*, se separa el vidrio de redireccionamiento y el panel para enviarlo a los fabricantes de CRT para la elaboración de uno nuevo. El reciclaje del vidrio proveniente de CRT es relativamente bajo en empresas recicladoras de vidrio, debido a que es difícil garantizar una composición homogénea de este. Para el proceso de *vidrio a plomo*, se recuperan el plomo y el cobre del CRT por un proceso de fundición. La composición típica de los CRT incluye entre 0,5-1,5 kg de plomo y de 1-2,3 kg de cobre (Kang and Schoenung, 2006).

Generalmente, los componentes de plástico son triturados cuando se reciclan, debido a que no se pueden fundir para elaborar nuevos productos; y dada la complejidad de las mezclas de plásticos utilizadas, su mercado es muy pequeño. Para identificar los diferentes tipos de plásticos presentes en los residuos electrónicos, una de las primeras acciones consiste en eliminar los recubrimientos y las pinturas por abrasión o molienda e incluso se puede recurrir al uso de solventes. Posteriormente, se procede con la reducción del tamaño de partícula mediante molienda para facilitar su manejo, generar partículas uniformes y liberar materiales disimilares (Kang and Schoenung, 2006).

Como un ejemplo de reciclado de materiales, se puede utilizar la separación magnética para segregar los componentes ferrosos, que generalmente es precedida de una etapa de trituración, aunque también puede utilizarse un separador de corriente Eddy (conocido como "corrientes parásitas"), por medio del cual se puede separar metales no ferrosos como aluminio o cobre de materiales no metálicos a través de la respuesta que presentan los diferentes materiales cuando se exponen a un campo magnético (Kang and Schoenung, 2006).

Para la fundición y refinación del plomo, se utiliza un horno reverberatorio en donde los compuestos de plomo se reducen químicamente a plomo metálico y el resto de los materiales presentes se oxida y se va a la escoria. La pureza del plomo producido por estos hornos es de alrededor del 99,9%. Asimismo, la escoria puede contener entre un 60-70% de plomo (Kang and Schoenung, 2006).

Los residuos electrónicos pueden contener entre 5-40% de cobre, los cuales son alimentados a un horno en donde este se reduce para generar cobre metálico. Los plásticos y el hierro se concentran en la escoria y los elementos como el estaño, plomo y zinc pueden reducirse en forma de vapores. El cobre generado tiene entre un 70-85% de pureza. Posteriormente, este cobre pasa a un convertidor con exceso de oxígeno para generar una pureza del metal de hasta un 95% de cobre y se realiza una nueva fundición en un horno para producir ánodos con pureza de un 98,5% y que se llevan a refinación electrolítica para producir cobre con un 99,99 % de pureza de nuevo (Kang and Schoenung, 2006).

Adicionalmente, de los residuos electrónicos es posible recuperar oro, plata, paladio y platino. Para su procesamiento, se utiliza el residuo del proceso electrolítico de cobre, el cual se seca y, con la adición de aditivos, se funde en un horno de metales preciosos en el cual se recupera el selenio. El material remanente, principalmente plata, se forja en un ánodo de plata y, posteriormente, por medio de procesos electrolíticos de alta intensidad, se obtienen ánodos de oro y cátodos de plata. Finalmente, mediante la lixiviación de los ánodos de oro, se separan el oro de alta pureza y el paladio y el platino como precipitado (Kang and Schoenung, 2006).

Propuesta de gestión

La gestión de desechos electrónicos postconsumo constituye una preocupación creciente en México, al igual que en el mundo, al irse incrementado la manufactura y el uso de los dispositivos electrónicos y no contarse con sistemas adecuados para su manejo y gestión. A partir de los datos de generación de los estudios antes descritos, se determina la necesidad de establecer las bases para una forma adecuada para su manejo, que en la normatividad mexicana consiste en un "plan de manejo", con objeto de poder contar con elementos que apoyen la instrumentación de las políticas del manejo adecuado de dichos residuos.

Con base en el análisis de la situación actual de México, en el fundamento legal establecido, en el examen de esquemas de otros países y de las opiniones vertidas en talleres de participación de la mayoría de los actores involucrados, en el estudio para el Instituto nacional de Ecología (INE, 2007) se ha desarrollado una propuesta de programa modelo que contiene elementos legal-administrativos, el sistema de gestión de los desechos, su manejo de final-de-vida, los elementos de comunicación y los aspectos económicos.

De la experiencia obtenida en el tema, se considera que se puede desarrollar un *plan nacional*, mixto, colectivo, planteado por la autoridad ambiental en conjunto con las cámaras industriales en el tema como corresponsables. Se facilitaría también el manejo entre los Estados del país. Deberá determinarse la cantidad más precisa de generación y por regiones o estados así como la proyección hacia el futuro. La composición de los desechos se podrá iniciar con datos históricos y posteriormente proyectarlos hacia el futuro. Se deberá hacer énfasis no solamente en los metales pesados contenidos, como mercurio, plomo, cadmio, níquel y en los retardadores de flama sino también en los metales valiosos contenidos.

Este plan deberá considerar inicialmente una aplicación gradual (tasas de manejo adecuado crecientes a 5 o 10 años). Aunque podrían ser manejados en planes por residuo individual (como el caso de los teléfonos celulares), se recomienda que sean integrados todos en un solo plan. En el corto plazo deberá plantearse un programa de "contención" enfocado principalmente hacia el "final-de-vida". En el mediano plazo, el plan se deberá enfocar hacia la ecoeficiencia (prevención de la contaminación en la producción) y el ecodiseño (o "diseño verde"). El plan deberá contar con mecanismos de evaluación y mejora, particularmente de las empresas recicladoras o desmanteladoras, de tal manera que el manejo sea el adecuado.

En la gestión de los desechos electrónicos, se plantea como elemento esencial el sistema de acopio y almacenamiento. Se propone diseñar una "cadena de distribución inversa" y también buscar que esta se combine con centros de acopio en almacenes y otros especialmente asignados. El usuario final deberá encargarse de trasladar el desecho desde su casa o instalación hasta el centro de acopio. Una necesidad básica para que funcione mejor el acopio es: "Todos recolectan todo". La opción más razonable de la logística de transporte desde los centros de acopio hacia los centros de "final-de-vida", sean estos de reciclado, de reuso o remanufactura o de confinamiento, es que aquella sea manejada y cubierta en su costo por el reciclador o remanufacturero.

Asimismo, en caso que el equipo en su "final-de-vida" sea remanufacturado para uso de "interés social" podrán ser las comunidades quienes se encarguen de recolectar el producto "remanufacturado", y el transporte no requerirá permiso especial. El final-de-vida contempla primeramente una parte de reuso de equipos aún con posibilidades de trabajar o con pequeño mantenimiento, bajo esquemas que pueden funcionar para escuelas en zonas de bajos recursos o para centros comunitarios. Los centros harían su propio transporte una vez que los dispositivos hayan sido readecuados para su utilización.

En segundo término, se propone la *remanufactura*, esquema que en realidad existe y lo único que haría el plan sería formalizarlo. En seguida, el reuso de partes usadas de equipos desechados existe a nivel de pequeños talleres de partes. Como elemento principal, también se incluye el reciclado de los materiales, para lo cual se deberá conocer en detalle la infraestructura existente principalmente de las operaciones de desensamble, desmantelamiento, desmenuzado y separación de fracciones, ya sea de partes o de materiales. El reciclado de materiales metálicos deberá explorarse también en las empresas mexicanas productoras y refinadoras de metales. Finalmente, a los materiales que se depositen en rellenos sanitarios, ya sea como desechos electrónicos directamente o como los desechos de las plantas de reciclado, se les deberá haber eliminado previamente el contenido de metales tóxicos.

La administración del plan podría plantear dificultades en el manejo de recursos. En este caso, se tendrá que desarrollar un esquema ágil y transparente para su manejo adecuado.

La unidad administrativa correspondiente deberá depender directamente de un organismo del sector privado de entre los grupos de interés en el tema, pero tendrá un consejo directivo en el cual se encuentre representado una autoridad ambiental de alguno de los tres órdenes de gobierno: federal, estatal o municipal.

La verificación de la correcta operación de las empresas (sistema de control de procesos) que reciclen desechos electrónicos se efectuará por medio de instituciones de educación superior o centros de investigación reconocidos. Esto asegurará el manejo adecuado de los residuos durante su procesamiento, principalmente por medio de balances integrales de materiales.

Se recomienda que el plan contenga un foro de comunicación con objeto de intercambiar información entre los actores y que la población se mantenga informada, además de una campaña de educación y capacitación enfocada principalmente a las escuelas primarias y secundarias acerca del uso y el desecho adecuados de los dispositivos electrónicos.

Se evaluará detalladamente el valor de los residuos así como las operaciones y procesos de acopio y reciclado, pero deberá contarse con un sistema dinámico ya que las composiciones de los desechos van cambiando en el tiempo así como los valores de los materiales obtenidos, como en el caso de los metales. Entre estos principalmente se tiene los metales preciosos y los metales escasos, como el indio, además de plástico y vidrio. Se evaluará el costo-beneficio, asimismo, de las etapas de la gestión como el acopio, la logística, el reciclado y la administración del sistema. Se propone constituir una alianza público-privada entre el sector privado y el Gobierno que, aun cuando no funcionará como un negocio con utilidades, sí permitirá el manejo de recursos. Asimismo, a partir de las determinaciones anteriores, se diseñarán esquemas de negocio para pequeñas empresas que deseen participar en las operaciones y procesos de reciclado o en las etapas de gestión, ya sean privadas o cooperativas. Se proporcionará apoyo técnico para la comercialización de los materiales obtenidos.

Adicionalmente, se presentan los elementos para el desarrollo de un programa de reciclado específico de los desechos electrónicos a partir del valor contenido en ellos y en los procesos conocidos de desensamble, desmenuzado (trituración), tamizado y separación por "corrientes parásitas" o corrientes Eddy, basados en sus propiedades físicas de densidad, color y tamaño. Posteriormente, se incorporarían las etapas de procesamiento de las corrientes obtenidas de vidrio, polímeros, fibras y metales bajo procesos ya establecidos en México y en otros países.

REFERENCIAS BIBLIOGRÁFICAS

Barba-Gutiérrez, Y., Adenso-Díaz, B. y Hopp M., 2008. "An analysis of some environmental consequences of European electrical and electronic waste regulation". *Resources, Conservation and Recycling* (52): 481-495.

Biddle, D., 2000. *End-of-Life Computer and Electronics Recovery Policy Options for the Mid-Atlantic States* (2.da ed.), Mid-Atlantic Consortium of Recycling and Economic, United States.

C-Tech Innovation, 2007. *An Integrated Approach to Electronic Waste (WEEE) Recycling.* DEFRA Waste and Resources Research Programme, Reino Unido.

Recycling Council of British Columbia, 2008 *E-waste fact sheet series* [en línea]. <http://rcbc.bc.ca/files/u6/Factsheet_E-Waste.pdf>. (Última consulta: 10 de octubre de 2010).

INE, 2006. *Diagnóstico sobre la generación de residuos electrónicos en México*, SEMARNAT.

INE, 2007. *Desarrollo de un programa modelo para el manejo de residuos electrónicos en México*, SEMARNAT.

INE, 2009. *Diagnóstico regional de residuos electrónicos en dos ciudades de la Frontera Norte de México: Tijuana y Ciudad Juárez*, SEMARNAT, México.

Kang, H. Y. y Schoenung, J. M., 2006. "Estimation of future outflows and infrastructure needed to recycle personal computer systems in California". *Journal of Hazardous Materials* 137 (2):1165-1174.

Kuehr, R. y Williams, E., 2003. *Computers & The Environment: An Introduction To Understanding and Managing their Impacts*, Eco-Efficiency in Industry and Science Series, Kluwer Academic Publishers, Dordrecht.

SEMARNAT (Secretaría de Medio Ambiente y Recursos Naturales), 2003. Ley General para la Prevención y Gestión Integral de los Residuos. LGPGIR, *Diario Oficial de la Federación*, 8 de octubre de 2003, México.

SEMARNAT (Secretaría de Medio Ambiente y Recursos Naturales), 2006. Reglamento de la Ley General para la Prevención y Gestión Integral de los Residuos, *Diario Oficial de la Federación*, 30 de noviembre de 2006, México.

SEMARNAT (Secretaría de Medio Ambiente y Recursos Naturales), 2010. Listados de empresas autorizadas para el manejo de residuos peligrosos, [en línea]. <http://www.semarnat.gob.mx/ tramitesyservicios/ resolutivos/Pages/materialesyactividadesriesgosas.aspx>. (Última consulta: 8 de agosto de 2010).

UNEP,1989. *Basel convention on the control of transboundary movements of hazardous wastes and their disposal*, [en línea]. United Nations Environment Program/Secretariat of the Basel Convention; <http://www.basel.int/text/documents.html>. (Última consulta: 8 de agosto de 2010).

USEPA (United States Environment Protection Agency), 2007, *E-cycling*, [en línea]. <http://www.epa.gov/epaoswer/hazwaste/recycle/ecycling/faq.htm>. (Última consulta: 8 de agosto de 2010).

17. Residuos peligrosos

Guillermo Monrós, Carina Gargori, Sara Cerro, Mario Llusar
Química Inorgánica Medioambiental y Materiales Cerámicos,
Universidad Jaume I, Castellón, España
monros@qio.uji.es

Concepto de residuo peligroso

Un residuo peligroso (RP) es aquella fracción de residuos de cualquier origen o procedencia en cuya composición aparezcan sustancias peligrosas, como los componentes mostrados en la tabla 17.1, en suficiente concentración para inducir en el material residual una propiedad de peligrosidad. Esta propiedad puede ser del tipo indicado en la figura 17.1 y en la tabla 17.2. (Tchnobanoglus et ál., 1996; Freeman, 1989).

Explosivo	Inflamable	Comburente
Gas confinado	Corrosivo	Irritante y/o tóxico en dosis alta.
MCR (Mutágeno, Cancerígeno, Peligroso para Reproducción) o Sensibilizante.	Peligroso para el Medio Ambiente.	Tóxico.

*Figura 17.1. Pictogramas universales
de peligrosidad.*

La necesidad de una gestión adecuada de los residuos indujo el desarrollo de legislación específica en todos los países.

Aunque la definición anterior es muy clara, se presentan serias discrepancias de interpretación respecto de tipología de sustancias (mal conocidas en general respecto de sus efectos de peligrosidad), así como de los umbrales de concentración para cada una de ellas (peor conocidos todavía, por lo que se suelen muchas veces utilizar umbrales genéricos como el de 0,1% en sustancias tóxicas y 1% para sustancias menos tóxicas o nocivas por ejemplo).

En la bibliografía y las legislaciones (Ley 10/98, 1998; Real Decreto, 1997; Orden Ministerial, 1989) sobre residuos, se realiza una clasificación de estos en función de su peligrosidad y especificidad en los siguientes tipos:

1. Residuos urbanos o municipales: Los generados en los domicilios particulares, comercios, oficinas y servicios, así como todos aquellos que no tengan la calificación de "peligrosos" y que, por su naturaleza o composición, puedan asimilarse a los producidos en los anteriores lugares o actividades.

2. Residuos peligrosos: Como anteriormente se indicó, son residuos de cualquier origen o procedencia en cuya composición aparezcan sustancias peligrosas en suficiente concentración para inducir en el material residual una propiedad de peligrosidad. En muchas legislaciones se ha optado por desarrollar listados de residuos peligrosos para evitar posibles discrepancias y equívocos.

3. Residuos no peligrosos: O residuos industriales no considerados peligrosos, pueden distinguirse los industriales no peligrosos, que se generan en gran cantidad (lodos de depuradora, tiesto de cerámica cocido), y los asimilables a urbanos, con características similares pero en gran cantidad (retales textiles de una industria textil, restos cartón de envases de una fábrica de envases de cartón, etc.).

4. Residuos inertes: O residuos que no experimentan transformaciones físicas, químicas o biológicas significativas. Los residuos inertes no son solubles ni combustibles, ni reaccionan física ni químicamente de ninguna otra manera, ni son biodegradables, ni afectan negativamente a otras materias con las que entran en contacto de forma que puedan dar lugar a contaminación del medio o perjudicar la salud humana; el lixiviado total, el contenido de contaminantes de los residuos y la ecotoxicidad del lixiviado no superarán los límites considerados significativos. A efectos prácticos, son los no peligrosos procedentes de la construcción y demolición, los escombros.

Tabla 17.1. Listado de los códigos de componentes peligrosos (diferentes variantes según legislaciones: Real Decreto, 1997, Ley N.º 24.051, 1991, U.S. Environmental Protection Agency, 1980. Se ha transcrito el listado del Real Decreto español de 1997).

Código	Componente
C1	Berilio; compuestos de berilio
C2	Compuestos de vanadio
C3	Compuestos de cromo hexavalente
C4	Compuestos de cobalto
C5	Compuestos de níquel
C6	Compuestos de cobre
C7	Compuestos de zinc
C8	Arsénico; compuestos de arsénico
C9	Selenio; compuestos de selenio
C10	Compuestos de plata
C11	Cadmio; compuestos de cadmio
C12	Compuestos de estaño
C13	Antimonio; compuestos de antimonio
C14	Telurio; compuestos de telurio
C15	Compuestos de bario, excluido el sulfato bárico
C16	Mercurio; compuestos de mercurio
C17	Talio; compuestos de talio
C18	Plomo; compuestos de plomo
C19	Sulfuros inorgánicos
C20	Compuestos inorgánicos de flúor, excluido el fluoruro cálcico
C21	Cianuros inorgánicos
C22	Metales alcalinos o alcalinotérreos: Litio, sodio, potasio, calcio, magnesio en forma no combinada
C23	Soluciones ácidas o ácidos en forma sólida
C24	Soluciones básicas o bases en forma sólida
C25	Amianto (polvos y fibras)
C26	Fósforo; compuestos de fósforo, excluidos los fosfatos minerales
C27	Carbonilos metálicos
C28	Peróxidos

CONTINUACIÓN

Código	Componente
C29	Cloratos
C30	Percloratos
C31	Nitratos
C32	PCB (policlorobifenilos) o PCT (policloroterfenilos)
C33	Compuestos farmacéuticos o veterinarios
C34	Biocidas y sustancias fitofarmacéuticas
C35	Sustancias infecciosas
C36	Creosotas
C37	Isocianatos, tiocianatos
C38	Cianuros orgánicos
C39	Fenoles: Compuestos de fenol
C40	Disolventes halogenados
C41	Disolventes orgánicos, excluidos los disolventes halogenados
C42	Compuestos organohalogenados, excluidas las materias polimerizadas inertes
C43	Compuestos aromáticos; compuestos orgánicos policíclicos y heterocíclicos
C44	Aminas alifáticas
C45	Aminas aromáticas
C46	Éteres
C47	Sustancias de carácter explosivo, excluidas las ya mencionadas
C48	Compuestos orgánicos de azufre
C49	Todo producto de la familia de los dibenzofuranos policlorados
C50	Todo producto de la familia de las dibenzo-para-dioxinas policloradas
C51	Hidrocarburos y sus compuestos oxigenados, nitrogenados o sulfurados no incluidos anteriormente

Tabla 17.2. Listado de los códigos internacionales de peligro (formados por la letra H, del inglés Hazard, seguido de N.º de orden) (Real Decreto, 1997, Ley N.º 24.051, 1991, U.S. Environmental Protection Agency, 1980).

Código	Descripción
H1	Explosivo: se aplica a sustancias y preparados que puedan explosionar bajo el efecto de la llama o que son más sensibles a los choques o las fricciones que el dinitrobenceno.
H2	Comburente: se aplica a sustancias y preparados que presenten reacciones altamente exotérmicas al entrar en contacto con otras sustancias, en particular sustancias inflamables.
H3-A	Fácilmente inflamable: se aplica a sustancias y preparados líquidos que tengan un punto de inflamación inferior a 21 °C (incluidos los líquidos extremadamente inflamables); a sustancias y preparados que puedan calentarse y finalmente inflamarse en contacto con el aire a temperatura ambiente sin aplicación de energía; a sustancias y preparados sólidos que puedan inflamarse fácilmente tras un breve contacto con una fuente de ignición y que continúen ardiendo o consumiéndose después del alejamiento de la fuente de ignición; a sustancias y preparados gaseosos que sean inflamables en el aire a presión normal; a sustancias y preparados que, en contacto con agua o aire húmedo, emitan gases fácilmente inflamables en cantidades peligrosas.
H3-B	Inflamable: se aplica a sustancias y preparados líquidos que tengan un punto de inflamación superior o igual a 21 °C e inferior o igual a 55 °C.
H4 "	Irritante: se aplica a sustancias y preparados no corrosivos que puedan causar reacción inflamatoria por contacto inmediato, prolongado o repetido con la piel o las mucosas.
H5	Nocivo: se aplica a sustancias y preparados que por inhalación, ingestión o penetración cutánea puedan entrañar riesgos de gravedad limitada para la salud.
H6	Tóxico: se aplica a sustancias y preparados (incluidos los preparados y sustancias muy tóxicos) que por inhalación, ingestión o penetración cutánea puedan entrañar riesgos graves, agudos o crónicos e incluso la muerte.

continuación

Código	Descripción
H7	Carcinógeno: se aplica a sustancias o preparados que por inhalación, ingestión o penetración cutánea puedan producir cáncer o aumentar su frecuencia.
H8	Corrosivo: se aplica a sustancias y preparados que puedan destruir tejidos vivos al entrar en contacto con ellos.
H9	Infeccioso: se aplica a sustancias que contienen microorganismos viables, o sus toxinas, de los que se sabe o existen razones fundadas para creer que causan enfermedades en el ser humano o en otros organismos vivos.
H10	Tóxico para la reproducción: se aplica a sustancias o preparados que por inhalación, ingestión o penetración cutánea puedan producir malformaciones congénitas no hereditarias o aumentar su frecuencia.
H11	Mutagénico: se aplica a sustancias o preparados que por inhalación, ingestión o penetración cutánea puedan producir defectos genéticos hereditarios o aumentar su frecuencia.
H12	Sustancias inestables: sustancias o preparados que emiten gases tóxicos o muy tóxicos al entrar en contacto con el aire, con el agua o con un ácido.
H13	Sustancias precursoras: sustancias o preparados susceptibles, después de su eliminación, de dar lugar a otra sustancia por un medio cualquiera, por ejemplo un lixiviado, que posea alguna de las características enumeradas anteriormente.
H14	Peligroso para el medio ambiente: se aplica a sustancias y preparados que presenten o puedan presentar riesgos inmediatos o diferidos para el medio ambiente.

Junto a estos tipos generales de residuos, aparecen otros específicos de gestión también específica. Desde la perspectiva de los residuos peligrosos, es de interés discutir algunos más:

RAEES (Residuos de Aparatos Eléctricos y Electrónicos): Residuos procedentes del desmantelamiento de estos aparatos que contienen siempre sustancias peligrosas. Por ejemplo, un teléfono móvil está integrado en un 57% por plástico, 17% vidrio y 25% metales que incluyen Cu, Ag, Fe, Au (de 50 teléfonos móviles se puede recuperar oro suficiente para un anillo) en cantidades significativas y otros metales como Cd, Li y el hidruro de litio (HLi), procedentes de las baterías ión litio, asimismo metales traza muy tóxicos tales como Sb, Be, Pb o Ni. Es necesaria una gestión específica de recuperación de este tipo de materiales considerados peligrosos.

Vehículos fuera de uso: En un automóvil fuera de uso existen componentes metálicos, similares a los discutidos anteriormente y otros componentes como el asbesto de zapatas de frenos, que obligan a realizar la gestión de estos vehículos como peligrosos.

Residuos sanitarios: Se suelen clasificar en cuatro grupos:

- Grupo I. Residuos asimilables a los urbanos: Son aquellos que no plantean especiales exigencias en su gestión, tales como cartón, papel, material de oficinas, despachos, cocinas, cafeterías, bares, comedores, talleres, jardinería, etcétera.

- Grupo II. Residuos sanitarios no específicos: Son aquellos residuos que, procedentes de pacientes no infecciosos y no incluidos en el grupo III, están sujetos a requerimientos adicionales de gestión intracentro, y son, a los efectos de su gestión extracentro, asimilables a los del grupo I. Estos residuos incluyen material de curas, yesos, textil fungible, ropas, objetos y materiales de un solo uso contaminados con sangre, secreciones o excreciones.

- Grupo III. Residuos sanitarios específicos o de riesgo: Son aquellos en los que, por representar un riesgo para la salud laboral y pública, deben observarse especiales medidas de prevención, tanto en su gestión intracentro como extracentro.

- Grupo IV. Residuos tipificados en el ámbito de normativas singulares: Son aquellos que en su gestión, tanto intracentro como extracentro, están sujetos a requerimientos especiales desde el punto de vista higiénico y medioambiental. En este grupo se incluyen los residuos citostáticos, restos de sustancias químicas, medicamentos caducados, aceites minerales o sintéticos, residuos con metales, residuos de los laboratorios radiológicos, residuos líquidos.

• *Policlorobifenilos, policloroterfenilos y aparatos que los contengan:* Los policlorobifenilos, policloroterfenilos (PCB y PCT) son aceites ignífugos con capacidad aislante de la electricidad que se utilizaron como dieléctricos de transformadores eléctricos hasta principios de los noventa. Vista su alta toxicidad y ecotoxicidad, se fijó el año 2010 como plazo máximo para llevar a cabo la descontaminación o eliminación, con la excepción de los transformadores eléctricos débilmente contaminados, que podrán estar operativos hasta el final de su vida útil.

En este sentido, se consideran aparatos que contienen PCB aquellos que contengan o hayan contenido PCB, tales como los transformadores eléctricos, resistencias, inductores, condensadores eléctricos, arrancadores, equipos con fluidos termoconductores, equipos subterráneos de minas con fluidos hidráulicos y recipientes que contengan cantidades residuales, siempre que no hayan sido descontaminados por debajo de 0,005 por 100 en peso de PCB (50 ppm).

La definición de "residuo peligroso" es compleja y debe asociarse al ciclo de vida (ACV) del material para su gestión segura, es por eso que en su gestión se realiza a través un proceso de codificación del ciclo de vida del material (desde su producción como residuo hasta su valorización o depósito final).

CODIFICACIÓN DE RESIDUOS

Para evitar equívocos en muchos países avanzados, la peligrosidad de los residuos queda definida en primer término por un listado de residuos que se actualiza periódicamente. Es el caso del llamado CER (Código Europeo de Residuos), que consta de seis dígitos (número LER): los dos primeros corresponden a la familia de residuos (por ejemplo: O1 corresponde a la familia "residuos de prospección, extracción de minas y canteras y tratamientos físicos y químicos de minerales"); los dos segundos identifican a la subfamilia (por ejemplo: 0101 corresponde a la subfamilia "residuos de extracción de minerales"); los dos últimos identifican al residuo concreto (por ejemplo: 010101 identifica al residuo concreto "residuos de la extracción de minerales metálicos").

Si el residuo se considera peligroso, se identifica añadiendo un asterisco al LER. Esta clasificación es suficiente pero no necesaria, de manera que si un residuo no lleva asterisco no es seguro que no sea peligroso (por ejemplo: 010101 de "residuos de la extracción de minerales metálicos" no está identificado con asterisco pero hay residuos de este tipo que lo pueden ser).

La utilización de sistemas de listado como el descrito permite una objetivación general del concepto de "residuo peligroso" pero, como se ha indicado, la no clasificación en el listado no necesariamente supone que el material no sea peligroso.

En los sistemas de gestión avanzados, además del sistema de listado inicial, se realiza una identificación (codificación) que permite identificar a grandes rasgos el ciclo de vida del material. No debe olvidarse que la gestión de la peligrosidad está muy relacionada con el ciclo de vida del material, de manera que un material que sometido a incineración segura no genera problemas, como el caso de residuos con PCB anteriormente descritos, pero que su depósito en tierra es problemático y debe ser asegurado en el tiempo dada su persistencia.

Este sistema de codificación consta de varias entradas que cubren el ciclo de vida del material:

I) *Código de origen del residuo:* Indica la razón por la que el material se considera un residuo (por ejemplo: es un residuo de proceso industrial, un material caducado, etc.).

II) *Código de gestión del residuo*: Indica la manera en que se gestionará el residuo, con dos grandes tipos, la valorización o el depósito de este. Este código diseña la etapa de tratamiento del residuo permitiendo una gestión final segura.

III) *Código de caracterización del residuo*: Indica su estado físico (líquido, sólido, pastoso-fango o gas confinado) y una caracterización descriptiva general pero objetiva del material. Se citan cinco ejemplos a continuación:

1- Sustancias anatómicas.

2- Residuos hospitalarios u otros residuos clínicos, productos farmacéuticos, medicamentos, productos veterinarios.

3- Materiales contaminados con dioxinas (PCDD).

4- Jabones, materias grasos, ceras de origen animal o vegetal.

5- Sustancias orgánicas no halogenadas no empleadas como disolventes.

La descripción es suficiente para permitir reflejar la probabilidad de peligrosidad en los materiales: por ejemplo, de las anteriores descripciones es fácil pensar que las posibilidades de peligrosidad son altas en 1, 2 y 3, y disminuyen mucho pero no desaparecen en 4 y 5.

IV) *Código de composición del residuo*: Indica los componentes de peligrosidad que integran el residuo utilizando descriptores como los de la tabla 1, donde aparecen hasta 51 ítems de los que 32 son componentes inorgánicos (22 metales y compuestos), 15 familias orgánicas y 4 grupos genéricos (farmacéutico-veterinarios, biocidas, infecciosos, explosivos).

Es interesante resaltar el caso de las llamadas "especiaciones" referidas a casos de elementos que siempre son peligrosos, salvo en una determinada especie química como por ejemplo en la tabla 1: C15. Compuestos de bario excepto el sulfato de bario (el sulfato de bario inertiza al bario ya que es muy insoluble, tanto es así que las papillas de sulfato de bario se utilizan en radiografías de intestino con la total seguridad de que no habrá ingesta del peligroso bario), C20. Compuestos inorgánicos de flúor excluido el fluoruro de calcio (esta es la razón por la que las emisiones de flúor se depuran con cal (CaO), ya que así queda inertizado en forma de fluorita o fluoruro de calcio CaF2, que por su estabilidad no se considera peligroso).

V) *Código de propiedad de peligrosidad*: Indica la propiedad de peligrosidad identificada en el residuo mediante los códigos internacionales de la tabla 2.

VI) *Código de actividad en la que se produjo el residuo*: Indica la actividad industrial, de servicios o cualquiera otra en la que se produjo el material residual (por ejemplo: fabricación farmacéutica, producción de azulejos).

VII) *Código de proceso generador del residuo*: Indica el proceso que generó el residuo (por ejemplo: producido en la fermentación de antibióticos, producido en la cocción de pasta cerámica, etc.).

Con estos VII códigos, se cubre todo el ciclo de vida del residuo. A partir de los datos anteriores se utilizan los siguientes criterios de peligrosidad:

- Cuando, de acuerdo con el código III de caracterización, el residuo presente probabilidades objetivas de peligrosidad, se considerará peligroso si se identifica una propiedad de peligrosidad H en él según el código V.

- Cuando, de acuerdo con el código III de caracterización, el residuo presente baja probabilidad de peligrosidad, se considerará peligroso si se identifica algún componente de peligrosidad C en el residuo (código IV) y una propiedad de peligrosidad H según el código V.

Es evidente que, siguiendo los criterios anteriores, pueden surgir muchas dudas respecto de la peligrosidad de un residuo. Uno de lo más habituales es la concentración umbral de peligrosidad de un componente de los descritos en la tabla 1 que puedan inducir peligrosidad.

En general, en la bibliografía no suele haber datos claros al respecto y además son variados. Los países han establecido criterios al respecto pero los datos no abundan, por lo que se establecen criterios generales tales como 0,1% en peso del producto para componentes que inducen propiedades de toxicidad, mutagénesis, carcinogénesis, peligroso para la reproducción o muy peligroso para el medio ambiente, disminuyendo al 1% en los casos de corrosivos, irritantes, nocivos y categoría inferior (baja probabilidad de afectar a humanos) de mutagénesis, carcinogénesis, peligroso para la reproducción o de menor peligrosidad para el medio ambiente (Lauwerys, 1994).

CARACTERIZACIÓN DE RESIDUOS PELIGROSOS

Con la codificación anteriormente descrita, queda clasificado el residuo como peligroso o no, pero, como se ha indicado, ¿qué pasa cuando hay discusión respecto de la concentración necesaria de un componente para generar realmente peligrosidad? O, ¿qué pasa cuando tenemos varios componentes peligrosos pero baja concentración en un preparado químico y no hay referencias de concentración umbral segura?

Para salir de dudas, es necesario realizar pertinentes pruebas de peligrosidad utilizando métodos de caracterización, que definen a un residuo de codificación controvertida como residuo peligroso: el residuo será peligroso si resulta positiva alguna de las seis pruebas o ensayos que cubren los diferentes tipos de peligrosidad siguientes (Orden Ministerial, 1989; Monrós et ál., 2003):

I) *Prueba de inflamabilidad.* El material es peligroso si su punto de inflamación o destello es inferior a 55 °C.

II) *Prueba de corrosividad.* El material es peligroso cuando da positivo en tres ensayos alternativos:

- medida del pH que debe estar entre 2-12,5 para no ser peligroso,

- la velocidad de corrosión superior a 6,35 mm/año en acero normalizado a 55°C,

- efectos graves por contacto con la piel durante 15 minutos.

III) *Prueba de reactividad.* El material no debe emitir gases inflamables al aire o con agua (específicamente cualquier sulfuro o cianuro debe considerarse reactivo ya que emite los venenosos ácidos sulfhídrico y cianhídrico, respectivamente).

IV) *Prueba de carcinogeneidad.* No debe presentar ningún componente considerado cancerígeno en el listado de la Agencia Internacional para la Investigación sobre el Cáncer IARC (del inglés, *International Agency for Research of Cancer*), considerado el más actualizado y fiable.

V) *Prueba de toxicidad.* La medida límite de toxicidad alternativa es:

- DL_{50} (dosis letal sobre el 50% de la población, ensayo en 48 horas de exposición), vía oral en rata, inferior a 200 mg/kg.

- DL_{50} (dosis letal sobre el 50% de la población, ensayo en 48 horas de exposición), por contacto en ratón o conejo, inferior 400 mg/kg.

- CL_{50} (concentración letal sobre el 50% de la población, ensayo en 4 horas de exposición), por inhalación en rata, inferior a 2 mg/l/4h.

VI) *Prueba de lixiviación.* Se está considerando la prueba más relevante en la caracterización de residuos ya que mide la cantidad de sustancias peligrosas que el residuo libera cuando es lavado con agua a pH controlado.

Se suelen utilizar dos métodos básicos, el método 1 para materiales monolíticos o integrales, que deben ser rotos con martillo tester y con un ajuste a pH=5 con ácido acético a intervalos de 15, 30, y 60 minutos durante al menos seis horas y que por su mayor complejidad se suele utilizar poco. El método 2 es el más empleado y sigue el diagrama de flujo de la figura 17.2. En el estudio final se pide que se supere un bioensayo, bien el bioensayo de inhibición en Daphnia magna (DL_{50} = 750 mg/l) o el de luminiscencia en *Photobacterium phosphoreum* (Sistema Microtox®) (EC_{50} = 3.000 ppm).

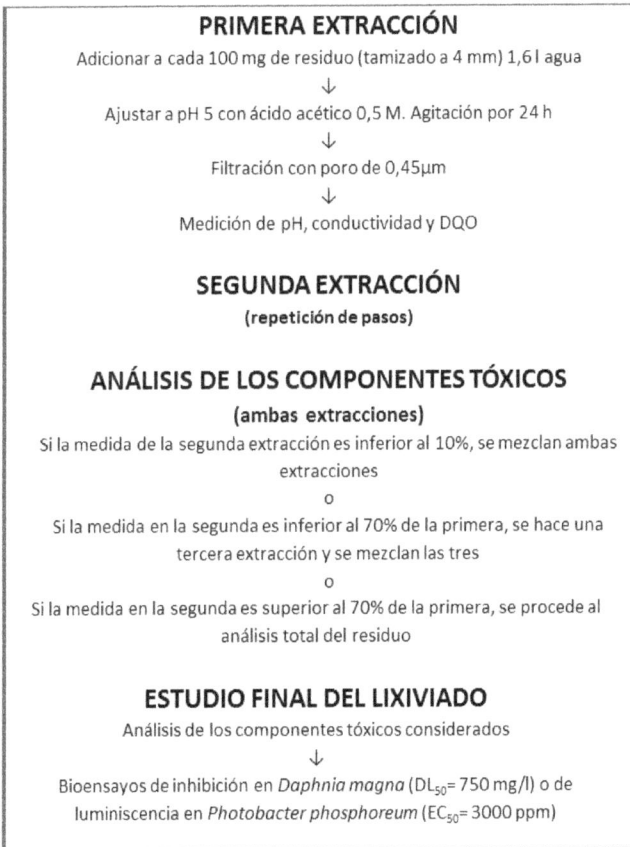

PRIMERA EXTRACCIÓN

Adicionar a cada 100 mg de residuo (tamizado a 4 mm) 1,6 l agua

↓

Ajustar a pH 5 con ácido acético 0,5 M. Agitación por 24 h

↓

Filtración con poro de 0,45 μm

↓

Medición de pH, conductividad y DQO

SEGUNDA EXTRACCIÓN
(repetición de pasos)

ANÁLISIS DE LOS COMPONENTES TÓXICOS
(ambas extracciones)

Si la medida de la segunda extracción es inferior al 10%, se mezclan ambas extracciones

o

Si la medida en la segunda es inferior al 70% de la primera, se hace una tercera extracción y se mezclan las tres

o

Si la medida en la segunda es superior al 70% de la primera, se procede al análisis total del residuo

ESTUDIO FINAL DEL LIXIVIADO

Análisis de los componentes tóxicos considerados

↓

Bioensayos de inhibición en *Daphnia magna* (DL_{50}= 750 mg/l) o de luminiscencia en *Photobacter phosphoreum* (EC_{50}= 3000 ppm)

Figura 17.2. Prueba de lixiviación.

De las seis pruebas, el test de lixiviación se considera la más interesante, de hecho hay que indicar que la caracterización es a veces imposible y poco efectiva por varios problemas detectados, tales como:

i) La medida de toxicidad es compleja y a veces de resultados poco fiables, como ya se ha discutido anteriormente.

ii) La determinación de elementos carcinogénicos es una prueba compleja y cara.

iii) En el test de lixiviación, a veces, es complicado acertar con los posibles componentes tóxicos que se consideran. Problemas menores son la necesidad de referenciar el volumen total de muestra a agitar, el tipo de agitación, la velocidad de agitación o el pH a utilizar que afectan significativamente la lixiviación (Lauwerys, 1994).

GESTIÓN DE RESIDUOS PELIGROSOS

La gestión de residuos peligrosos (RP) abarca a las operaciones de: producción, recogida, transporte, almacén, valorización, eliminación y vigilancia de las anteriores. En la gestión de residuos, intervienen diferentes actores:

Productor. La persona o entidad que en sus actividades, excluido el consumo doméstico, genera los residuos o los importa.

Poseedor. La persona o entidad que tiene en su poder los residuos y no es gestor ni productor.

Gestor. La persona o entidad que desarrolla cualquiera de las operaciones de gestión anteriormente mencionadas.

En todas las legislaciones, con el fin de garantizar la gestión segura de los residuos peligrosos, los actores están sometidos a determinadas obligaciones que se discuten a continuación para los diferentes casos.

Pequeños productores de residuos peligrosos

Los productores que generan poca cantidad de residuos peligrosos (menos de 10 t/año de RP) están obligados al menos a:

1. Inscribirse en un registro de productores.

2. Separar adecuadamente y no mezclar los RP, evitando particularmente aquellas mezclas que supongan un aumento de su peligrosidad o dificulten su gestión.

3. Observar las normas sobre envasado de RP.

4. Observar las normas sobre etiquetado de RP.

5. No almacenar RP por tiempo superior a seis meses.

6. Llevar un libro registro de los RP producidos o importados y el destino de estos.

7. Suministrar a las empresas autorizadas para llevar a cabo la gestión de los residuos la información necesaria para su adecuado tratamiento y eliminación.

8. Presentar un informe anual a la administración competente en el cual deberán especificar, como mínimo, la cantidad de residuos peligrosos producidos o importados, su naturaleza y destino final.

9. Informar inmediatamente a la administración pública competente en los casos de desaparición, pérdida o escape de residuos peligrosos.

10. Cumplimentar el documento de aceptación y los documentos de control y seguimiento, así como, en su caso, la hoja de control de recogida antes de proceder al traslado de RP.

Grandes productores de residuos peligrosos

Los productores que generan más de 10 t/año de RP suelen estar obligados en los sistemas de gestión avanzados al menos a:

1. Solicitar autorización a la administración.

2. Separar adecuadamente y no mezclar los RP, evitando particularmente aquellas mezclas que supongan un aumento de su peligrosidad o dificulten su gestión.

3. Observar las normas sobre envasado de RP.

4. Observar las normas sobre etiquetado de RP.

5. No almacenar RP por tiempo superior a seis meses.

6. Llevar un libro registro de los RP producidos o importados y el destino de estos.

7. Suministrar a las empresas autorizadas para llevar a cabo la gestión de los residuos la información necesaria para su adecuado tratamiento y eliminación.

8. Presentar una declaración anual ante la administración en la que deberán especificar el origen y cantidad de los residuos producidos, el destino dado a cada uno de ellos y la relación de los que se encuentran almacenados temporalmente, así como las incidencias relevantes acaecidas en el año inmediatamente anterior.

9. Informar inmediatamente a la administración pública competente en los casos de desaparición, pérdida o escape de RP.

10. Cumplimentar el documento de aceptación y los documentos de control y seguimiento antes de proceder al traslado de los RP.

La comparación entre ambos tipos de productores indica que las diferencias de un pequeño productor y un gran productor se ciñen a que el pequeño productor solo debe inscribirse en el registro mientras que el gran productor debe presentar una memoria más extensa, en la que constan las cantidades y tipología de RP; así como que el pequeño productor presenta solo un informe anual y el gran productor presenta un documento más extenso denominado ahora "declaración". En resumen, las diferencias son simplemente documentales o formales, ya que las exigencias técnicas y de manipulación son las mismas en los dos casos, como no podía ser de otra manera.

Productores de residuos no peligrosos

Es importante, y así lo consideran los sistemas de gestión avanzados, el control en la gestión de los residuos no peligrosos (RNP), de manera que se evite una traslación de peligrosidad en estos. Para ello se suele obligar a estos productores, entre otras, a las siguientes obligaciones:

1. Acudir a un gestor autorizado de residuos no peligrosos para su correcta gestión salvo que los gestione por sí mismo.

2. Para evitar el colapso de los entes locales con estos residuos, cuando se trate de residuos urbanos distintos a los generados en los domicilios particulares, las entidades locales por motivos justificados podrán obligar a los poseedores a gestionarlos por sí mismos, o a través de empresas autorizadas diferentes a los servicios municipales.

3. La posibilidad de que se presenten residuos no peligrosos de especial dificultad de gestión (caso de pilas secas convencionales agotadas que pueden clasificarse como no peligrosas, materiales combustibles, residuos de depuradora, etc.) se obliga, en estos casos, a pedir autorización administrativa como en el caso de peligrosos.

Es importante que la legislación también controle e imponga sistemas de gestión para los RNP generados en el seno de las empresas, para evitar que los RNP puedan ser vehículo de RPs de forma no controlada.

Gestores de residuos peligrosos

Los gestores de RP están obligados al menos a:

1. Disponer de autorización administrativa.

2. Tener un registro documental en el que consten cantidad, naturaleza, destino, frecuencia de recogida, método de transporte y método de valorización o eliminación de los residuos gestionados.

3. Depósito de fianza.

4. Disponer de seguro de responsabilidad civil.

5. Envasar, etiquetar y almacenar adecuadamente los RP.

6. Cumplimentar los documentos de aceptación y el documento de control y seguimiento de los materiales.

7. Presentar de una memoria anual de actividades.

Hay que notar que la gestión de residuos peligrosos ha sido históricamente la primera actividad que, por su posible repercusión ambiental, se ha sometido a sistemas de aseguramiento de la actividad a través de la suscripción de una póliza de responsabilidad civil, así como el depósito de una fianza en la administración para que esta pueda hacerse cargo de la actividad cuando el gestor incumpla sus obligaciones.

Transportistas de residuos peligrosos

Los transportistas de RP están sometidos a la legislación sobre transporte, carga y descarga de sustancias peligrosas de sustancias peligrosas donde se regula al vehículo, conductor, itinerario y la figura del cargador como responsable técnico de las operaciones de carga-descarga de sustancias peligrosas. Desde esta perspectiva el transporte de RP no debe diferir del de otros productos peligrosos.

En general se establece una jerarquía en los sistemas de gestión que en el caso europeo viene explicitado la directiva marco de residuos, en el sentido que las autoridades fomentarán:

En primer lugar, la prevención o la reducción de la producción de los residuos y de su nocividad, en particular mediante:

(i) el desarrollo de tecnologías limpias y que permitan un ahorro mayor de recursos naturales,

(ii) el desarrollo técnico y la comercialización de productos diseñados de tal manera que no contribuyan o contribuyan lo menos posible, por sus características de fabricación, utilización o eliminación, a incrementar la cantidad o la nocividad de los residuos y los riesgos de contaminación,

(iii) el desarrollo de técnicas adecuadas para la eliminación de las sustancias peligrosas contenidas en los residuos destinados a la valorización;

En segundo lugar:

(i) la valorización de los residuos mediante reciclado, nuevo uso, recuperación o cualquier otra acción destinada a obtener materias primas secundarias, o

(ii) la utilización de los residuos como fuente de energía.

TRATAMIENTO DE RESIDUOS PELIGROSOS

El tratamiento de RP es un proceso complejo y específico para cada tipo de residuo considerado. A continuación se discuten las líneas generales de metodología y condiciones de vertido asociadas a estos (Nemerow y Dasgupta, 1998; Castells, 2000a).

Como se ha indicado, previamente a la deposición en vertedero es necesario el desarrollo de técnicas de prevención en la generación de residuos y su peligrosidad. En este sentido, las legislaciones avanzadas plantean la necesidad de evitar la llegada a vertedero de materiales orgánicos biodegradables, que por su propia definición pueden ser valorizados sin necesidad de vertido, simplemente por fermentación generando compost orgánico o por valorización energética.

En Europa se han desarrollado objetivos de prevención, de manera que, en julio de 2016, la cantidad total (en peso) de residuos urbanos biodegradables destinados a vertedero no debe superar el 35 por 100 de la cantidad total de residuos urbanos biodegradables generados en 1995. Asimismo, en la línea de prevención, se prohíbe admitir en vertedero residuos del tipo:

a. Residuos líquidos.

b. Residuos que, en condiciones de vertido, sean explosivos, corrosivos, oxidantes, fácilmente inflamables o inflamables.

c. Residuos infecciosos.

d. Neumáticos usados troceados; no obstante, se admitirán los neumáticos de bicicleta y los neumáticos cuyo diámetro exterior sea superior a 1.400 milímetros.

e. Cualquier otro residuo que no cumpla los criterios de admisión referidos a la calidad de su lixiviado que se discute a continuación.

Desde esta perspectiva, en un vertedero de cualquier tipo, solo se pueden depositar sólidos o fangos. Por tanto, en líneas generales, las etapas de tratamiento de RP antes de vertido son:

Recogida selectiva y clasificación por familias

La recogida selectiva es muy importante en general para todo tipo de residuo con la finalidad de diseñar un tratamiento específico. La recogida selectiva por familias en el caso de RP es más importante si cabe, ya que el mezclado de diferentes componentes de diferentes propiedades de peligrosidad complica el procesado de estos de cara a una gestión segura.

En la figura 17.3 se ilustra la recogida selectiva de diferentes familias de residuos. Es muy importante que los materiales se etiqueten con claridad y se envasen siempre en envases compatibles, a saber: (a) residuos con disolventes orgánicos en envase metálico, (b) residuos en medio acuoso en recipientes de polipropileno, (c) residuos sólidos envasados en sacos de rafia.

Figura 17.3. Recogida selectiva de residuos peligrosos (nótese el etiquetado y tipo de envase). (Foto: Arnau Monrós)

Tratamiento físico-químico

El tratamiento físico-químico tendente a la desactivación de los RP es específico para cada familia de residuos, de ahí la importancia de una recogida selectiva de estos. Podemos enunciar los siguientes procesos generales de tratamiento:

Oxidación/reducción
Los materiales peligrosos, sobre la base de su potencia oxidante o reductora, tales como biocidas orgánicos, tóxicos y corrosivos, se desactivan por reducción de los oxidantes o por oxidación de los reductores, empleando agentes oxidantes o reductores respectivamente.

Para oxidar los residuos reductores u oxidables, se utilizan diferentes oxidantes cuya potencia se mide a través del potencial normal de oxidación (E° en voltios, v), que para los oxidantes que lo son más que el par hidrógeno/ión hidrógeno es positivo, y los valores negativos indican que son menos oxidantes (más reductores) que el hidrógeno/ión hidrógeno. Es importante destacar que los agentes de tratamiento son a su vez sustancias peligrosas, las cuales en el proceso de oxidación-reducción se desactivan junto a las sustancias tratadas.

Los principales agentes oxidantes utilizados son:

(i) Ozono. El ozono es el oxidante más poderoso conocido, solo superado por el flúor. Se obtiene por descarga silenciosa sobre el oxígeno (las tormentas con aparato eléctrico producen ozono en el aire, al que se debe el especial olor a limpio del aire después de una tormenta). Es un oxidante muy limpio ya que no deja residuos de oxidación, solo agua y oxígeno de acuerdo con la ecuación:

Ec. 17.1

$$O_3 + 2H^+ + 2e^- = O_2 + H_2O \quad E°=2,07 \text{ v.}$$

Es importante indicar que el ozono, por su potencia oxidante, es una sustancia peligrosa cuya formación en la baja atmósfera debe evitarse al producir daños en los estomas folia-res y en los pulmones de los animales y personas. Otra cosa es la preservación del ozono en la estratosfera, donde cumple una labor esencial de filtro de la radiación ultravioleta solar de alta frecuencia.

(ii) Peróxidos. Entre los peróxidos, el más conocido y habitual es el agua oxigenada, potencia oxidante $E°=1,77$ v, que con el tiempo descompone por un proceso de dismutación (se oxida y reduce al mismo tiempo) de acuerdo con las ecuaciones:

Ec. 17.2

$$H_2O_2 + 2H^+ + 2e^- = 2\ H_2O\ \ E°=1,77\ v.$$

Ec. 17.3

$$O_2 + 2H^+ + 2e^- = H_2O_2\ \ E°=1,24\ v.$$

Ec. 17.4

$$2H_2O = O_2 + 2H_2O\ \ E= 1,09\ v.$$

El agua oxigenada es también un oxidante muy limpio al no dejar otro residuo que el oxígeno.

(iii) Permanganatos. Los permanganatos son oxidantes tam-bién muy potentes, solubles en agua, que producen coloracio-nes violeta muy intensas, que se reducen a manganeso (II) de acuerdo con la ecuación:

Ec. 17.5

$$MnO_4^- + 8H^+ + 5e^- = Mn^{2}+ + 4H_2O\ \ E°=1,51\ v.$$

El más conocido de los permanganatos es el permanganato de potasio.

(iv) Cloro y lejías hipoclorito de sodio NaClO o de calcio Ca $[ClO]_2$). El cloro es un agente oxidante gaseoso, muy venenoso por inhalación y relativamente soluble en agua. Es el agente oxidante por antonomasia, y se oxida a cloruro de acuerdo con la ecuación:

Ec. 17.6

$Cl_2 + 2e^- = 2\ Cl^-\ E^\circ = 1{,}36\ v.$

El cloro se obtiene por un proceso electrolítico de salmueras denominado "cloro-álcali": El cloro se desprende en el ánodo de mercurio y el hidrógeno en el cátodo. Los problemas asociados a la contaminación con mercurio de las aguas residuales de las plantas cloro-álcali han obligado a sustituir los ánodos de amalgama de mercurio por membranas selectivas de iones. En Europa la fecha límite de sustitución es 2020.

El cloro es un agente desinfectante que reacciona primero con los compuestos orgánicos produciendo, entre otros, trihalometanos (CCl_3H), sustancias que son cancerígenas. En una segunda etapa reacciona con los compuestos nitrogenados y el resto queda disuelto en forma de cloro o hipoclorito. La suma de cloro y de hipoclorito presente en un agua clorada después del proceso de desinfección es el llamado "cloro activo", que debe estar en torno a 1 ppm para un agua bacteriológicamente segura. El cloro dismuta en disoluciones alcalinas en hipoclorito y cloruro. El hipoclorito (base de las lejías) es también un potente oxidante:

Ec. 17.7

$ClO^- + H_2O + 2e^- = Cl^- + 2OH^-\ E^\circ = 0{,}89\ v.$

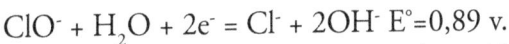

En medio ácido se elimina OH^- y el equilibrio se desplaza a la derecha.

Ec. 17.8

$ClO^- + 2H^+ + 2e^- = Cl^- + H_2O\ E^\circ = 1{,}63\ v.$

El hipoclorito es un agente clorante ya que produce cloro en medio ácido. Este hecho es causa de muchos accidentes domésticos cuando se mezcla una lejía con un ácido como el HCl (salfumant), ya que se desprende cloro muy venenoso.

Ec. 17.9

NaClO (aq) + 2HCl (aq) = Cl$_2$ (g) + H$_2$O + NaCl

(v) Dicromatos y cromatos (cromo VI). Los dicromatos (Cr2O7^{2-}) son dímeros de los cromatos (CrO4^{2-}) y ambos contienen cromo hexavalente, que es cancerígeno (cáncer bronquial), pero en la reacción como oxidante desactiva a Cr (III) de baja toxicidad:

Ec. 17.10

$$Cr_2O_7^{2-} + 14H^+ + 6e^- = 2Cr^{3+} + 7H_2O$$

Como ejemplos de desactivación efectivas por oxidación-reducción con los oxidantes anteriormente indicados, podemos destacar:

- El ozono o peróxidos (agua oxigenada), que se utiliza ampliamente en la desactivación de alcoholes y fenoles.
- El hipoclorito o permanganato, que se utiliza en la desactivación de, entre otros, cianuros (oxidados a cianatos CNO⁻ y también a nitrógeno y carbonato), mercaptanos (compuestos tipo RSH con R que indica un radical alquilo, que son oxidados a sulfoderivados RSO$_3$), aldehídos y cetonas, así como organometálicos (por ejemplo, reactivos de Grignard R$_2$Hg que se oxidan a HgO y alcoholes).
- Los dicromatos, que se utilizan habitualmente en la desactivación de HAP (Hidrocarburos Aromáticos Policíclicos; todos ellos considerados carcinogénicos), en este caso el Cr(VI) residual se reduce a Cr(III) con un reductor como el Fe(II).

Los principales agentes reductores utilizados en desactivación industrial son:

(i) Hidrazina (N$_2$H$_4$), un reductor muy limpio, ya que se oxida a nitrógeno sin dejar residuos:

Ec. 17.11

N$_2$H$_4$ = N$_2$ + 4H$^+$ + 4e$^-$

(ii) Dióxido de azufre (SO2) y relacionados: ácido sulfuroso (H_2SO_3), sulfitos ($NaHSO_3$) y pirosulfitos ($Na_2S_2O_5$). Los dos primeros se oxidan a sulfato:

Ec. 17.12

$$SO_4^{2-} + 4H^+ + 2e^- = H_2SO_3 + H_2O \quad E°=0,17$$

(iii) Hierro e hierro (II), que son de bajo coste, aunque producen gran cantidad de fangos residuales que contienen precipitados de hierro (III) generado en la oxidación de estos.

Ec. 17.13

$$Fe^{3+} + e^- = Fe^{2+} \quad E°=0,77 \text{ v.}$$

Ec. 17.14

$$Fe^{2+} + 2e- = Fe \quad E°=-0,44 \text{ v.}$$

Precipitación

La desactivación por precipitación se aplica a disoluciones metálicas. Se trata de añadir un agente precipitante que forma una sal insoluble con el ión metálico a desactivar. Es el caso anteriormente discutido de precipitación de sales de bario (Ba^{2+}) con sulfato (SO_4^{2-}), que precipitan formando la sal insoluble sulfato de bario:

Ec. 17.15

$$Ba^{2+} (aq) + SO_4^{2-}(aq) \rightarrow BaSO_4 \text{ (sólido)}$$

Se pueden precipitar formado sólidos insolubles casi todos los metales pesados, utilizando los siguientes agentes precipitantes:

(i) *Sulfuro*. Empleando como agente precipitante sulfuro amónico ($NH_4)_2S$ haciendo pasar una corriente de gas sulfhídrico H_2S (gas muy venenoso, por lo que la desactivación requiere medidas de operación muy cuidadas), se pueden precipitar en medio ácido los iones: $Hg^{2+}, Pb^{2+}, Bi^{3+}, Cu^{2+}, Cd^{2+}, Tl^+,$

o en medio amoniacal los iones divalentes de los metales Ni,Co,Mn,Zn.

(ii) *Sulfato.* Empleando como agente precipitante sulfato de sodio Na_2SO_4, se pueden precipitar de sus disoluciones los iones metálicos de Pb,Ca,Sr, Ba.

(iii) *Hidróxido.* Empleando como agente precipitante amoniaco, cal o NaOH, se pueden precipitar de sus disoluciones los iones metálicos Fe^{3+},Al^{3+},Cr^{3+}.

En el caso de aniones, es clásica la precipitación de fluoruros con cal o cloruro de calcio para formar fluoruro de calcio (fluorita) inerte.

Ec. 17.16

$$2HF + CaCl_2 = CaF_2 + 2HCl$$

Hidrólisis

Se utiliza para compuestos orgánicos que sufren degradación con el agua, tales como muchos explosivos e irritantes. El agente de hidrólisis es el agua pero la reacción de hidrólisis puede ser explosiva de forma directa en muchos casos, por lo que debe moderarse el proceso, utilizando otros agentes de hidrólisis tales como:

(i) *Agua añadida en baño de hielo,* para evitar las explosiones o combustiones por efecto de la alta liberación de calor durante el proceso de hidrólisis. Así se desactivan los haluros de metálicos de Ti, Sn, Al, Zr, B, Si o compuestos como el cloruro de tionilo o el de fosfonilo $SOCl_2$ y $POCl_3$ respectivamente

(ii) *Alcoholes* que enlentecen y controlan el proceso de hidrólisis para casos muy reactivos como:

Los metales Na, K, Li, que forman alcóxidos con los alcoholes que después se pueden hidrolizar con seguridad en agua.

Compuestos organometálicos (por ejemplo, fenilos, pH=grupo fenilo) de metales M=Hg, Li, Al, Zn con t-butanol al 10% y en medio éter:

Ec. 17.17

$$Ph-M + ROH = Ph-R + MOH$$

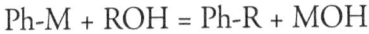

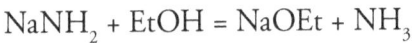

La desactivación se termina añadiendo agua fría y HCl para neutralizar los álcalis generados en el proceso.
Amiduros y similares con etanol:

Ec. 17.18

$$NaNH_2 + EtOH = NaOEt + NH_3$$

La desactivación se termina añadiendo agua fría y HCl para neutralizar los alcóxidos y el amoniaco generados en el proceso.

Incineración

De acuerdo a algunos criterios, la incineración es la mejor técnica disponible para la desactivación de residuos inflamables y combustibles. Además permite la valorización energética de estos residuos en el proceso (Castells, 2000b; Gallardo et ál., 2008).

Sin embargo, los procesos de incineración tienen un fuerte rechazo social debido a sus precedentes históricos, con muchos casos de generación de problemas asociados a una tecnología de incineración deficiente. Esta situación ha inducido un grave problema de falta de credibilidad social de la tecnología de incineración, que demasiadas veces se ha presentado como la panacea de la "eliminación" de materiales. Es necesario recordar que en los procesos de oxidación desarrollados en una incineración siempre aumenta la masa de los materiales oxidados; otra cosa es que la masa sólida se transfiera a una masa gaseosa, que necesariamente debe ser depurada de sus componentes problemáticos para la salud ambiental del entorno.

En una incineración en operación optimizada (respecto de selección granulométrica del material, ausencia de halogenados en la masa a incinerar y poder de combustión PCI suficiente), se produce un rechazo en torno a un 22-25% en forma de escorias de incineradora y 1-2% de residuos de depuración de gases (cenizas volantes y otros residuos de la depuración).

La depuración de las emisiones de una incineradora es necesaria debido a la presencia de:

(a) gases ácidos (H_2SO_4, HNO_3, HCl y HF preferentemente),

(b) compuestos clorados adsorbidos en el particulado o en forma volátil (incluye a las dioxinas o policlorodifenildioxinas y furanos o policlorodifenilfuranos, de alta toxicidad y que debe limitarse la emisión a 1 pg/Nm^3 (1 pg = 1 picogramo = 10^{-12}g), pero también otros componentes de alta toxicidad como fosgeno o los carcinógenos benzopirenos,

(c) metales pesados asociados al particulado (Hg, Ni, Cd y Cr(VI)) asociados a pinturas y pigmentos), y (d) otros gases nocivos como los óxidos de nitrógeno NO y NO_2 (en conjunto NO_x) o monóxido de carbono CO.

La depuración eficiente de las emisiones de incineración precisa de al menos cinco tratamientos:

(a) postcombustión de las emisiones a 850 °C con tiempos medios de duración no inferiores a 3 segundos (permite destruir por pirólisis las dioxinas, furanos, benzopirenos y otros compuestos orgánicos volátiles o adsorbidos);

(b) inyección de lechada de cal u otro álcali para neutralizar los gases ácidos;

(c) inyección de amoniaco para destruir los óxidos de nitrógeno:

Ec. 17.19

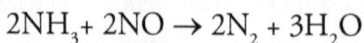

$$2NH_3 + 2NO \rightarrow 2N_2 + 3H_2O$$

(d) inyección de grafito para adsorber orgánicos refractarios o regenerados en el enfriamiento de la postcombustión; y

(e) filtro de mangas o similar para retener las cenizas volantes primarias de incineración y las generadas en los procesos anteriores de tratamiento.

Los tratamientos anteriores son absolutamente necesarios y su falta de control puede originar episodios de contaminación en el entorno de la incineradora. La necesidad de un control estricto e independiente del proceso de incineración es uno de los grandes problemas de gestión eficiente de una instalación de este tipo, que es la mejor opción para desactivar residuos peligrosos inflamables.

Inertización

Los sólidos o fangos que se obtienen en los procesos anteriormente descritos deben ser estabilizados mediante un proceso denominado "de inertización" en el que se mezclan con una matriz inertizante que aumenta la estabilidad del residuo, bien por formación de disoluciones sólidas (inertización química) o bien por formación de encapsulados en los que la matriz inerte protege las partículas de residuo (inertización física). Existen tres mecanismos de inertización:

Precipitación-adsorción

La cal CaO con adiciones de puzolanas suele ser la matriz inertizante industrial. La cal produce hidróxidos insolubles de sales metálicas residuales como se ha indicado anteriormente; al mezclarla con adsorbentes como la puzolana, y convenientemente hidratado el material, se producen procesos de hidratación y adsorción que permiten la inmovilización de los metales peligrosos en la matriz inerte desarrollada.

Microencapsulado

El material se mezcla con un polímero (asfalto, parafina, polietileno) y se funde la mezcla, se homogeniza y se enfría rápidamente para evitar la segregación del material de la matriz inertizante.

Litosíntesis

En este caso se conforma un sólido inerte por mezclado del material con el aglomerante o fase inertizante y posterior tratamiento de la mezcla. Hay diferentes alternativas.

i) Cementación. Se utiliza como aglomerante cemento junto con otra fase aglomerante (arena, cenizas volantes, puzolanas); se mezcla con el residuo y se deja fraguar para integrar un sólido, que es controlado mediante un test de lixiviación respecto del grado de inmovilización o inertización de los metales en su interior.

El cemento se obtiene por molturación en molino del llamado "clínquer" (mezcla de calcita $CaCO_3$ y arcilla caolinítica rica en el mineral caolinita $Al_2O_3.2SiO_2.2H_2O$, calcinada a 1.450 °C varias horas) y yeso $CaSO_4.2H_2O$, que actúa como controlador de la velocidad de fraguado. El clínquer es una mezcla de silicatos de calcio (alita $3CaO.SiO_2$ o C_3S un 60% del total, belita $2CaO.SiO_2$ o C_3S un 20% del total), aluminatos de calcio (aluminato $3CaO.Al_2O_3$ o C_3A un 7%) y otras especies más complejas (como el ferrito $3CaO.AlFeO3$ un 5% del total).

Estas fases, al reaccionar con el agua de fraguado, producen fases hidratadas de gran diversidad química. Así los silicatos producen variadas formas de silicato de calcio hidratado $xCaO.SiO_2.yH_2O$ o CSH y portlandita $Ca(OH)_2$, los aluminatos cálcicos producen fase hidrato tales como C_4AH_{13}, C_2AH_8... y el ferrito fases en las que Fe y Al están en disolución sólida en retículos tipo $C_3A.3CaSO_4.3H_2O$.

Durante este proceso de fraguado, los metales peligrosos de los residuos añadidos pueden quedar ocluidos como precipitados insolubles, pueden pasar a integrarse en las redes sólidas de las fases de fraguado y quedar inmovilizados en estas; sin embargo, también es posible que desagreguen y no se inerticen o incluso impidan el fraguado del cemento, en cuyo caso debería rediseñarse la cementación u optar por otro tipo de inertización.

ii) Vitrificación. Se utiliza como matriz aglomerante una mezcla de óxidos vitrificables y la mezcla se funde hasta generar un vidrio. Como ejemplo clásico de inertización por vitrificación, se cita la solución empleada en el accidente nuclear de Chernóbil, en el que el combustible nuclear entró en reacción descontrolada y explotó su dique de contención. Sobre el reactor descontrolado se lanzó, vía aérea, una mezcla de óxido de boro B_2O_3 (9-20%) y arena (cuarzo), para generar, gracias a las altas temperaturas generadas en el reactor incendiado, una matriz de vidrio borosilicato capaz de retener en su red vítrea a los radioisótopos en reacción, evitando su progreso, controlando la reacción e inmovilizando a los iones radioactivos. Los vidrios borosilicato aumentan su capacidad disolvente y la resistencia a la lixiviación cuando se agrega alúmina.

iii) Matrices vitrocerámicas. Los denominados "materiales vitrocerámicos" son una mezcla de óxidos que forman vidrios cuando se calientan a altas temperaturas (1.500-1.700 °C) pero en un tratamiento térmico posterior (normalmente una retención a baja temperatura 600-900 °C o tratamiento de nucleación, seguido de otro de cristalización a temperaturas superiores) precipitan en el vidrio microcristales que quedan rodeados de una fase residual vítrea. Para tratar las miles de toneladas de residuos de alta actividad que contienen restos del combustible nuclear con presencia de U, Pu, Sr, Cs, entre otros núcleos radiactivos (España produce 150 t/año), la inertización en matrices vitrocerámicas es una opción muy interesante. Los iones radioactivos quedarían atrapados en disolución sólida en los microcristales precipitados en el proceso vitrocerámico descrito; así se lografía, de desarrollarlo con éxito, un grado de inertización muy elevado.

Las matrices cristalinas candidatas son las que desvitrican b-espodumena ($LiAl(SiO_3)_2$), la de las vitrocerámicas convencionales de cocina, o la esfena $CaTiO_5$, la polucita $AlSiCsO_4$ o el diópsido $MgSi_2O_6$ (basalto) presentan una buena capacidad disolvente y una alta resistencia a la lixiviación.

La solución a los residuos nucleares de alta actividad sería introducirlos en estas matrices vitrocerámicas y depositar el material vitrocerámico producido en un confinamiento geológico profundo (inmovilización + confinamiento). En cambio, para los de media actividad (materiales que han tenido contacto con radiactivos pero no son radiactivos) o de baja actividad (utilizados en las zonas del reactor pero sin contacto con radiactivos), la cementación y el encapsulado en acero inoxidable depositados en vertederos de seguridad (como el del Cabril en Córdoba, España) parece una solución aceptable.

Control de lixiviación

La efectividad del tratamiento de inertización se puede medir a través del test de lixiviación, según metodología descrita anteriormente. Si la lixiviación es baja, el material resultante lo podemos clasificar como inerte; si la lixiviación es moderada, el material se clasificará como no peligroso (RNP); si la lixiviación es más alta, se clasificará como peligroso (RP); y si los valores de lixiviación son demasiado altos, el material debería ser tratado de nuevo, ya que su estabilidad no es suficiente para depositarlo en un vertedero.

Así pues, el análisis del lixiviado permite clasificar al residuo inertizado resultante como apto para ser depositado en vertedero de inertes, de no peligrosos, de peligrosos o como no depositable en vertedero sin mejora de su inertización.

La admisión en tipo de vertedero debe depender de la calidad del lixiviado para los diferentes parámetros físico-químicos que deben considerarse. Por ejemplo, de acuerdo con las umbrales de peligrosidad, para residuos de Sb, Cd, Cr, Pb, Zn o F, los intervalos de aceptación son, en mg/kg sobre lixiviados con adición de 10 l de agua por cada kg residuo, los indicados en la tabla 17.3.

Tabla 17.3. Ejemplo de intervalos de aceptación de composición de lixiviados de material inertizado, usando 10 l de agua/kg residuo sólido durante 24 horas.

Componente	Columna 1 (mg/kg)	Columna 2 (mg/kg)	Columna 3* (mg/kg)
Sb	0,06	10	50
Cd	0,04	1	5
Cr (total)	0,5	10	70
Pb	0,5	10	50
Zn	4	50	200
Inerte hasta >>>>>>>>>>>>>>			
RNP hasta >>>>>>>>>>>>>>>>>>>>>>>>>>>>			
RP hasta >>>			
*Si se supera algún valor de la columna 3, el residuo no es vertible y debe ser inertizado de nuevo hasta su adecuada estabilización.			

CONDICIONES DE VERTIDO

En el diseño general de un vertedero de residuos, se prescriben una serie de sistemas de seguridad en todas sus fases de vida:

Condiciones de diseño (previas)

(i) Ubicación. Para la ubicación de la instalación de vertido, se deben ponderar diferentes condicionamientos tales como:

- Distancia a zonas residenciales y recreativas, vías fluviales, masas de aguas y otras zonas agrícolas o urbanas;
- existencia de aguas subterráneas, costera o reservas naturales;
- geología e hidrogeología;
- riesgo de inundaciones, hundimientos;
- patrimonio natural o cultural.

(ii) Materiales no admisibles en ningún tipo de vertedero: líquidos, explosivos, corrosivos, oxidantes, inflamables, infecciosos ni neumáticos. No pueden ser admitidos en ningún vertedero materiales que no hayan sido previamente sometidos a los tratamientos anteriormente descritos y que no pueden ser una mera solidificación. En este sentido, el sistema de contención de un vertedero se estructura en tres capas, indicadas en la figura 17.4.

La barrera geológica natural se evalúa mediante prospecciones y catas geológicas con testigos de perforación como los mostrados en la figura 17.5.

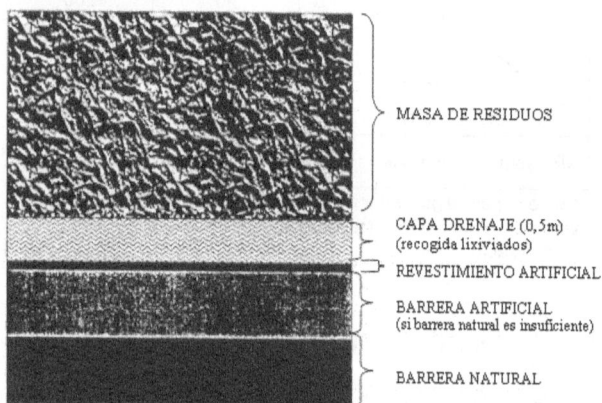

Figura 17.4. Corte transversal de un vertedero.

En función del tipo de vertedero, los estudios de estas catas deben alcanzar, para los materiales geológicos, un espesor mínimo y un coeficiente de permeabilidad equivalente de la ley de Darcy que estudia la velocidad S de permeación a una distancia L y una profundidad h:

Ec. 17.20

$S = k$ (h/L)

Donde k es el coeficiente de permeabilidad:

Vertedero de inertes: 5 m de k=10^{-7} m/s, al menos.
Vertedero de RNP: 1 m de k=10^{-9} m/s, al menos.
Vertedero de RP: 5 m de k<10^{-9}m/s.

Figura 17.5. Elementos del diseño de un vertedero: catas geológicas. (Foto: Arnau Monrós)

Como dato orientativo, para arcillas naturales el valor de k es de 10^{-7} m/s y en arenas 10^{-4} m/s, esto indica que es muy difícil encontrar barreras geológicas naturales que cumplan estos requerimientos. En aquellos casos que la barrera no cumpla los requerimientos, se procede a la impermeabilización artificial indicada en la figura 17.4: una barrera artificial de 0,5 m de arcilla compactada más una impermeabilización plástica, usualmente con polietileno de alta densidad.

Encima de la barrera plástica se coloca un capa de drenaje de lixiviados de más de 0,5 m de caliza machacada. Los lixiviados son recogidos y tratados en una balsa de lixiviados como la indicada en la figura 17.6. Asimismo, los gases de fermentación de la materia biodegradables son recogidos mediante sistemas de recogida de gases.

Figura 17.6. Elementos del diseño de un vertedero: balsa de lixiviados. (Foto: Arnau Monrós)

Condiciones de explotación (durante)

Durante la explotación de cualquier tipo de vertedero, la legislación habitual en países desarrollados obliga a mantener un control del vertido sobre la base de los siguientes condicionantes generales:

- Comprobación analítica cada 200 toneladas o una vez al año, al menos.

- Inspección, al menos visual, al descargar guardando muestras durante tres meses y conociendo ubicación exacta en vertedero con acuse de recibo.

- Recogida de datos meteorológicos, lixiviados, gases y aguas subterráneas (al menos 1 punto medición flujo arriba y 2 flujo abajo para comparar con 3 puntos tomados de referencia antes del inicio de la actividad, medidas cada tres meses). Si hay cambio significativo, es obligatorio intervenir en el vertedero para subsanar el problema.

Condiciones de clausura (después)

• Colmatado el vaso de vertido, el proceso de clausura no es inmediato, sino que el vertedero debe seguir estando controlado de acuerdo con los siguientes requerimientos:

- Vigilancia, análisis y control de los lixiviados, gases generados y aguas subterráneas de las inmediaciones (como en explotación pero cada seis meses al menos).
- Duración de la vigilancia al menos 30 años.

Condiciones de tipo administrativo

La necesidad de garantizar la actividad segura de un vertedero, evitando abandonos en la gestión por motivos económicos o de otra índole, hace necesarios unos requerimientos básicos para la autorización de la instalación referidos a:

- Memoria de idoneidad, en la que se describe la tipología de residuos, hidrogeología y geología de la ubicación, capacidad, plan de prevención y reducción de la contaminación y de clausura y mantenimiento.
- Personal cualificado a cargo de la instalación.
- Seguro de responsabilidad civil para cubrir los posibles daños generados por la instalación.
- Depósito de fianza que permita desarrollar las labores de mantenimiento en caso de cese de actividad por la empresa explotadora.

Agradecimientos. Se agradecen las fotografías del capítulo a su autor, Arnau Monrós.

Liliana Márquez-Benavides (ed.)

Referencias bibliográficas

Castells X.E., 2000a. *Reciclaje de residuos industriales,* Ed. Díaz de Santos, Madrid.

Castells X.E., 2000b. *Tratamiento y valorización energética de residuos.* Ed. Díaz de Santos, Madrid.

Freeman, H.M., 1989. *Standard Handbook of Hazardous Waste and Disposal* (2.da ed.), Mc. Graw Hill.

Gallardo A., Bovea M.D., Colomer F.J, Monrós G, Carlos M. (eds.), 2008. *Ingeniería de residuos: hacia una gestión sostenible,* Publicaciones de la Universitat Jaume I.

Lauwerys R., 1994. *Toxicología industrial e intoxicaciones industriales,* Masson, Barcelona, p. 631.

Ley 10/98 de residuos (BOE 22-4-98): de directrices generales en la gestión de residuos, España.

Ley 24051 del 17 de diciembre de 1991, Generación, manipulación, transporte, tratamiento y disposición final de residuos peligrosos, Argentina.

Orden Ministerial de 13-10-89 (BOE 26/10/89). Norma técnica de caracterización de residuos peligrosos, España.

Monrós G., Llusar M., Calbo J., Sorlí S., Tena M.A., 2003. *Etiquetado de peligrosidad en pigmentos cerámicos,* Técnica Cerámica 313, pp. 546-566.

Nemerow N.L, Dasgupta A., 1998. *Tratamiento de vertidos industriales y peligrosos,* Ed. Díaz de Santos, Madrid.

Real Decreto 952/1997 (BOE 5-7-97): norma base para la gestión de residuos peligrosos en España.

Tchobanoglous G., Theisen H., Vigil S., 1996. *Gestión integral de residuos sólidos,* Mc Graw-Hill, Madrid.

U.S. Environmental Protection Agency, 1980. *Hazardous Waste Management: A Guide to the Regulations,* U.S. Government Printing Office, Washington D.C.

18. APLICACIÓN DE LA METODOLOGÍA DE ANÁLISIS DEL CICLO DE VIDA A LA GESTIÓN DE RESIDUOS SÓLIDOS

M.D. Bovea, V. Ibáñez-Forés, D. Bernad-Beltrán, I. Mercante,
Departamento de Ingeniería Mecánica y Construcción
Universitat Jaume I de Castellón, España
bovea@emc.uji.es

INTRODUCCIÓN

La metodología de Análisis del Ciclo de Vida (ACV) es una herramienta que permite evaluar el comportamiento ambiental de un sistema a lo largo de su ciclo de vida (de la cuna a la tumba).

La primera definición consensuada del ACV y más utilizada internacionalmente es la propuesta por la ISO 14040-44 (2006):

El ACV es un proceso objetivo para evaluar las cargas ambientales asociadas a un producto, proceso o actividad identificando y cuantificando el uso de materia y energía y los vertidos al entorno; para determinar las consecuencias que ese uso de recursos y esos vertidos producen en el medio ambiente, y para evaluar y llevar a la práctica estrategias de mejora ambiental.

El esquema que propone la norma se muestra en la figura 18.1.

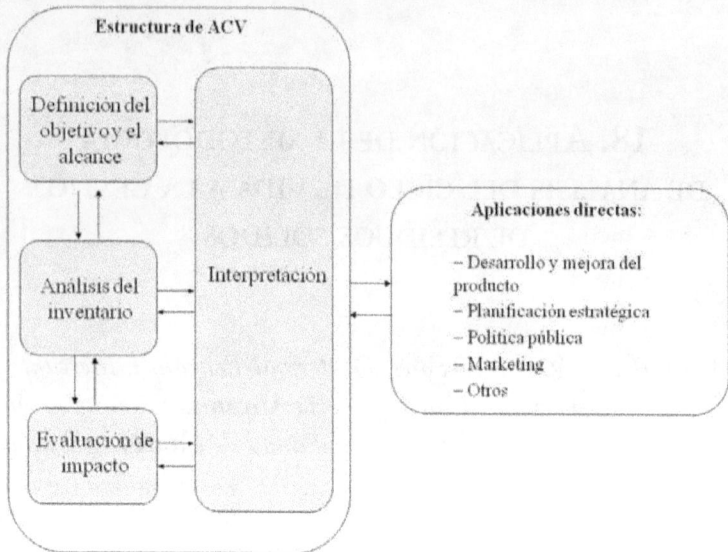

Figura 18.1. Esquema de un ACV según la norma ISO 14040-44 (2006).

Desde sus inicios, esta metodología se ha aplicado principalmente a la evaluación del comportamiento ambiental de los productos. Sin embargo, dado su potencial, en los últimos años se ha ampliado su campo de aplicación tanto a la evaluación ambiental de servicios como el de gestión de residuos. La figura 18.2 muestra la diferencia entre los límites del sistema producto y los del sistema gestión de residuos.

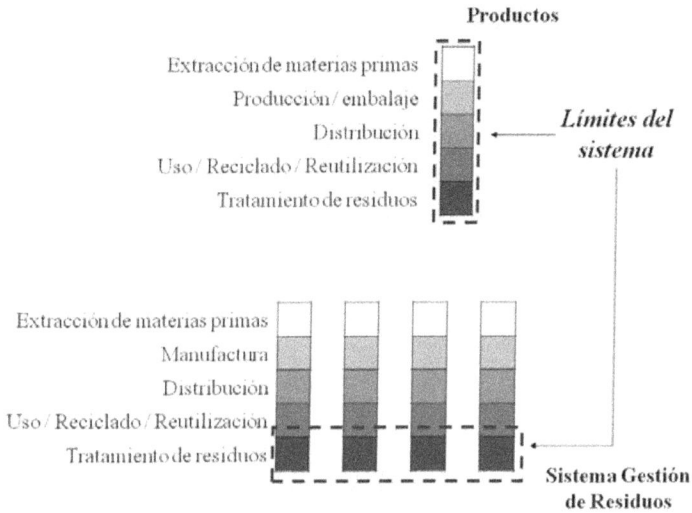

Figura 18.2. Comparación entre los límites del sistema producto y sistema de gestión de residuos.

ETAPAS DE LA METODOLOGÍA ACV

ETAPA I: DEFINICIÓN DE OBJETIVOS Y ALCANCE

La primera etapa en todo ACV es determinar los objetivos y el alcance del estudio. De acuerdo a las indicaciones de la norma ISO 14040-44 (2006), esta etapa a su vez puede subdividirse en las siguientes fases:
* *Definición de objetivos*
Debe incluir cuál es la razón que nos lleva a realizar un estudio de este tipo y el uso que se pretende dar a los resultados.
* *Definición del alcance*

Define el ámbito de aplicación del estudio, límites del sistema, requerimientos de datos y categorías de datos que se van a utilizar, hipótesis, etc. El alcance debe definirse de forma que se asegure que la profundidad del estudio es compatible con los objetivos definidos inicialmente.

- *Definición de la unidad funcional*

Es aquella a la que irán referidas todas las entradas y salidas del sistema. Es necesaria su definición para poder realizar una comparación entre varios sistemas que realizan la misma función.

- *Requisitos de calidad de los datos*

Es necesario establecer las características de los datos necesarios para el estudio. La descripción de la calidad de los datos es importante para comprender la fiabilidad de los resultados del estudio e interpretar correctamente los resultados del estudio.

Etapa II: Inventario del ciclo de vida

El análisis del inventario implica la recopilación de los datos y los procedimientos de cálculo para cuantificar las entradas y salidas del sistema objeto de estudio. Es la etapa más costosa en cuanto a consumo de recursos y más crítica de cualquier estudio de ACV, ya que de la calidad de los datos de inventario dependerá la calidad de los resultados que se obtengan. Así pues, se trata de un proceso iterativo, cuyo objetivo es mejorar la calidad de los datos.

Según las normas ISO 14040-44 (2006), la etapa de inventario del ciclo de vida (ICV), básicamente, consiste en contabilizar los distintos impactos ambientales que el sistema en estudio ejerce sobre el medio. Para cada proceso unitario dentro de los límites del sistema, se realiza una búsqueda de datos de inventario en forma de entradas (materia y energía) y en forma de salidas (productos, emisiones gaseosas, líquidas y sólidas) siguiendo el diagrama de flujo como el mostrado en la figura 18.3 y utilizando las indicaciones del ISO/TR 14048 (2002).

Material ⟶

Energía ⟶

ETAPA

⟶ Producto
⟶ Vertidos al agua y suelo
⟶ Emisiones atmosféricas
⟶ Co-Productos
⟶ Residuos sólidos

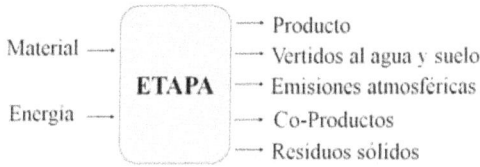

Figura 18.3. Esquema de la etapa de inventario del ciclo de vida.

Los datos a incluir en el inventario deben recopilarse para cada proceso unitario incluido dentro de los límites del sistema. Para ello, puede recurrirse a recopilarlos a partir de datos de campo (opción recomendada) o utilizar bases de datos, públicas o comerciales, de ICV.

Inventario a partir de datos de campo (datos primarios)
La elaboración de un inventario a partir de datos de campo es la forma de obtener datos de alta calidad para el estudio de ACV. Con el fin de obtener datos representativos, se suelen recopilar datos de entradas y salidas correspondientes a una anualidad, que posteriormente se asignan a la unidad funcional y a cada proceso unitario siguiendo los pasos mostrados en la figura 18.4.

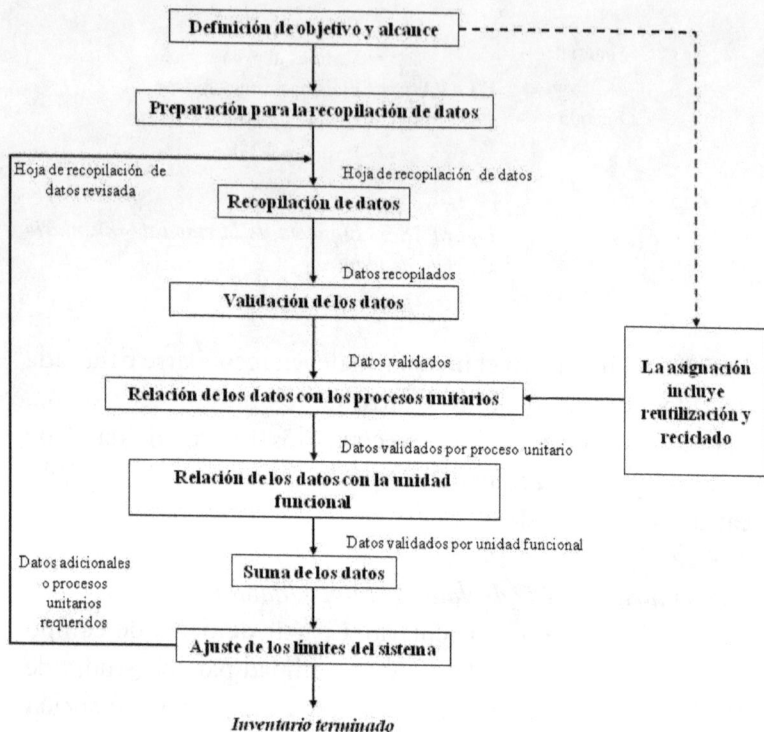

Figura 18.4. Procedimiento para la elaboración de un inventario.

La recopilación de estos datos se puede realizar utilizando un modelo de plantilla como el mostrado en la tabla 18.1.

Tabla 18.1. Ejemplo de modelo para la recopilación de datos de inventario.

Elaborado por:			Fecha:	
Identificación del proceso unitario			Lugar:	
Período:			Mes inicio:	Mes final:
Descripción del proceso unitario (adjuntar hoja)				
Entradas de materia	Unidades	Cantidad	Procedimiento de muestreo	Origen (distancia y medio de transporte)
Consumo de agua	Unidades	Cantidad		
Entradas de energía	Unidades	Cantidad	Procedimiento de muestreo	Origen (distancia y medio de transporte)
Salidas materiales (incluyendo productos)	Unidades	Cantidad	Procedimiento de muestreo	Destino (distancia y medio de transporte)
Emisiones al aire	Unidades	Cantidad	Procedimiento de muestreo	
Vertidos al agua	Unidades	Cantidad	Procedimiento de muestreo	
Vertidos al suelo	Unidades	Cantidad	Procedimiento de muestreo	
Residuos sólidos	Unidades	Cantidad	Procedimiento de muestreo	Destino (distancia y medio de transporte)

El resultado que se obtiene de la etapa de inventario es la cuantificación de las emisiones al medio ambiente, diferenciando entre emisiones atmosféricas, vertidos al agua y suelos, residuos sólidos y otros aspectos ambientales (ruido, radiactividad, etc.), para el sistema en su conjunto y para cada proceso unitario que lo compone (opcional, dependiendo del objetivo del estudio).

Bases de datos de inventario del ciclo de vida comerciales (datos secundarios)

Realizar un inventario supone un consumo de recursos, principalmente tiempo, que no siempre están disponibles. Para facilitar la realización de estos inventarios, existen diferentes bases de datos públicas, privadas o comerciales, que incorporan los resultados de estudios de inventario del ciclo de vida aplicados a diferentes materiales y procesos, de forma que pueden ser utilizadas como fuente de información de elementos minoritarios en otros inventarios. Algunos ejemplos de bases de datos de inventario desarrolladas más recientemente se muestran en la tabla 18.2.

Tabla 18.2. Ejemplos de bases de datos de inventario del ciclo de vida.

Base de datos	Referencia	País
Ecoinvent	<http://www.ecoinvent.ch/	Suiza
Idemat	<http://www.idemat.nl/	Holanda
Franklin US LCI	<http://www.fal.com/	EE.UU.
BousteadModel	<http://www.boustead-consulting.co.uk/	Reino Unido
ELCD	<http://lca.jrc.ec.europa.eu/	Europa
IVAM LCA Data	<http://inetsrv.ivam.uva.nl/	Holanda
LCA FoodDatabase	<http://www.lcafood.dk/	Dinamarca

Calidad de los datos del inventario

Cualquier análisis del ciclo de vida que se realice requiere la utilización de un gran número de datos individuales procedentes de diferentes fuentes. Por tanto, la calidad y la credibilidad de los resultados del estudio dependerán en gran medida de la calidad de los datos tomados como partida.

Algunos ejemplos de indicadores de calidad, son:

- Tiempo. Antigüedad de los datos y período de tiempo mínimo en el que se deberían recopilar los datos.
- Geografía. Área geográfica en donde se deberían recopilar los datos de los procesos unitarios para satisfacer el objetivo del estudio.
- Tecnología. Tecnología específica o mezcla de tecnologías.
- Precisión. Medida de la variabilidad de los valores de los datos.
- Integridad. Porcentaje del flujo que se ha medido o estimado.
- Representatividad: Evaluación cualitativa del grado en el cual el conjunto de datos reflejan la situación real.
- Reproducibilidad: Evaluación cualitativa relativa a la posibilidad de reproducir los resultados del estudio.
- Fuentes de los datos (primarios, a partir de datos de campo o secundarios, a partir de bases de datos, procesos/materiales similares, etc.).

Etapa III: Evaluación del impacto

La fase de evaluación del impacto del ciclo de vida (EICV) tiene por objeto evaluar la importancia de los impactos ambientales utilizando los resultados obtenidos en la etapa de inventario. El objetivo de esta etapa no es determinar el valor real de los impactos, sino más bien relacionar los datos de las emisiones cuantificadas en la etapa de inventario con una serie de categorías de impacto definidas previamente, y cuantificar la magnitud relativa de la contribución de cada contaminante a la categoría de impacto correspondiente.

Los resultados de una EICV pueden utilizarse para identificar oportunidades de mejora, caracterizar o comparar variaciones de un sistema de productos en el tiempo, comparar sistemas diferentes de producto e identificar variables medioambientales críticas.

Según la norma ISO 14040-44 (2006), el análisis de impacto puede realizarse a dos niveles, tal y como muestra la figura 18.5:

Con *elementos obligatorios*, que permiten obtener un indicador para cada una de las categorías de impacto; o

con *elementos opcionales*, que permiten obtener un único indicador que engloba toda la información del inventario mediante la aplicación de un método de evaluación del impacto.

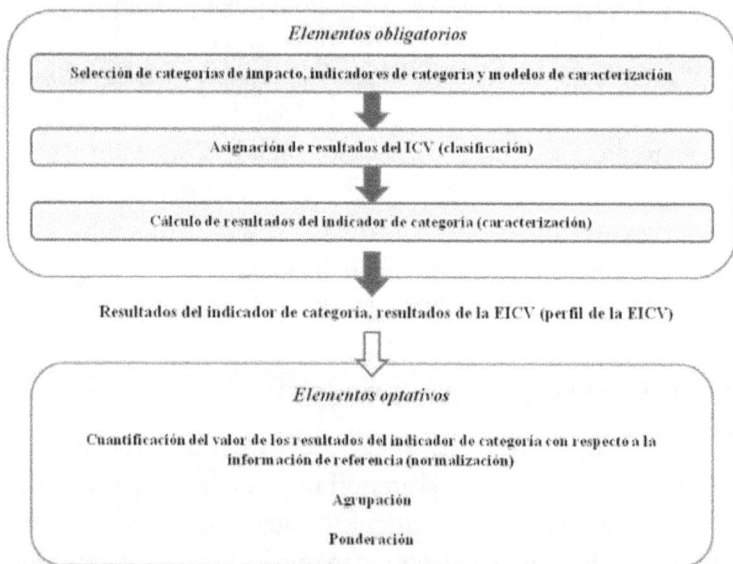

Figura 18.5. Elementos de la etapa de evaluación del impacto.

Elementos obligatorios: Análisis por categoría de impacto
En esta fase del EICV se seleccionan las categorías de impacto, los indicadores de categoría y los modelos de caracterización que se van a considerar. A continuación se asignan los resultados del ICV a las categorías de impacto (*clasificación*) y se calculan los resultados de los indicadores para cada una de las categorías de impacto consideradas (*caracterización*).

Las categorías que suelen utilizarse en los estudios de ACV son las mostradas en la tabla 18.3, tomando como factores de caracterización los propuestos, por ejemplo, por el método CML2000 (Guinee, 2002) o cualquiera de los descritos en el siguiente apartado, en su etapa de caracterización.

Tabla 18.3. Categorías de impacto.

Categoría de impacto	Unidad
Agotamiento de recursos naturales	kg Sb eq
Efecto invernadero	kg CO_2eq
Destrucción de la capa de ozono	kg CFC-11 eq
Smog fotoquímico	kg C_2H_4eq
Acidificación	kg SO_2eq
Eutrofización	kg PO_4^{3-}eq
Toxicidad	kg 1,4 diclorobencenoeq

Elementos opcionales: Descripción de los métodos de valoración del impacto
La aplicación de un método de evaluación de impacto permite expresar la carga ambiental del sistema analizado en un único indicador, siguiendo los pasos de:

Normalización: Cálculo de la magnitud de los resultados de indicadores de categoría en relación con la información de referencia.

Agrupación: Organización y posible clasificación de las categorías de impacto.

Ponderación: Conversión y posible suma de los resultados del indicador a través de las categorías de impacto utilizando factores numéricos basados en juicios de valor.

De forma simplificada, el proceso seguido hasta obtener un único valor del impacto ambiental pasa por agrupar los resultados obtenidos para cada una de las categorías de impacto, dependiendo del daño o efecto que producen. Este paso es altamente subjetivo, pero necesario si se desea obtener un único indicador, de ahí la existencia de diferentes métodos de evaluación de impacto. Algunos ejemplos de métodos de evaluación del impacto se muestran en la tabla 18.4.

Tabla 18.4. Ejemplos de métodos de evaluación del impacto.

Método	Referencia	Enlace
Eco-Indicator'95	Goedkoop (1995)	<http://www.pre.nl
Eco-Indicator'99	Goedkoop y Spriensma (2000)	<http://www.pre.nl
Eco-Scarcity 2006	Frischknechtet et ál. (2006)	<http://www.esu-services.ch
EDIP 2003	Hauschild y Potting (2004)	<http://ipt.dtu.dk/~mic/Projects. htm#EDIP2003
IMPACT 2002+	Jolliet et ál. (2003)	<http://www.epfl.ch/impact
TRACI	Bareet et ál. 2003)	<http://epa.gov/ORD/NRMRL/std/ sab/iam_traci.htm
EPS 2000	Steen (1999a,b)	<http://eps.esa.chalmers.se/
CML 2000	Guinee (2002)	<http://www.leidenuniv.nl/cml/ssp/ projects/lca2/lca2.html
LIME	Itsubo et ál. (2004)	<http://www.jemai.or.jp/lcaforum/ index.cfm

Al no existir consenso en la utilización de un único método de evaluación del impacto, la norma ISO 14040-44 (2006) recomienda aplicar diferentes métodos de evaluación y realizar un análisis de sensibilidad para evaluar cómo influye el método aplicado en los resultados del estudio.

A continuación, se describen brevemente los métodos de evaluación del impacto que se utilizarán en el caso de aplicación:

Eco-Indicador '99 (Goedkoop y Spriensma, 2000), que es una actualización del método Eco-Indicador'95. Considera tres categorías de daño relacionadas directamente con el resultado del inventario: salud humana, calidad del ecosistema y agotamiento de recursos. La figura 18.6 muestra la relación entre las categorías de daño y los efectos considerados.

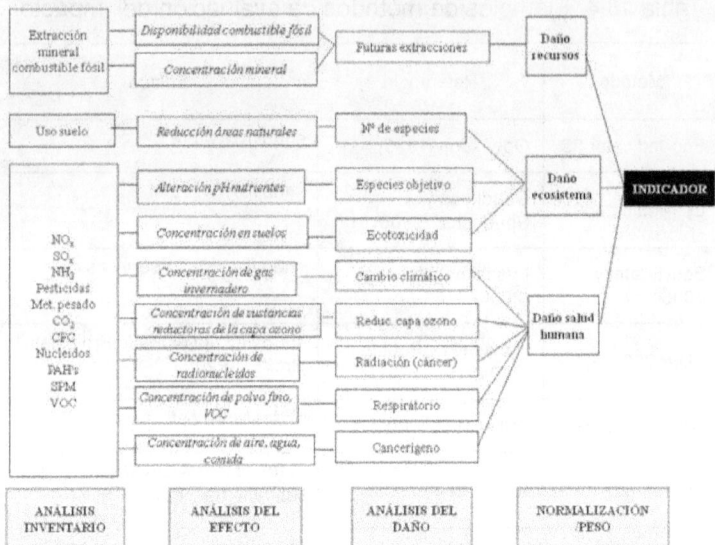

Figura 18.6. Esquema del método Eco-Indicador '99.

- Environmental Priority System (EPS), desarrollado inicialmente como una herramienta conceptual para realizar estudios de ACV en 1991 para la Volvo Car Corporation en Suecia por el IVL (Swedish Environmental Research Institute), aunque posteriormente se ha revisado hasta llegar a la versión EPS'2000 (Steen, 1999a,b). Este método define cinco áreas de protección: salud humana, capacidad de producción de los ecosistemas, recursos, biodiversidad y valores culturales y recreativos (estas áreas han sufrido pequeñas variaciones con las sucesivas versiones). El método de valoración económica utilizado es el de disposición a pagar para evitar un determinado cambio en el ambiente en cada una de las cinco áreas de protección que definen. Como unidad monetaria, se utiliza el ELU (Environmental Load Unit). La figura 18.7 muestra la metodología utilizada en el método EPS, hasta conseguir un único indicador ambiental.

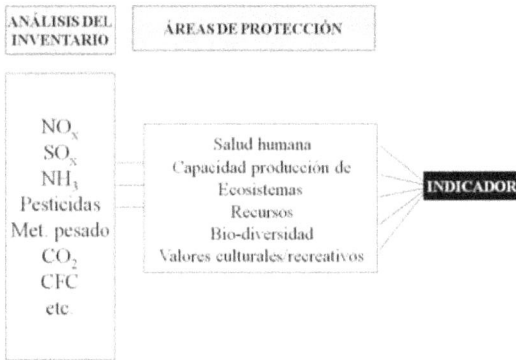

Figura 18.7. Esquema del método EPS 2000.

ETAPA IV: INTERPRETACIÓN DE LOS RESULTADOS

Según la norma ISO 14040-44 (2006), en esta última etapa de un ACV se combina la información obtenida en la fase de inventario y evaluación del impacto para llegar a identificar las variables significativas teniendo en cuenta los análisis de sensibilidad realizados. Los resultados de esta interpretación pueden adquirir la forma de conclusiones y recomendaciones para la toma de decisiones de acuerdo con los objetivos y el alcance del estudio.

La figura 18. 8 muestra las relaciones de la etapa de interpretación con otras etapas del ACV. Las etapas de definición del objetivo y el alcance y de interpretación del análisis del ciclo de vida constituyen el marco de referencia, mientras que las otras etapas del ACV (ICV y EICV) generan información sobre el sistema en estudio.

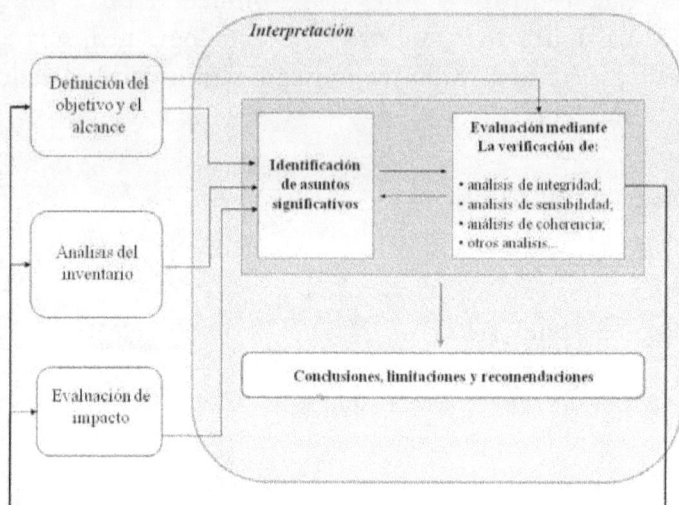

Figura 18.8. Relaciones entre los elementos en la etapa de interpretación con las otras etapas del ACV.

Aplicación de la metodología ACV a la gestión de residuos

El concepto de ciclo de vida aplicado a la gestión de residuos difiere del concepto del ciclo de vida aplicado a productos, en cuanto a las etapas que incluye, tal y como se ha visto en la figura 18.2. La figura 18.9 muestra el detalle de las etapas que forman parte del ciclo de vida de un producto y de un sistema de gestión de residuos.

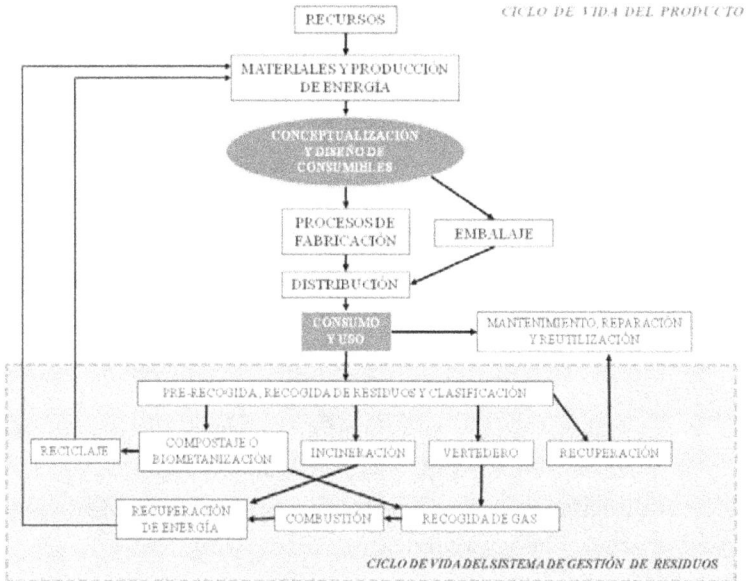

Figura 18.9. Esquema del ciclo de vida de un sistema de gestión de residuos vs.sistema producto.

A continuación, se describe cómo aplicar cada una de las etapas de la metodología ACV descritas anteriormente a la evaluación ambiental de sistemas de gestión de residuos.

DEFINICIÓN DE OBJETIVOS Y ALCANCE

La razón que lleva a aplicar la metodología ACV al campo de gestión de residuos puede ser muy variada. Algunos ejemplos de objetivos a alcanzar con su aplicación son:

- Comparación de diferentes escenarios de gestión de residuos, con el objetivo de identificar el que presenta mejor comportamiento ambiental.
- Identificación de la etapa del ciclo de vida del sistema de gestión de residuos más sensible a una mejora de su comportamiento ambiental.

- Cuantificación de la mejora ambiental aportada por la mejora de una etapa concreta del ciclo de vida del sistema de gestión de residuos.
- Comparativa entre diferentes técnicas o tratamientos aplicables a los residuos, por ejemplo:
  -Compostaje *vs.* biogasificación.
  -Vertido *vs.* incineración.
  -Una misma técnica con y sin recuperación de energía (vertedero, incineración, etc.).

Además, el uso que se pretende dar a los resultados puede ser variado:

- Incorporación de los indicadores ambientales para cada escenario en los planes de gestión de residuos de un municipio concreto (junto con los indicadores económicos, técnicos, etc. de cada alternativa).
- Uso interno por parte de la empresa gestora de residuos, etcétera.

En cuanto a los límites del sistema, la figura 18.10 muestra en forma de entradas y salidas los que habitualmente suelen establecerse en la gestión de residuos. En general, como entradas al sistema, además de los residuos, se tienen combustible, electricidad, agua y materias primas. Como salidas, se consideran las emisiones al agua y al aire, los flujos de materiales sólidos y los productos extraídos para su comercialización (energía, compost y materiales reciclados), que se contabilizan como cargas evitadas.

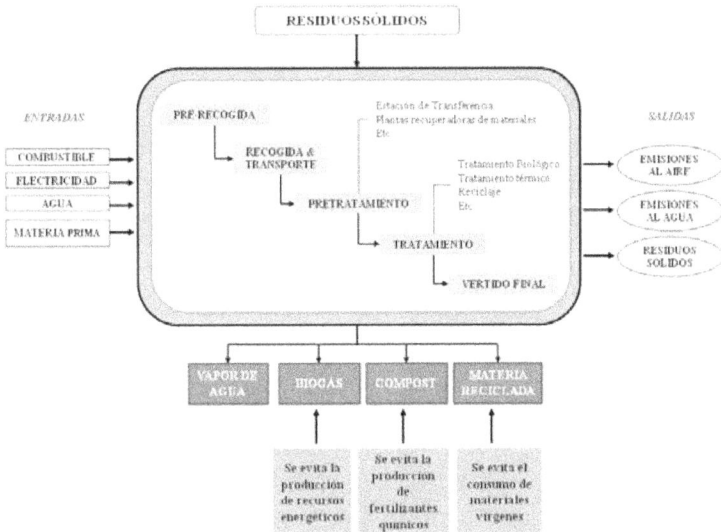

Figura 18.10. Límites del sistema de gestión de residuos.

Generalmente, las infraestructuras necesarias para el desarrollo de cada etapa o tratamiento suelen dejarse fuera del alcance del estudio de ACV.

Finalmente, la unidad funcional más comúnmente utilizada es la gestión de 1 tonelada de residuos generada en la zona de estudio, con su composición específica. Existe también la posibilidad de considerar como unidad funcional la producción media de residuos generados en el área de estudio, durante un determinado periodo de tiempo (1 año, habitualmente).

MODELO DE INVENTARIO DE UN SISTEMA DE GESTIÓN DE RESIDUOS

Prerrecogida

La contribución al impacto durante la etapa de prerrecogida viene dada por el consumo de materiales y recursos energéticos necesarios para la producción de bolsas de basura y contenedores.

El impacto ambiental debido a las *bolsas de basura* se debe a la obtención del polietileno de baja densidad (PEBD) y a la energía consumida durante el proceso de extrusión del PEBD (746 kWh/ton PEBD extruido, según BUWAL250 [1998]).

En cuanto a los *contenedores*, la contribución al impacto se debe tanto a la materia prima requerida para producir los diferentes componentes: cuerpo y tapa (polietileno de alta densidad, PEAD), herrajes (acero, aluminio) y ruedas (acero, goma), como a los procesos de fabricación necesarios (inyección, mecanizado, forjado, etc.). La tabla 18.5 muestra las características de algunos de los contenedores más comúnmente aplicados a la prerrecogida de residuos.

Tabla 18.5. Ejemplo de inventario de contenedores para la prerrecogida de residuos.

Contenedor	Descripción	Volumen (L)	Pieza-material y proceso		Peso (kg)
	Contenedor carga trasera, tamaño medio.	360	Cuerpo	PEAD	17,35
			Piezas auxiliares	Acero inoxidable	1,5
			2 ruedas	Goma	1,15
	Contenedor carga trasera, tamaño grande.	1.100	Cuerpo	PEAD	55,21
			Piezas auxiliares	Acero inoxidable	2,5
			4 ruedas	Goma	2,29
	Contenedor carga lateral.	3.200	Cuerpo	PEAD	140
			Estructura	Acero inoxidable	40
	Iglú, carga superior PEAD.	3.000	Cuerpo	PEAD	100,4
			Sistema de elevación	Acero inoxidable	1,3
			Protección boca	Goma	0,26
	Iglú, carga superior metálico.	3.000	Cuerpo	PEAD	100,4
			Sistema de elevación	Acero inoxidable	1,3
			Protección boca	Goma	0,26

Recogida y transporte

El impacto ambiental producido durante la recogida y transporte de los residuos se debe al consumo de combustible. Es importante diferenciar el consumo de combustible en cada una de las etapas.

En la etapa de *recogida*, según muestra la tabla 18.6, el consumo de combustible depende de los kilómetros que es necesario recorrer para recoger 1 tonelada de residuos. Estos consumos incluyen los traslados durante la recogida, las paradas realizadas y el trabajo hidráulico que debe desempeñar el camión para la descarga de los contendores.

Tabla 18.6. Consumo de diésel por tonelada recogida (Bjorklund et ál., 2003).

Tipo de recogida (km/ton)	Diésel (l/ton)
1,1	2,77
1,6	4,08
3,3	6,12
10	10,82

En la etapa de *transporte* se incluye el consumo de combustible de los camiones que trasladan el residuo, una vez recogido, entre las distintas instalaciones de tratamiento o vertido. La tabla 18.7 muestra los consumos de diésel dependiendo del tipo de ruta, del tamaño del camión y del nivel de carga.

Tabla 18.7. Consumo de combustible durante la etapa de transporte (Finnveden et al., 2000).

	Camión diésel, urbano (MJ/ ton km)	Camión diésel, interurbano (MJ/ ton km)	Camión diésel, autopista (MJ/ ton km)
Camión de media carga (aproximadamente 24 ton)			
Carga completa (14,0 ton)	0,0287	0,0256	0,0230
70% carga (9,8 ton)	0,0379	0,0338	0,0305
60% carga (8,4 ton)	0,0425	0,0387	0,0343
50% carga (7,0 ton)	0,0502	0,0448	0,0402
40% carga (5,6 ton)	0,0609	0,0543	0,0489
Camión de gran carga (aproximadamente, 40 ton)			
Carga completa (25,0 ton)	0,0161	0,0146	0,0131
70% carga (17,5 ton)	0,0213	0,0192	0,0172
50% carga (12,5 ton)	0,0277	0,0251	0,0223
Tráiler (aproximadamente 52 ton)			
Carga completa (32,0 ton)	0,0161	0,0146	0,0131
70% carga (22,4 ton)	0,0205	0,0184	0,0166
50% carga (16,0 ton)	0,0264	0,0238	0,0213

Los datos de inventario correspondientes al consumo de diésel se muestran en la tabla 18.8, asumiendo 45,4 MJ/kg.

Tabla 18.8. Inventario correspondiente a 1 kg de diésel (45,4 MJ/kg).

Recursos / Emisiones aire	Valor	Unidad	Emisiones agua	Valor	Unidad
Carbón (8MJ/kg)	11,6	g	DBO_5	4,92	mg
Gas natural	0,0549	m³	DQO	0,161	g
Carbón (18 MJ/kg)	8,72	g	AOX	0,215	mg
Aceite (42,6MJ/kg)	1,09	kg	Sólidos en suspensión	3,12	g
Uranio (451/kg)	0,788	mg	Fenoles	7,24	mg
Madera	0,0855	g	Tolueno	6,49	mg
Reservas hidroeléctricas	0,0508	MJ	PAH	0,714	mg
			Hidrocarburos aromáticos	46,6	mg
			Hidrocarburos clorados	47,9	µg
Emisiones aire			Aceite	1,46	g
			COD	0,0259	mg
Partículas			COT	0,503	g
Benceno	1,48	g	Amonio (ión)	0,12	g
PAH	0,129	g	Nitratos	36	mg
Hidrocarburos aromáticos	27,1	µg	N-Kjeldahl	20,3	mg
	0,0215	g	N-total	0,117	g
Hidrocarburos clorados	0,0206	µg	As (ión)	0,0716	mg
	4,37	g	Cloruros	29,2	g
Metano	22,4	g	Cianuro	0,216	mg
COV (no metano)	3590	g	Fosfatos	1,42	mg
CO_2	19,7	g	Sulfatos	1,03	g
CO	0,0976	mg	Sulfuros	1,72	mg
NH_3	0,767	mg	Sustancias inorgánicas	21,1	g
HF	0,0867	g	Al	0,0144	g
N_2O	7,34	mg	Ba	0,138	g
HCl	5,41	g	Pb	0,148	mg
SO_x	64,6	g	Cd (ión)	60,7	µg
NO_x	0,192	mg	Cr	0,604	mg
Pb	0,0349	mg	Fe	0,0307	g
Cd	2,94	µg	Cu (ión)	0,169	mg
Mn	1,73	mg	Ni (ión)	0,224	mg
Ni	3,59	µg	Hg	0,54	µg
Hg	1,15	mg	Zn	0,639	mg
Zn					

Fuente: BUWAL250, 1998.

Plantas de pretratamiento

Los impactos que producen las plantas de tratamiento son originados, principalmente, por los consumos de electricidad, agua y combustible que requieren para su funcionamiento. Como ejemplo, la tabla 18.9 muestra los consumos de diferentes plantas españolas.

Tabla 18.9. Consumos de electricidad, gasoil
y agua de las plantas de pretratamiento.

	Electricidad (kWh/ton)	Gasoil (litros/ton)	AGUA (m³/ton)
Clasificadora de vidrio	8,05	0,53	-
Clasificadora de papel/cartón (P/C)	3,99	2,58	-
Estación de transferencia	1,37	1,76	0,04
Planta de recuperación de materiales (PRM)	8,11	0,56	0,01

Tratamientos

De los diferentes tratamientos aplicables a las distintas fracciones de residuos recuperadas en las plantas anteriores, se han seleccionado los de reciclaje, biometanización, compostaje e incineración.

Los datos de inventario incluidos en este apartado corresponden al modelo de inventario propuesto por McDougall et ál. (2001), aunque como se detalla en la siguiente sección hay otros modelos de ICV aplicables a la gestión de los residuos.

Reciclaje. El inventario del proceso de reciclaje incluye (ver figura 18.11) como entradas los consumos energéticos, recursos naturales y materias primas necesarios para transformar la fracción de residuos recuperada, como salidas las emisiones producidas durante la obtención del material reciclado, y como carga evitada la cantidad equivalente de materia virgen que sustituiría al material reciclado producido.

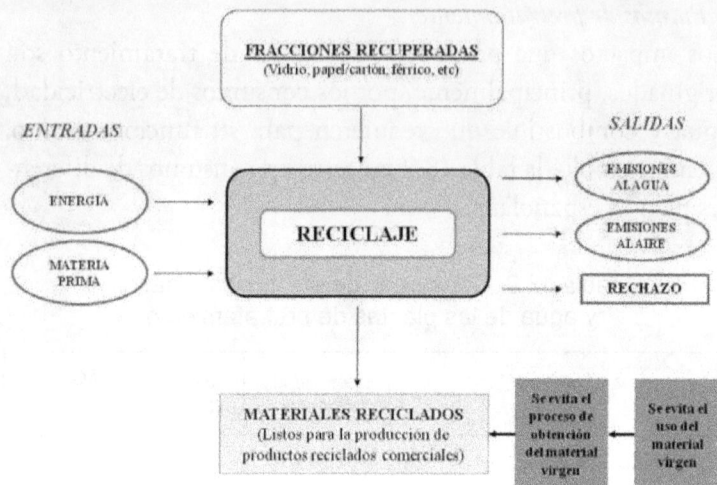

Figura 18.11. Límites, entradas, salidas y carga evitada del tratamiento de reciclado de materiales.

Como ejemplo, se muestra el modelo de inventario propuesto por McDougall et ál. (2001) a partir de los inventarios de material virgen y reciclado de BUWAL250 (1998) para las fracciones papel/cartón, vidrio, film, PEAD, metal férrico y no férrico (tabla 18.10).

Tabla 18.10. Inventario para el reciclaje de diferentes fracciones de residuos propuestos por McDougall et ál. (2001).

	Papel	Vidrio	Férrico	Aluminio	Film	PEAD
Energía consumida (GJ)	5,59	3,46	18,59	174,56	15,42	25,63
Emisiones al aire (g)						
Partículas	-602	784	280	21065		
CO	-89	975	14170	61377		
CO_2	-199.000	88.600	1.880.000	7.237.000		
Metano	-475	60	8880	15853		
NO_x	-330	-1380	2830	15107		1842
N_2O	-11,07	0,46	5,05	39,69		320
SO_x	2.320	2.242	3.500	53.080	1.020.100	1.706.675
HCl	-15,57	58,5	-43,6	678,3		
HF	-1,78	-15,2	-3,8	60,5	5610	9.011
H_2S	-3,71		9,9			-51,1
Amonio	-93,878	8,95	0,16	13,235	-4.870	3.998
As		61,79				
Cd (ión)	-0,00082		0,101	0,259		0,99
Cr		0,0028	-0,05			
Cu			-0,27			
Pb	-0,0151	-47,2	-4,88	1,0017		
Hg	-0,00347	-0,00028	-0,004	0,0986		
Ni	-0,134	0,0945	1,55	8,165		
Zn	-0,0634	0,103	0,1	2,120		
Emisiones al agua (g)						

CONTINUACIÓN

	Papel	Vidrio	Férrico	Aluminio	Film	PEAD
DBO$_5$						
DQO	-330	0,196		3,2793		
Sólidos en	47660	4,23	5	81,53		-2.265
suspensión	-3.030	6.964	220	4580		-4.420
Materia orgánica total	-29,39,9	-12,225	23	630		
AOX	482,8	0,0071	0,5187	0,2114		
Hidrocarburos	-0,00249	0,00123	-0,489	0,05576		-24,145
clorados	-0,361	0,28	0,57	8,792		
Fenoles	-50,5	7,6	1635	2385,9		1,35
Al	-15,04	31,9	5,36	74,61		
Amonio (ión)	-0,0959	0,0204	3,28	4,831		
As	-9,77	6,2	141,6	341,71		0,11
Ba	-0,00576	0,0771	0,0832	0,19226		
Cd	-15.860	91.490	16,46	50.090		-0,034
Cloruros	-0,486	0,111	7,9	24,243		702,1
Cr	-0,2337	0,0512	0,0236	11,931		0,77
Cu	1339,98	0,009	223	0,279		-1,8
CN			8,09	2,71		
Fluoruros	-40,9	9,45		844		
Fe	-0,393	0,3529	7,96	13,174		
Pb	-0,000145	-0,000199	16,55	0,004026		0,5
Hg	-0,2401	0,051	9700	12,126		-0,0043
Ni	-835,93	1,46		89,61		0,31
Nitrato	-23,12	0,6	-0,95	141,8		8,94
Fosfatos	-8.164	293	98,1	16889		
Sulfatos	-0,0754	0,063	5.980	1,9083		-0,11
Sulfuros	-0,494	0,114	0,13	24,447		
Zn						
Residuo sólido generado (kg)	-197,76	29,03	56,8	985,7	-92,2	-184,1

Compostaje

La figura 18.12 muestra los límites, entradas y salidas que suelen establecerse para el tratamiento de compostaje de la fracción orgánica recuperada/recogida. Como carga evitada, se considera la cantidad equivalente de fertilizante químico que se reemplaza por el compost producido.

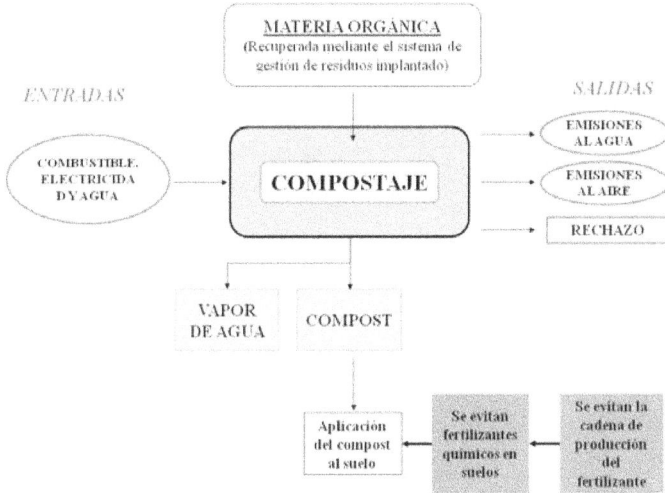

Figura 18.12. Límites, entradas, salidas y carga evitada del tratamiento de compostaje.

La tabla 18.11 detalla los datos de inventario para el proceso de compostaje. El cálculo de la carga evitada asume que 1 tonelada de compost (húmedo) posee un contenido de N, P_2O_5 y K_2O de 0,71, 0,41 y 0,54%, respectivamente.

Tabla 18.11. Datos de inventario propuestos por McDougall et ál. (2001) para el compostaje.

Consumo energético	30 kWh
Producción de compost	500 kg/ton mat. orgánica
Emisiones al aire (g): CO_2	320.000
Emisiones al agua (g): DBO_5 DQO Amonio	81 137 14

Biogasificación

En la figura 18.13 se resumen los límites, entradas y salidas generalmente consideradas en el inventario del tratamiento de biogasificación de la fracción orgánica. Como carga evitada se considerará, además del fertilizante químico que sustituye al compost generado, el combustible sustituido por el biogás valorizado.

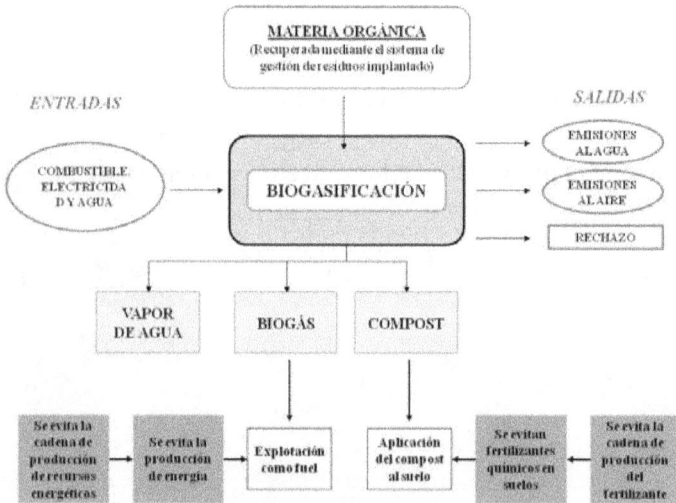

Figura 18.13. Límites, entradas, salidas y carga evitada del tratamiento de biogasificación.

La tabla 18.12 detalla los datos de inventario para el proceso de biogasificación.

Tabla 18.12. Datos de inventario propuestos por McDougall et ál. (2001) para la biogasificación.

Consumo energético	50 kWh
Producción de compost	300 kg/ton mat. orgánica
Producción de energía	190 kWh
Emisiones al aire (g):	
CO_2	440.000
NO_x	10
SO_x	2,5
HCl	0,011
HF	$2,1 E^{-3}$
H_2S	$3,3 E^{-2}$
HC	$2,3 E^{-3}$
HC clorados	$7,3 E^{-4}$
Dioxinas y furanos	$1,0 E^{-8}$
Cadmio	$9,4 E^{-7}$
Cromo	$1,1 E^{-7}$
Plomo	$8,5 E^{-7}$
Mercurio	$6,9 E^{-9}$
Níquel	$1,3 E^{-5}$
Emisiones al agua (g):	
DBO_5	81
DQO	137
Amonio	14

- Incineración. La figura 18.14 muestra los límites, entradas y salidas que suelen establecerse en el inventario del proceso de incineración de residuos con recuperación energética. Como carga evitada se considera la energía procedente de la recuperación del calor que se produce en la combustión. Según el modelo de ICV propuesto por McDougall et ál. (2001), por cada kilo de residuo sólido urbano que se incinera se extraen de media 7 MJ (carga evitada). Sin embargo, el proceso de incineración requiere de un consumo energético de 70 kWh y 0,23 m³ de gas natural, por cada tonelada de residuo incinerada.

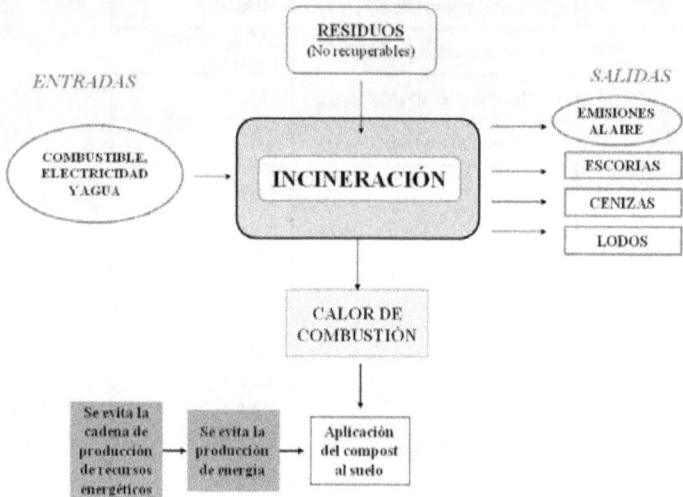

Figura 18.14. Límites, entradas, salidas y carga evitada del tratamiento de incineración con recuperación energética.

Vertedero

La figura 18.15 muestra los límites establecidos para el vertido de los residuos con y sin recuperación energética, así como las entradas y salidas que deberán tenerse en cuenta.

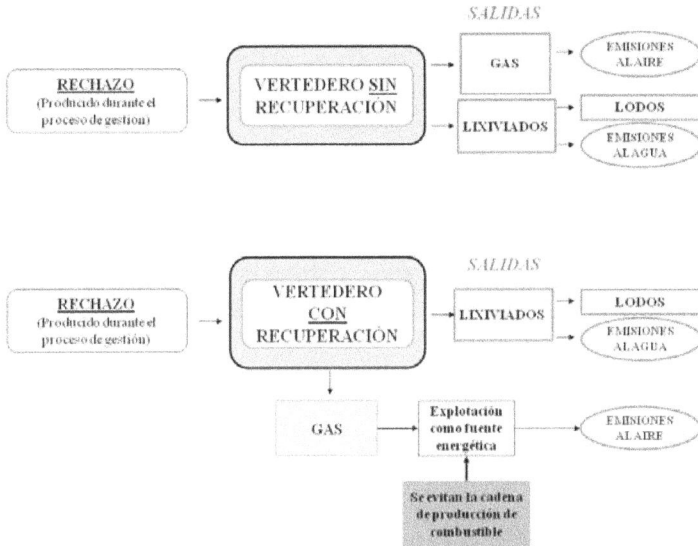

Figura 18.15. Límites del sistema para el vertido con y sin recuperación energética.

Tal y como muestra la tabla 18.13, la generación de gas y lixiviado depende de la fracción de residuo depositada en vertedero.

Tabla 18.13. Generación de gas y lixiviados según fracción depositada en vertedero.

Producto generado	Fracción en vertedero						
	Papel	Vidrio	Metal	Plástico	Textil	Orgánico	Compost
Gas (N m³/ton vertida)	250	0	0	0	250	250	100
Lixiviados (m³/ ton vertida)	0,15	0,15	0,15	0,15	0,15	0,15	0,15

Fuente: McDougall et ál., 2001.

Los lixiviados se producen a consecuencia de dos fuentes principales: la descomposición de los residuos biodegradables, los cuales contienen humedad, y las aguas de escorrentía. La tabla

18.14 muestra la composición del lixiviado dependiendo de la naturaleza del residuo.

Tabla 18.14. Lixiviado generado por la materia biodegradable y no biodegradable.

Materia biodegradable		Materia no biodegradable	
Emisiones agua (g/m³ de lixiviado generado)		Emisiones agua (g/m³ de lixiviado generado)	
		DBO_5	
DBO_5	3.167	DQO	0
DQO	6.000	Sólidos en suspensión	0
Sólidos en suspensión	100		100
Sustancias orgánicas	2	Sustancias orgánicas	2
AOX	2	AOX	2
Hidrocarburos clorados	1,03	Hidrocarburos clorados	1,03
Dioxinas	3,2E-7		3,2E-7
Fenoles	0,38	Dioxinas	0,38
Amonio (ión)	210	Fenoles	210
Metales	96,1	Amonio (ión)	96,1
As (ión)	0,014	Metales	0,014
Cd (ión)	0,014	As (ión)	0,014
Cr	0,06	Cd (ión)	0,06
Cu (ión)	0,054	Cr	0,054
Fe	95	Cu (ión)	95
Pb	0,063	Fe	0,063
Hg	0,0006	Pb	0,0006
Ni (ión)	0,17	Hg	0,17
Zn	0,68	Ni (ión)	0,68
Cloruros	590	Zn	590
Fluoruros	0,39	Cloruros	0,39
		Fluoruros	

Fuente: McDougall et ál., 2001.

Durante el proceso de descomposición de los residuos en el vertedero, se genera biogás, que puede ser recuperado energéticamente. Para llevar a cabo dicha recuperación, el primer paso es la captación del gas. Según especifica el modelo de

ICV de McDougall et ál. (2001), se recoge el 55% del biogás generado, y se obtiene 1,5 kWh por cada metro cúbico de gas recuperado. En la tabla 18.15 se muestran las emisiones al aire producidas a consecuencia de la emanación directa del gas o de la combustión de este para su valorización.

Tabla 18.15. Emisiones atmosféricas generadas con y sin recuperación energética.

Vertido sin recuperación		Vertido con recuperación	
Emisiones aire (mg/m³ de gas generado)		Emisiones aire (mg/m³ de gas generado)	
		Partículas	4,3
		CO	800
CO	12,5	CO_2	1.964.290
CO_2	883.930	Metano	0
Metano	392.860	NO_x	100
HCl	65	SO_x	25
HF	13	HCl	12
H_2S	200	HF	0,021
Hidrocarburos	2.000	H_2S	0,33
Hidrocarburos clorados	35	Hidrocarburos	60
Cd (ión)	$5,6E^{-3}$	Hidrocarburos clorados	10
Cr	$6,6E^{-3}$	Dioxinas	$8,0E^{-7}$
Pb	$5,1E^{-3}$	Cd (ión)	$9,4E^{-6}$
Hg	$4,1E^{-5}$	Cr	$1,1E^{-6}$
Zn	$7,5E^{-2}$	Pb	$8,5E^{-6}$
		Hg	$6,9E^{-8}$
		Zn	$1,3E^{-4}$

Fuente: McDougall et ál., 2001.

EVALUACIÓN DEL IMPACTO

Con el fin de facilitar el manejo de los datos de inventario y su relación con las categorías de impacto y sus factores de caracterización, conviene utilizar una hoja de cálculo o alguno de los programas informáticos descritos en el próximo apartado.

Siguiendo la metodología propuesta por la norma ISO 14040-44 (2006), se obtendrán indicadores ambientales para las diferentes categorías de impacto que se deseen analizar (ver tabla 18.3) y, opcionalmente, indicadores ambientales globales mediante la aplicación de un método de evaluación del impacto.

Es importante señalar que a la carga evitada, es decir, el ahorro como consecuencia de la reducción del uso de material virgen, la producción de energía o la no producción de fertilizantes químicos, se le asignan valores de impacto negativos.

INTERPRETACIÓN DE LOS RESULTADOS

En esta fase se analizan los resultados obtenidos en la etapa de EICV para que adquieran forma de conclusiones y recomendaciones para la toma de decisiones, de acuerdo con los objetivos y el alcance del estudio.

HERRAMIENTAS INFORMÁTICAS DE ACV

Existe en el mercado una amplia variedad de herramientas informáticas que facilitan la aplicación de la metodología de ACV. La tabla 18.16 muestra algunos ejemplos de las más utilizadas para realizar evaluaciones de ACV de productos o procesos.

Tabla 18.16. Ejemplo de softwares de ACV aplicables
a productos/procesos.

Software	Referencia
SimaPro	<http://www.pre.nl/simapro
Umberto	<http://www.umberto.de
GaBi	<http://www.gabi-software.com
TEAM	<http://www.ecobalance.com
KLC-ECO	<http://www.klc.fi/eco

Sin embargo, en los últimos años se han desarrollado algunas herramientas específicas de ACV para el ámbito de la gestión de los residuos, que incluyen datos de inventarios que cubren las etapas del ciclo de vida de estos sistemas, tal y como se han descrito anteriormente:

LCA-IWM (LCA Integrated Waste Management)

El modelo LCA-IWM (den Boer et ál., 2005) ha sido desarrollado por la Universidad Darmstadt de Tecnología de Hessen (Alemania), mediante el apoyo de la Comisión Europea. Este modelo permite al usuario evaluar, comparar y mejorar la sostenibilidad medioambiental, económica y social del sistema de gestión de residuos de una ciudad o región. Es un *software* libre y su ámbito de aplicación es europeo.

Su funcionamiento es sencillo, y está basado en la cumplimentación de una serie de cuadros de diálogo organizados en ventanas y pestañas. En la pantalla principal, el usuario dispone de un diagrama que muestra las características del escenario de gestión de residuos que se está definiendo (figura 18.16).

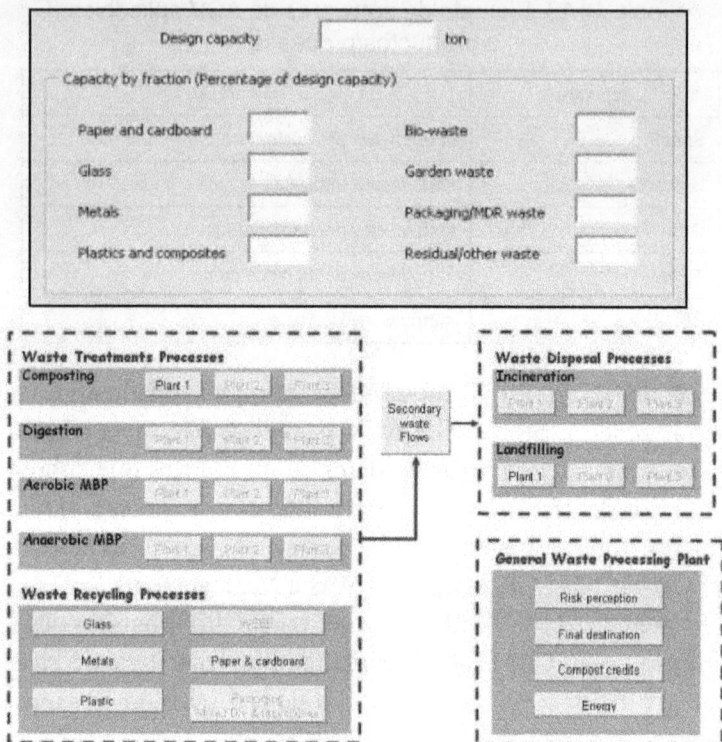

Figura 18.16. Cuadro de diálogo y diagrama de pantalla principal del software LCA-IWM.

IWMMM (*Integrated Waste Management Model for Municipalities*)

La herramienta IWMMM (Cirko et ál., 2000) ha sido desarrollada por la Universidad de Waterloo (Canadá) con el apoyo de CSR/EPIC (*Corporations Supporting Recycling and the Environmental and Plastics Industry Council*) y está disponible de forma libre desde el año 2000. Su ámbito de aplicación son municipios canadienses, por lo que los datos de inventario pueden no ser del todo aplicables a entornos distintos.

Su funcionamiento está basado en la cumplimentación de cuadros de diálogo para cada una de las etapas del ciclo de vida de la gestión de los residuos (figura 18.17). Considera el aspecto ambiental y económico.

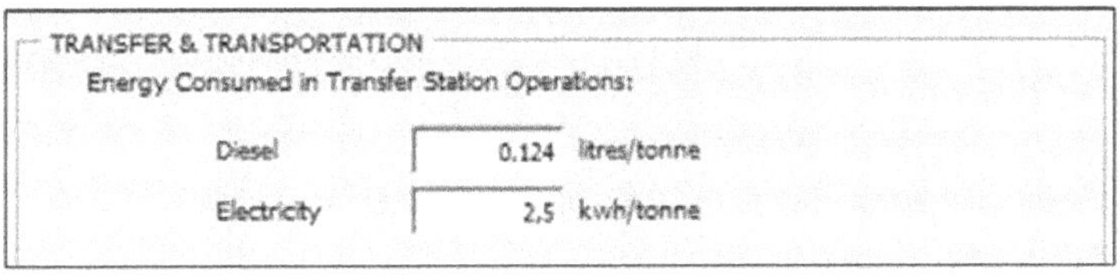

Figura 18.17 Cuadro de diálogo del software IWMMM.

WARM (WAste Reduction Model)

La herramienta WARM (EPA, 2006) desarrollada por la Agencia de Protección al Ambiente (USEPA) es una herramienta libre, más sencilla que las anteriores, que se encuentra disponible desde el año 2006. Su objetivo principal es ayudar a los técnicos encargados de la gestión de residuos a detectar e informar sobre las reducciones de emisiones de gases de efecto invernadero que la puesta en práctica de diversos sistemas de gestión de residuos producen, por lo que únicamente incluye el indicador correspondiente a la categoría de impacto de efecto invernadero. No considera factores sociales ni económicos.

El funcionamiento de WARM consiste en la cumplimentación de una serie de tablas presentadas en entorno Excel Microsoft®, en las que deben incluirse las cantidades generadas actuales y previstas para cada una de las fracciones consideradas, además de los tratamientos posteriores a realizar sobre cada una de estas fracciones (figura 18.18). Resulta de interés destacar la gran cantidad de fracciones de residuos que incluye (más de cuarenta).

Material	Tons Generated	Tons Recycled	Tons Landfilled	Tons Combusted	Tons Composted
Aluminum Cans					NA
Steel Cans					NA
Copper Wire					NA
Glass					NA
HDPE					NA

Figura 18.18. Introducción de datos en WARM.

Puede considerarse WARM como una herramienta útil para la realización de estudios simples o previos a estudios más complejos, que requieran resultados inmediatos, en relación con la mejora medioambiental que supondrá la reducción de las cantidades generadas de determinadas fracciones de residuos.

ORWARE (ORganic WAste REsearch)

ORWARE (Dalemo et ál., 1997) ha sido desarrollada por la Agencia Sueca Nacional para el Desarrollo Industrial y Técnico, y está disponible desde el año 2000. Está implementado en Matlab con Simulink, por lo que, a pesar de ser una herramienta libre, requiere disponer de licencia para Matlab. Es recomendable tener conocimientos de programación y álgebra para su utilización.

En un principio, ORWARE estaba enfocado a aspectos ambientales del tratamiento de residuos biodegradables (lo cual justifica la elección del nombre). En la actualidad incluye todo tipo de residuos sólidos municipales, junto con una destacable variedad de tratamientos para estos.

IWM-2 (Integrated Waste Management Versión 2)

IWM-2 es una herramienta comercial que incluye un modelo de Inventario de Ciclo de Vida para Gestión Integral de Residuos Urbanos desarrollado por Procter & Gamble®. Una primera versión de esta herramienta se publicó en White et ál. (1995), mientras que la segunda, que actualiza algunos datos de inventarios y mejora el entorno con el usuario, se publicó por McDougall et ál. (2001).

Sus aplicaciones son optimizar el funcionamiento de escenarios de gestión de residuos, así como comparar el rendimiento de diferentes sistemas de gestión de residuos. Su principal objetivo será predecir con la mayor precisión posible las cargas ambientales y los costes económicos de sistemas específicos de gestión de residuos.

Esta herramienta es de fácil utilización, también está basada en la cumplimentación de información en sucesivos cuadros de diálogo (figura 18.19), e incluye además diagramas y tablas resumen que facilitan al usuario la comprensión del escenario estudiado. Resulta destacable también que IWM-2 permite definir los tratamientos de residuos con gran nivel de detalle, incluyendo variables que otros modelos no consideran (como la cantidad de impropios de las fracciones reciclables).

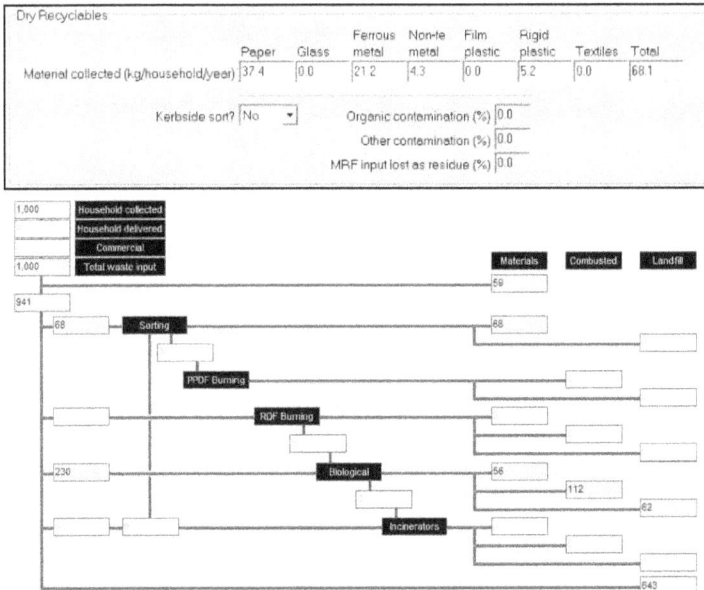

Figura 18.19. Cuadro de diálogo y diagrama resumen de la herramienta IWM-2.

WISARD (Waste Integrated Systems for Assessment of Recovery and Disposal)

WISARD (1999) es una herramienta informática comercial de análisis de ciclo de vida aplicado a la gestión de los residuos urbanos desarrollado por Ecobilan, disponible desde el año 1999. Su objetivo principal es ayudar a los encargados de la toma de decisiones en materia ambiental a evaluar escenarios alternativos de gestión de residuos.

El funcionamiento de esta herramienta, que dispone de una interfaz amigable para el usuario, está basado también en la cumplimentación de cuadros de diálogo organizados en pestañas, dentro del mismo menú común. Es destacable en WISARD la elaboración automática de un diagrama que representa mediante iconos el escenario de gestión de residuos definido, que facilita la comprensión de este al usuario (figura 18.20).

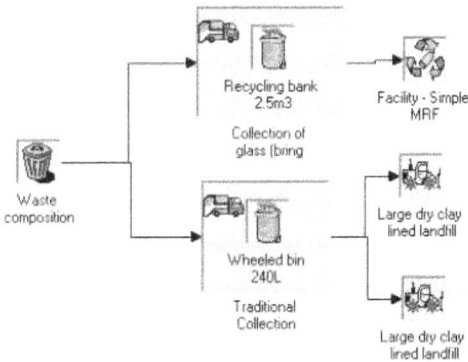

Figura 18.20. Cuadro de diálogo y diagrama de escenario de WISARD.

El usuario de WISARD debe prestar especial atención a la hora de definir los flujos de residuos del sistema, ya que toda cantidad de residuos generada en el sistema debe tener asociada un tratamiento específico posterior.

EASEWASTE (Environmental Assessment of Solid Waste Systems and Technologies)

EASEWASTE (Kirkeby et ál., 2005) es una herramienta desarrollada por la Universidad Técnica de Dinamarca (Technical University of Denmark DTU, por sus siglas en inglés), cuya principal finalidad es evaluar el consumo global y los impactos ambientales de sistemas de gestión de residuos municipales, haciendo uso de técnicas de análisis de ciclo de vida. Al igual que IWM-2, esta herramienta permite definir los escenarios de gestión de residuos con un alto nivel de detalle, lo que favorece la obtención de resultados robustos y fiables.

WRATE (Waste and Resources Assessment Tool for the Environment)

La herramienta WRATE (Brown, 2007) ha sido desarrollada por la Agencia Ambiental de la Gran Bretaña, y está disponible desde el año 2007. Ha sido diseñada para ser utilizada por gestores de residuos, y produce información acerca de aspectos medioambientales de sistemas de gestión de residuos municipales.

WRATE demanda al usuario la definición de un escenario base, a partir de información como la población de la localidad, el número de viviendas, el perfil energético de la región, la composición de los residuos, los tipos de recogida, transporte, tratamientos, etc. A partir de aquí, el usuario desarrollará una serie de escenarios alrededor del escenario base con diferentes niveles de reciclado o tratamientos de residuos. Para la comprensión de la definición de estos escenarios, WRATE incorpora un completo diagrama resumen, como el mostrado en la figura 18.21.

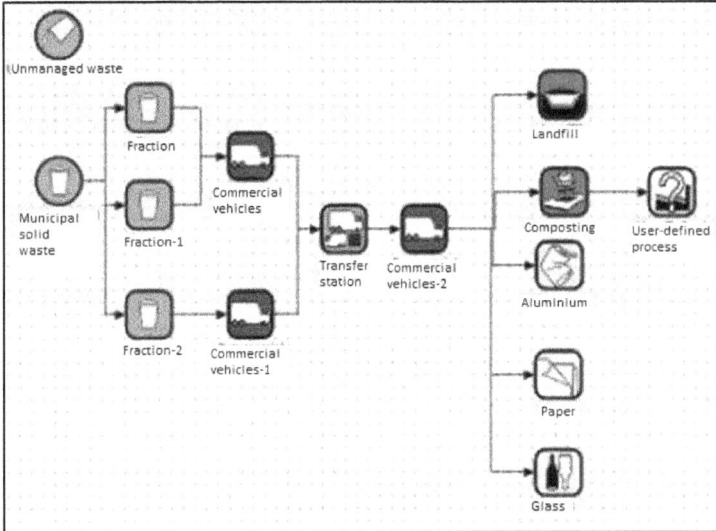

Figura 18.21. Diagrama de escenario de WRATE.

MSW-DST *(Municipal Solid Waste Decision Suport Tool)*

La herramienta MSW-DST (Weitz et ál., 2000) ha sido desarrollada por RTI International para la EPA, y está disponible desde el año 1999.

A modo de resumen, las tablas 18.17 y 18.18 muestran la comparativa entre las herramientas descritas anteriormente en cuanto a país, precio, indicadores que incluyen y categorías de impacto consideradas en el estudio de ACV (indicadores ambientales), etcétera.

Tabla 18.17. Características generales de software
de evaluación del impacto.

Software	Desarrollador	País	Año última versión	Precio	Indicador Ambiental	Indicador Económico	Indicador Social
IWM-2	Procter & Gamble	EE.UU.	2004	~200 € (1)	P	P	
IWMMM	University of Waterloo	Canadá	2004	Gratuito (2)	P	P	
WARM	Environmental Protection Agency (EPA)	EE.UU.	2009	Gratuito (3)	P		
LCA-IWM	Darmstadt University of Technology	Alemania	2005	Gratuito (4)	P	P	P
WISARD	Ecobilan	UK	2008	n/d	P	P	
EASEWASTE	Technical University of Denmark	Dinamarca	2008	Gratuito (5)	P		
MSW-DST	RTI International	EE.UU.	1999	n/d	P	P	
WRATE	Environmental Agency	UK	2008	3.220 € (6)	P		
ORWARE	Swedish National Board for Industrial and Technical Development	Suecia	2000	Gratuito (7)	P	P	

(1) Precio del libro *Gestión integral de residuos: Inventario de ciclo de vida* (McDougall et ál., 2001).

(2) Descargable desde <http://www.iwm-model.uwaterloo.ca/.

(3) Descargable desde <http://www.epa.gov/climatechange/wycd/ waste/calculators/Warm_home.html.

(4) Descargable desde <http://www.iwar.bauing.tu-darmstadt.de/abft/ Lcaiwm/Main.htm.

(5) *Software* gratuito al realizar el curso de entrenamiento (no gratuito). Más información en <http://www.easewaste.dk/.

(6) Precio licencia estándar (2 años) <http://www.environment-agency. gov.uk/research/commercial/102922.aspx.

(7) *Software* gratuito poniéndose en contacto con los desarrolladores. <http://www.ima.kth.se/im/orware/English/index.htm.

Tabla 18.18. Categorías de impacto incluidas en software de evaluación.

Software	Efecto invernadero	Acidifiación	Eutrofización	Smog fotoquímico	Agotamiento biótico	Reducción de la capa de ozono	Toxicidad humana
Iwm-2	P						
IWMMM	P	P		P			
WARM	P						
LCA-IWM	P	P	P	P	P	P	P
WISARD	P	P	P		P		
EASEWASTE	P	P	P			P	P
WRATE	P	P	P		P		P
ORWARE	P	P	P	P			

Caso práctico: ACV aplicado a la gestión de RSU

El objetivo del estudio es comparar el comportamiento ambiental de cuatro alternativas de sistemas de gestión de residuos con el fin de:

Analizar la influencia que cada escenario tiene sobre cinco categorías de impacto: acidificación, eutrofización, calentamiento global, reducción de la capa de ozono y oxidación fotoquímica.

Identificar el escenario con mejor comportamiento ambiental.

Identificar las variables que permiten mejorar el comportamiento ambiental del sistema.

La unidad funcional considerada ha sido la gestión de 1 tonelada de residuo con la composición que se detalla en la tabla 18.19.

Tabla 18.19. Composición del residuo.

Fracción	Composición (%)
Materia orgánica	57
Papel-cartón	15
Plástico	10
Vidrio	7
Metal	4
Textil	4
Otros	3

Los límites del sistema corresponden a los representados en la figura 18.10.Quedan fuera del alcance de este estudio las infraestructuras necesarias para el desarrollo de cada etapa.

La figura 18.22 muestra las principales características del sistema objeto de estudio. En área de aportación se recogen las fracciones papel/cartón, envase ligero (plástico, tetra brick y metal) y vidrio, que tras pasar por plantas de pretratamiento se llevan a reciclar. A nivel de acera se recoge la fracción resto, que tras pasar por una planta de recuperación de material se llevan a reciclador las fracciones de papel/cartón, plástico y metal recuperadas, a compostar la fracción orgánica recuperada, y a vertedero la restante.

Como alternativas de tratamiento que combinadas definen los cuatro escenarios, se han considerado:

Tratamiento biológico de la fracción orgánica recuperada: compostaje *vs.* biometanización.

Disposición final de los residuos: vertedero con y sin recuperación energética.

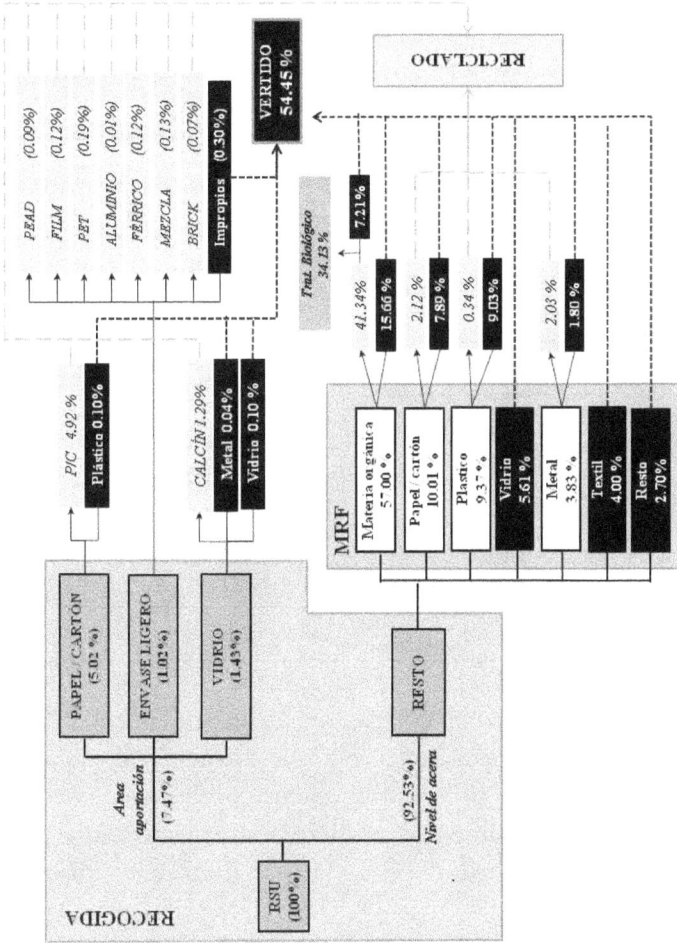

Figura 18.22. Sistema de gestión de residuos urbanos analizado.

Considerando los datos definidos anteriormente para la etapa de inventario del ciclo de vida, la tabla 18.20 indica los aspectos que se han incluido en la elaboración del inventario de cada uno de los escenarios propuestos.

Tabla 18.20. Datos de inventario considerados en cada uno de los escenarios propuestos.

		Escenarios			
Etapas		1Aa	1Ab	1Ba	1Bb
Prerrecogida	Bolsas y contenedores	P	P	P	P
Recogida y transporte	Recogida y transporte	P	P	P	P
Clasificación	Plantas de pretratamiento	P	P	P	P
Reciclaje	Reciclaje	P	P	P	P
Tratamiento biológico	Compostaje (A)	P	P		
	Biometanización (B)			P	P
Vertedero	Sin recuperación energética (a)	P		P	
	Con recuperación energética (b)		P		P

Una vez definido el inventario, se han aplicado la clasificación y los factores de caracterización que define el método CML 2000 (Guinee, 2000) para la obtención de indicadores para las categorías de impacto acidificación, eutrofización, calentamiento global, reducción de la capa de ozono y oxidación fotoquímica.

La figura 18.23 muestra los resultados obtenidos. La primera columna representa la contribución al impacto de cada una de las etapas en que se ha dividido el ciclo de vida del sistema de gestión, para cada categoría de impacto considerada. La segunda columna muestra la contribución neta que cada escenario aporta a cada una de las categorías analizadas.

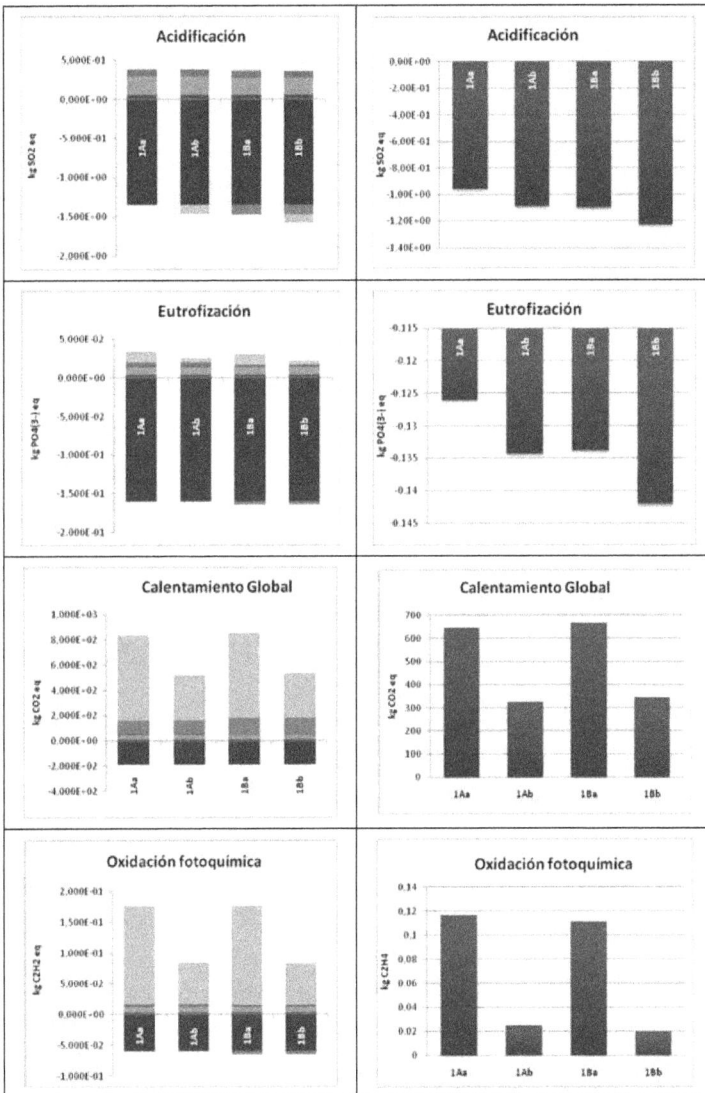

Figura 18.23.Contribución de cada etapa del ciclo de vida de la gestión de los residuos y contribución neta de cada escenario a cada categoría de impacto.

A continuación, en la figura 18.24 se exponen los resultados obtenidos a partir de los métodos opcionales EPS2000 y Eco-indicador `99.

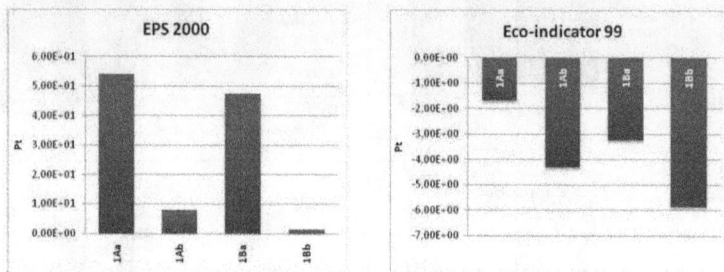

Figura 18.24.Contribución de cada etapa del ciclo de vida de la gestión de los residuos y contribución neta de cada escenario a cada categoría de impacto.

Analizando los resultados mostrados en la figura 18.23 en cuanto a la contribución al impacto por proceso unitario, puede concluirse que:

El combustible consumido durante las etapas de recogida y transporte, y clasificación del residuo, domina la contribución al impacto en prácticamente todas las categorías analizadas.

El reciclaje permite evitar carga contaminante para todas las categorías de impacto, ya que evita el consumo de material virgen.

La contribución del vertido depende de si este se efectúa con o sin recuperación energética. En las categorías de impacto de calentamiento global y oxidación fotoquímica se observa cómo la incorporación de la recuperación de energía en el vertido reduce en un 50% el impacto causado por el vertido sin recuperación.

Por último, hay que señalar la ligera mejora que ofrece la biometanización frente al compostaje.

Analizando los resultados obtenidos tanto por categoría de impacto como con los métodos EPS2000 y Eco-indicador `99 (figura 18.24), se observa que el escenario 1Bb es claramente el escenario óptimo (únicamente para el calentamiento global, el 1Ab tiene una contribución ligeramente inferior). Dicho escenario combina la biometanización y el vertido con recuperación energética.

REFERENCIAS BIBLIOGRÁFICAS

Bare, J.C., Norris, G.A., Pennington, D.W., McKone, T., 2003. "TRACI The tool for the reduction and assessment of chemical and other environmental impacts". *Journal of Industrial Ecology* 6(3-4):49-78.

Bjorklund, A., Johansson, J., Nilsson, M., Eldh, P., Finnveden, G., 2003.*Environmental assessment of a waste incineration tax: Case study and evaluation of a framework for strategic environmental assessment*, Fms, Environmental Strategies Research Group, reporte 184, Stockholm, Suecia.

Lewisham Council, 2007.*Waste resources assessment toolkit for the environment* [en línea]. Entec U.K. Brown A. <http://www. lewisham.gov.uk/NR/rdonlyres/8EE5785A-0C78-4185-B19A-C8654E84F9FA/ 0/Item6appendix2b19 November2008.pdf>. (Última consulta: 3 de noviembre de 2010).

BUWAL 250, 1998.*Life cycle inventory for packagings: Volume I and II. Environmental Series No.250/I and II,* Swiss Agency for the Environment, Forest and Landscape (SAEFL), Berne, Suiza.

Cirko, C., Edgecombe, F.H., Gagnon, M., Perry, G., Haight, M.E., Jackson, D., Love G., Kelleher, M., Massicotte, S., Schubert, J., South, G., Veiga, P., 2000. *EPIC/CSR Integrated solid waste management tools: project report,* University of Waterloo, Canadá.

Dalemo, M., Sonesson, U., Björklund, A., Mingarini, K., Frostell, B., Jönsson, H., Nybrant, T., Sundqvist, J.O., Thyselius, L., 1997. "ORWARE—a simulation model for organic waste handling systems: part 1: model description". *Resources, Conservation and Recycling* 21:39-54.

den Boer, E., den Boer, J., Jager, J., 2005. *Waste management planning and optimization,* Ibidem-Verlag Ed., Stuttgart, Alemania.

EPA (Environmental Protection Agency), 2006. *Solid waste management and greenhouse gases: a life cycle assessment of emissions and sinks.* EE.UU.

Finnveden, G., Johansson, J., Lind, P., Moberg, A., 2000. *Life cycle assessment of energy from solid waste,* Fms, Environmental Strategies Research Group, reporte 137, Stockholm, Suecia.

Frischknecht R., Steiner R., Braunschweig A., Egli N., Hildesheimer G., 2006. *Swiss ecological scarcity method: the new version 2006,* ESU-Services Ed., Suiza.

Goedkoop, M., 1995.*The ecoindicator'95: final report,* Pré Consultants BV Ed., Amersfoort, Países Bajos.

Goedkoop M., Spriensma, R., 2000. *The ecoindicator'99: a damage oriented method for life cycle impact assessment: methodology report,* Pré Consultants BV Ed., Amersfoort, Países Bajos.

Guinee J., 2002. *Handbook on life cycle assessment: an operational guide to the ISO standards,* Kluwer Academic Publishers Ed.

Hauschild, M.Z., Potting, J., 2004.*Spatial differentiation in life cycle impact assessment: the EDIP-2003 methodology. Guidelines from the Danish EPA,* Danish Environmental Protection Agency Ed., Copenhague.

ISO 14040, 2006.*Environmental management. Life cycle assessment. Principles and framework.*

ISO 14044, 2006.*Environmental management. Life cycle assessment. Requirements and guidelines.*

ISO/TR 14048, 2002.*Environmental management.Life cycle assessment. Data documentation format.*

Itsubo, N., Sakagami, M., Washida, T., Kokubu, K.,Inaba, A., 2004 "Weighting Across Safeguard Subjects for LCIA through the Application of Conjoint Analysis". *International Journal of Life Cycle Assessment* 9(3):196-205.

Jolliet, O., Margni, M., Charles, R., Humbert, S., Payet, J., Rebitzer, G., Rosenbaum, R., 2003. "IMPACT 2002+: a new life cycle impact assessment methodology". *International Journal of Life Cycle Assessment* 8(6):324-330.

Kirkeby, J.T., Hansen, T.L., Birgisdóttir, H., Bhander, G.S., Hauschild, M.Z., Christensen, T.H., 2005. "Environmental assessment of solid waste systems and technologies: EASEWASTE". *Waste Management and Research* 24:3-15.

McDougall F., White P., Franke M., Hindle P., 2001. *Integrated solid waste management: a life cycle inventory,* Blackell Science Ltd. Ed.

Steen, B., 1999a. *A systematic approach to environmental priority strategies in product development (EPS).Version 2000. General system characteristics. CPM report 1999:4,* Chalmers University of Technology Ed., Göteborg, Suecia.

Steen, B., 1999b. A systematic approach to environmental strategies in product development (EPS).Version 2000. Models and data of the default methods. CPM report 1999:5, Chalmers University of Technology Ed., Göteborg, Suecia.

Weitz K., Nishtala S., Thomeloe S., 2000. *Towards sustainable waste management using a life-cycle management decision support tool.* Proceedings of the WASTECON 2000, Cincinnati, Ohio, EE.UU.

White P.R., Franke M., Hindle P., 1995. *Integrated solid waste management: a life cycle inventory,* Blackie Academic & Professional Ed., Londres.

WISARD, 1999.*Waste integrated systems assessment for recovery and disposal,* Ecobilan Ed., París.

19. Aplicación de los sistemas de información geográfica (SIG) a la gestión de residuos: Diseño de una herramienta para la recogida selectiva

A. Gallardo Izquierdo, D. Bernad Beltrán
INGRES, Ingeniería de Residuos. Departamento de Ingeniería
Mecánica y Construcción.
UniversitatJaume I, España
gallardo@emc.uji.es

Introducción

La eficiencia a la hora de realizar la recogida selectiva de residuos urbanos (RSRU) de una localidad es uno de los principales retos a los que se enfrentan los ayuntamientos en la actualidad. El continuo aumento de generación de residuos urbanos (RU), unido a la existencia de normativa relacionada con el tratamiento de estos y el auge de la exigencia ciudadana en materia medioambiental, obliga a la implementación de adecuados modelos de recogida y gestión de residuos.

Tradicionalmente, el diseño de la RSRU se realizaba de manera manual. Partiendo de datos de generación de años anteriores y mediante la utilización de planos de los municipios en formato papel o CAD, se trazaban las rutas y se ubicaban los contenedores. El empleo de este método tiene graves inconvenientes, y se destaca entre ellos el importante esfuerzo que supone implementar de forma manual modelos de recogida selectiva para grandes ciudades. El elevado número de factores a tener cuenta para la estimación de la generación, unido a la dificultad que supone considerar el análisis de un gran número de vías y puntos de recogida, hace del diseño de la RSRU un proceso laborioso y complejo, al que debe dedicarse gran cantidad de tiempo. Dicha dificultad se acentúa al tener que considerar los continuos cambios que se producen en la sociedad (rápido crecimiento de ciertas zonas urbanas, modificación de las tasas de generación, etc.), que afectan significativamente la generación de residuos y, por tanto, la toma de decisión en los modelos de recogida.

En la actualidad, la proliferación de potentes herramientas informáticas como los Sistemas de Información Geográfica (SIG) han permitido simplificar el diseño de la gestión de los RU facilitando la comparación entre las distintas alternativas y escenarios posibles, y reduciendo de manera importante la dificultad y el tiempo necesario para el trazado y análisis de las redes que modelan las vías de circulación de camiones. La utilización de estas herramientas ofrece la posibilidad de obtener modelos de gestión de RU versátiles, así como detectar con facilidad las modificaciones y cambios que estos necesitan, según evolucionan las pautas de comportamiento de la sociedad.

Un SIG, en inglés *Geographic Information Systems*(GIS), se puede definir como una tecnología informática para gestionar y analizar información espacial (Bosque, 1992), o también, como un tipo especializado de base de datos, que se caracteriza por su capacidad de manejar datos geográficos, es decir, espacialmente referenciados, los cuales se pueden representar gráficamente como imágenes (Backen y Wesbter, 1990). Para el diseño de la recogida de RU en una zona geográfica determinada, es imprescindible conocer y relacionar una serie de variables y parámetros espaciales, por lo que la utilización de este tipo de herramientas se hace imprescindible.

Una de las principales ventajas de los SIG es el amplísimo campo de aplicaciones del que dispone. Así pues, en el ámbito de los residuos las posibilidades son también múltiples, dependiendo de los objetivos que se deseen alcanzar o del modelo de datos con el que se trabaje (ráster o vectorial). En 1997 López et ál. (1997) utilizaron el *software* IDRISI™ para desarrollar una herramienta de orientación al vertido en la provincia de Badajoz (España). Su objetivo fue analizar, sobre el nuevo mapa de orientación al vertido obtenido, la ubicación del conjunto de vertederos incontrolados que venían utilizándose en los municipios de la provincia, así como la ubicación de los vertederos creados tras la elaboración del Plan Director de Gestión de Residuos de la Junta de Extremadura (España).

Chang et ál. (2007) aplicaron la tecnología SIG en el diseño de itinerarios de recogida. Integraron un modelo matemático de análisis multiobjetivos en un SIG para la generación de alternativas de recogida en la región de Kaohsiung (Taiwán). Los objetivos propuestos eran minimizar la distancia, los costes y el tiempo de recogida. El paquete utilizado para resolver el modelo multiobjetivos fue LINDO™, que se unió al SIG por medio de un programa en FORTRAN. El SIG utilizado fue ARC/INFO™, que permite integrar una cantidad de datos y mapas (puntos de recogida, número de contenedores, etc.) en unas salidas sencillas que se utilizan en el proceso de decisión.

Por otro lado, Villar (2002) diseñó la herramienta informática SIGEMA™ (Sistema de Información de Gestión Medio Ambiental). Su objetivo es apoyar a la gestión de inventarios y operaciones de mantenimiento en el ámbito de la recogida de RU. Las principales opciones que permite la utilización de la herramienta SIGEMA en relación a los SIG son el trazado y gestión de itinerarios, la elaboración de recorridos de limpieza urbana, el trazado y gestión de redes de agua, así como el inventario y gestión de cubos y contenedores. En esta herramienta se introduce el concepto de "Cartografía Inteligente". Una cartografía tiene inteligencia cuando los elementos que la componen (puntos, líneas o polígonos) no proporcionan únicamente información acerca de su geometría (longitud, perímetro, área), sino que llevan información asociada de mayor complejidad (anchura de ejes, profundidad de puntos, tipo de suelo, etc.).

En 2005 Goicoetxea y Goicoetxea (2005) diseñaron un SIG aplicado a los RU cuyo objetivo era la optimización de las rutas de recogida de residuos en el municipio de Bueu (Pontevedra, España). En este proyecto se buscaba integrar información referente a las rutas y características de la población, para obtenerse así el camino más corto para los camiones de la recogida. El proceso incluía la elaboración de un plan cronológico, que establecía las rutas óptimas según la exigencia de periodicidad indicada por la empresa concesionaria, además de un plan diario, que permitía la posibilidad de introducir puntos de recogida concretos fuera del plan cronológico habitual.

Finalmente en 2006, Bordás et ál. (2006) diseñaron la herramienta LIGRE™ (Localización de Instalaciones de Gestión de Residuos). Esta fue diseñada para generar mapas de orientación para la localización de instalaciones de gestión de residuos y fue desarrollada como una extensión del programa ArcView 3.2™. El principal objetivo de LIGRE es el de facilitar al técnico la tarea de realizar una primera zonificación del territorio, con el propósito de descartar grandes zonas no aptas y obtener una clasificación orientativa de aquellas que sí lo son, mediante la utilización de diversos métodos de decisión multicriterio.

En este capítulo se presenta la metodología seguida y el diseño de una herramienta, llamada DiMReS, que permita modelar adecuadamente la RSRU operando en el entorno de los SIG. El diseño de un modelo de recogida de residuos consiste en la realización de un estudio sobre la generación de RU en una localidad determinada, establecer la ubicación adecuada de los puntos de depósito, trazar los itinerarios de recogida y realizar una estimación del coste económico. Para la elaboración de dicho modelo, se deberán estudiar las distintas posibilidades que existen en el diseño de la RSRU, analizando las alternativas posibles de cada una de sus etapas. La validación de la herramienta se realizará aplicándola a una parte de la ciudad de Castellón.

Sistema integral de recogida selectiva

La recogida selectiva se puede definir como el sistema de recogida diferenciada de materiales que permita la separación en origen de los materiales valorizables contenidos en los residuos. Como ya se ha comentado en el capítulo 3, se puede dar un amplio espectro de alternativas de recogida selectiva.

Por otro lado, la recogida también puede definir como un sistema abierto formado por dos elementos o subsistemas: prerrecogida y recogida (figura 19.1). La primera comprende el procesado de los residuos hasta que son depositados en los puntos de acopio. La segunda, la recogida y el transporte a las estaciones de transferencia o plantas de tratamiento. El entorno que rodea al sistema está formado por un conjunto de factores: sociales, económicos, políticos, medioambientales, etc., que influyen y determinan la elección de las diferentes alternativas que se puedan dar en cada elemento.

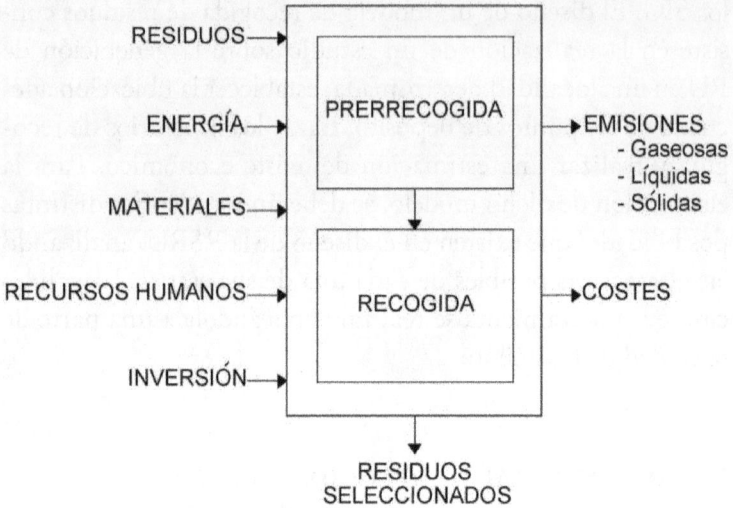

Figura 19.1. Esquema del sistema de recogida de residuos.

La entrada al sistema está constituida por el flujo de residuos y aquellos recursos técnicos, humanos y económicos que permiten su correcto funcionamiento. La salida la constituyen diversas corrientes de materiales seleccionados, un conjunto de emisiones procedentes de los procesos llevados a cabo en cada elemento y unos costes de operación. Sobre la base de este esquema, se ha diseñado el modelo de recogida selectiva empleado en la herramienta informática.

METODOLOGÍA PARA EL DISEÑO DE UNA HERRAMIENTA SIG PARA LA RSRU

En este punto se describe la metodología que se ha seguido para el desarrollo de la herramienta. Se han de abordar cuatro etapas fundamentales (figura 19.2):

- Elección del SIG.
- Elaboración de la red viaria.
- Creación del mapa de generación y composición de residuos.
- La obtención del modelo de recogida selectiva.

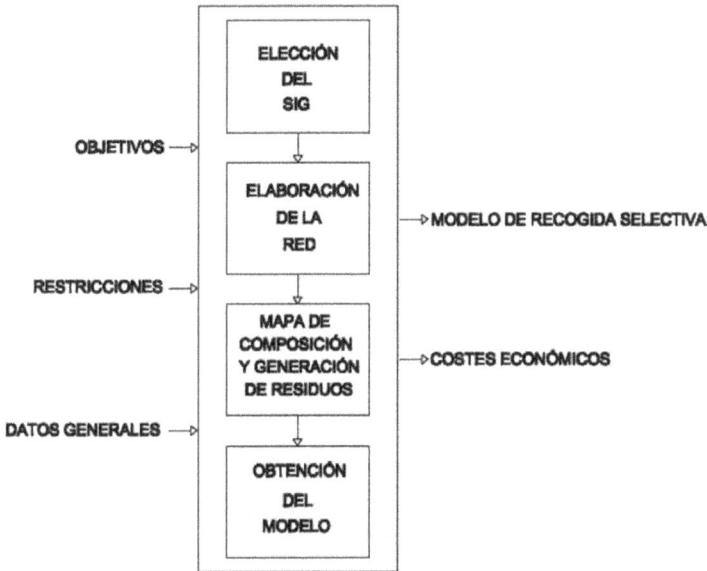

Figura 19.2. Esquema general de la metodología para el diseño de una herramienta SIG.

Los objetivos de diseño son propuestos por el técnico gestor del servicio de recogida y abarcan desde el ahorro en recursos hasta la definición del grado de separación en origen. Las restricciones de diseño son de distinta índole. Por un lado, se encuentran las restricciones asociadas a la normativa aplicable en materia de residuos; por otro lado, las tecnológicas derivadas del *software* disponible en el mercado y las relacionadas con el equipamiento (contenedores y vehículos de recogida). Los datos generales de partida son aquellos asociados a las propiedades de los residuos, niveles de almacenamiento, alternativas en la prerrecogida, generación y composición de residuos, datos económicos, etcétera.

Como resultado de aplicar la herramienta a una ciudad en concreto, se obtiene el diseño de la recogida con todos los recursos necesarios para su implantación y explotación. Esto incluye la estimación de la generación de residuos en cada punto de recogida, número de contenedores por punto, la ubicación adecuada de los puntos, un análisis de las rutas de recogida de dichos puntos y el coste económico. A continuación se describen las cuatro etapas de la metodología.

Elección del SIG

Las características de la herramienta a desarrollar obligan a que el *software* seleccionado cumpla los siguientes requerimientos:

- Representación vectorial.
- Operaciones de edición y dibujo.
- Posibilidad de programación.
- Utilización generalizada.
- Interfaz sencilla.
- Acceso a servidores remotos.
- Facilidad de aprendizaje.
- Resolución de problemas complejos.

Existen infinidad de programas informáticos que operan con SIG, de modo que las posibilidades de realizar un proceso de selección son muchas. Para facilitar dicho proceso, Steiniger y Hay (2009) elaboraron una tabla con las principales funcionalidades de diversos *softwares* que operan con SIG (tabla 19.1).

Tabla 19.1 Funcionalidades del software SIG.

Tarea		GRASS	QGIS	ILWIS	uDig	SAGA	JUMP	MapWindow	gvSIG + SEXTANTE	ArcView
Visualización		Sí	Sí	Sí	Sí	Sí	Sí	Sí	Sí	Sí
Digitalización		Sí	Sí	Sí	Sí	Sí	Sí	Sí	Sí	Sí
Edición		Sí	Sí	Sí	Sí	Sí	Sí	Sí	Sí	Sí
Presentación	Mapas	Sí	Sí	Sí	Sí	Sí	Sí	Sí	Sí	Sí
	Gráficos	No	Sí	Sí	No	Sí	(1)	No	No	Sí
	Tablas	Sí	Sí	Sí	Sí	Sí	Sí	Sí	Sí	Sí
Tipo de Análisis	Ráster	Sí	No	Sí	No	Sí	No	Sí	Sí	Sí
	Vectorial	Sí	Sí	Sí	Sí	Sí	Sí	No	Sí	Sí
	Estadística Espacial	No	No	Sí	No	Sí	No	No	Sí	Sí
Programación		Sí	Sí	Sí	Sí	Sí	Sí	Sí	Sí	Sí
Datos GPS		Sí	Sí (1)	Sí	Sí (1)	Sí	Sí (1)	Sí	Sí	Sí

Fuente: (Steiniger y Hay, 2009). (1) Mediante extensión.

La información proporcionada por la tabla 19.1 indica que existen diversos programas en el mercado que permitirían la adecuada realización la herramienta (ILWIS™, SAGA™, gvSIG+™ SEXTANTE™, ArcView™). El *software* finalmente seleccionado ha sido ArcView 9.2, por ser aquel más ampliamente utilizado en el ámbito de los SIG, lo cual ha facilitado la búsqueda de documentación asociada, investigaciones ya realizadas, tutoriales.

ArcView 9.2™ consiste en un potente conjunto de herramientas GIS que pueden ser empleadas para la manipulación de información geográfica, elaboración de mapas, análisis basados en mapas, etc. Dicho *software* también permite visualizar, explorar y analizar datos, revelando patrones, relaciones y tendencias que no se aprecian a detalle en bases de datos, hojas de cálculo o conjuntos estadísticos. Dispone de herramientas simples de edición y geoprocesamiento. Las principales operaciones que pueden realizarse mediante ArcView son (ESRI, 2006):

- Mapeo interactivo.
- Búsqueda y análisis basados en mapas.
- Uso de herramientas básicas de análisis y geoprocesamiento.
- Edición.

Elaboración de gráficos

ArcView está estructurado alrededor de tres aplicaciones fundamentales: ArcMap, ArcCatalog y ArcToolbox. La utilización combinada de estas tres aplicaciones permite el desarrollo de un amplio rango de tareas SIG.

ArcMap es la aplicación central en ArcView para la visualización y manipulación de información geográfica, es decir, el espacio en el que se elaboran, editan, procesan y analizan los documentos de tipo mapa. Dispone de múltiples barras de herramientas de importante utilidad empleadas para el trabajo con documentos de tipo mapa, además de las habituales herramientas para navegar por la visualización del mapa, como el zoom, rastreo, etcétera. .

La aplicación ArcCatalog sirve para la gestión de la información geográfica. Mediante ArcCatalog resulta sencillo e intuitivo organizar y clasificar la información geográfica, así como observar de manera directa en qué parte del disco están almacenados los distintos archivos.

A la hora de trabajar con mapas, muchas de las actividades que se deben realizar envuelven operaciones de geoprocesamiento. Las herramientas de geoprocesamiento están agrupadas en una paleta de trabajo llamada ArcToolBox, organizada en *toolboxes* (cajas de herramientas) y *toolsets* (grupos de herramientas), de forma que todas las que realizan procesos similares se encuentran juntas. El manejo de SIG implica la utilización de múltiples herramientas de geoprocesamiento y

ArcView dispone de un amplio catálogo con utilidades muy distintas, tales como el cálculo del área alrededor de un elemento y unión de elementos.

La composición de las *toolboxes* o *toolsets* de los que dispone ArcToolBox no es rígida, sino que puede ser fácilmente ampliada, bien por la adquisición de nuevas cajas de herramientas comerciales o gratuitas presentes en el mercado, o por la elaboración personal de nuevas herramientas mediante lenguajes de programación o Model Builder.

Muchas tareas GIS no son operaciones individuales realizadas por una única herramienta, sino que son secuencias de procesos que involucran a varias de distinta índole. La aplicación Model Builder ofrece la posibilidad de elaborar "modelos". Estos modelos son conjuntos de herramientas individuales combinadas que, mediante la inserción de los parámetros adecuados, permiten realizar operaciones complejas que involucren a diversas herramientas, facilitando al usuario la realización de tareas repetitivas y reduciendo la dificultad de muchas de ellas.

Estos modelos pueden asemejarse a *scripts* o rutinas elaboradas mediante lenguajes de programación convencional (C++, Avenue, Python), con la diferencia de que en este caso no se trabaja con sentencias y comandos, sino con elementos visuales (bloques y conexiones entre ellos). La ventaja de la utilización de este "lenguaje de programación" radica fundamentalmente en su sencillez, ya que no es necesario el dominio de conceptos informáticos complejos para la elaboración de programas que sean capaces de realizar múltiples tareas combinadas. El hecho de que se trate de un lenguaje de programación eminentemente visual (figura 19.3) hace que las herramientas creadas sean fácilmente compartibles entre usuarios, ya que resulta más fácil la comprensión de su funcionamiento.

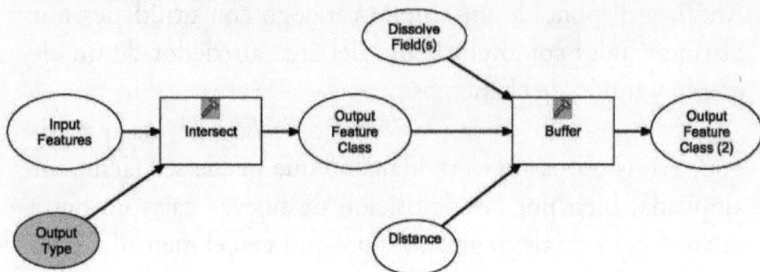

Figura 19.3. Entorno de Model Builder.

Otra aplicación imprescindible para el diseño de rutas es la extensión Network Analyst (Analista de Redes). Dicha aplicación dispone de distintas opciones: cálculo de rutas, cálculo de áreas de servicio, cálculo de instalación más próxima y cálculo de matrices origen-destino. En la herramienta diseñada se ha utilizado el cálculo de rutas. Finalmente, la herramienta informática diseñada funciona en ArcView 9.2 es un *toolbox* formado por un conjunto de herramientas más pequeñas creadas mediante Model Builder. Se le ha llamado "DiMReS" (Diseño de Modelos de Recogida Selectiva).

ELABORACIÓN DE LA RED VIARIA

Esta etapa tiene por objetivo hacer un modelo físico de la red viaria de la que se quiere recoger los residuos urbanos. El proceso de elaboración de la red sigue los siguientes pasos: obtención de la cartografía, georreferenciación de dicha cartografía, diseño de la red y caracterización de los elementos de la red.

La figura 19.4 muestra que, como entradas al sistema, están la cartografía disponible de la localidad objeto de estudio, las características geométricas de los elementos (dimensiones) y las características que definen el funcionamiento de los elementos (sentido de circulación de vías, velocidad de circulación, nombre de las vías, etc.). La salida la constituye la red, con todos los parámetros necesarios que permitan realizar análisis y obtener el modelo de recogida selectiva.

La elaboración de una red es un proceso laborioso y complejo. La meticulosidad seguida en dicho proceso así como la cantidad de parámetros definitorios elegidos para la red influirán decisivamente en la realización de los geoprocesos y, por tanto, en la obtención de los resultados.

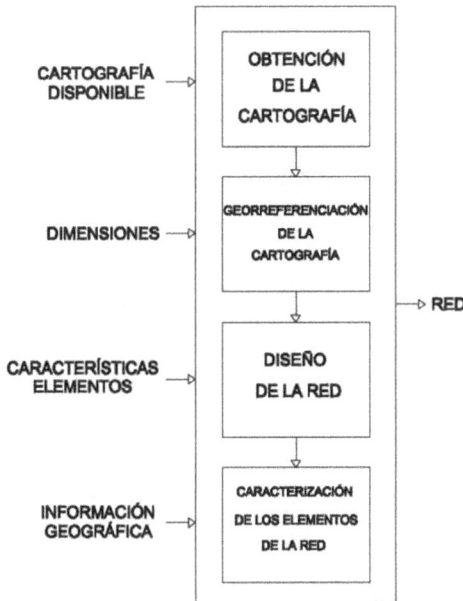

Figura 19.4. Elaboración de la red.

La utilización de una cartografía digital adecuada es otro factor decisivo a la hora de realizar operaciones de geoprocesamiento y análisis de redes, ya que la calidad de los resultados obtenidos dependerá en gran manera de la calidad de la propia red empleada para el análisis. La cartografía puede proceder de diversas fuentes y tener diferentes formatos:

- Planos en papel procedentes de instituciones o bibliografía.
- Planos en formato CAD procedentes de instituciones o proyectos anteriores similares.
- Planos proporcionados por la empresa suministradora del *software*
- Planos obtenidos de servidores WMS.
- Planos en formato PDF o imagen (JPEG, GIF) de instituciones.

La georreferenciación de la cartografía puede resultar necesaria en función del resultado de la obtención de la cartografía. Cuando proviene de planos en papel u obtenidos a partir de las instituciones locales o municipales en formato PDF o imagen, resultará imprescindible georreferenciarla.

El establecimiento de las dimensiones reales de los elementos de un mapa es un proceso crucial en el análisis de SIG vectorial. Si no se trabaja con medidas reales, el análisis resulta inútil, ya que no se pueden realizar tareas fundamentales como el cálculo de longitudes, medida de áreas, establecimiento de tiempos de ruta, etc. Se debe, por tanto, siempre georreferenciar la cartografía.

Para el diseño de la red es necesario insertar elementos de tipo punto, línea o polígono sobre capas inicialmente vacías. Las líneas o ejes representan las vías que conforman la red (red viaria), los puntos representan los puntos de recogida de residuos, mientras que con los polígonos se procede a la sectorización del área de estudio.

La red a diseñar debe llevar incorporada las siguientes características físicas:

- Sentido de circulación. Para definir el sentido de circulación se utilizará el campo *oneway*.

- Prohibiciones y pasos cortados. Network Analyst permite el establecimiento de prohibiciones mediante la opción *barriers*.
- Peatonalizaciones. Se puede impedir la circulación de vehículos por una calle peatonal mediante la misma opción *barriers*.
- Distinción de calles con mediana. Se considera que las calles con mediana son dos vías independientes de sentido opuesto. También se realiza esta consideración para las vías de cuatro carriles o más.
- Pendiente. Se considera que las calles con pendiente elevada son únicamente transitables por los vehículos de recogida en sentido descendente.

Una vez la red ha sido dibujada, se deben definir las características de los elementos de la red. Por tanto, el usuario debe introducir dentro de la tabla correspondiente, de forma manual y para cada una de las vías, el nombre, la velocidad de la vía, el sentido de circulación y la aptitud para instalación de *áreas de aportación* (amplitud de espacio suficiente para tres o más contenedores). Finalmente, se obtiene una red que modela el funcionamiento viario de una localidad y que permite el diseño de un modelo de recogida selectiva. El resultado puede ser algo parecido a lo que aparece en la figura 19.5.

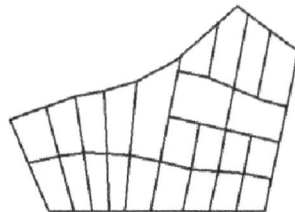

Figura 19.5. Red con su tabla de atributos.

Elaboración del mapa de generación y composición

El objetivo de la elaboración del mapa de generación y composición es asignar a cada uno de los segmentos de la red la cantidad y composición de los RU generados diariamente. Para la creación de dicho mapa, se han establecido los siguientes pasos (figura 19.6): determinación de la generación y composición, sectorización de la red y ubicación de los puntos de recogida y su contenerización.

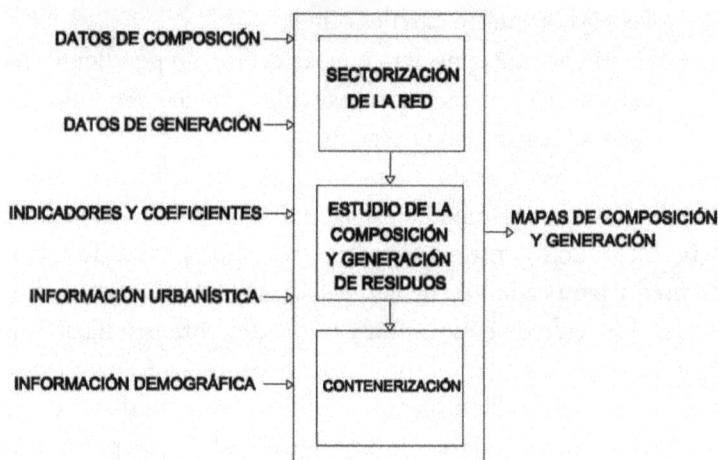

Figura 19.6. Mapa de composición y generación.

Las entradas al sistema son los datos de composición y generación disponible de la localidad objeto de estudio, los indicadores y coeficientes de variación que afectan a la composición y generación, la información demográfica (densidad de población y nivel de renta) y el tipo de actividad que se realiza en cada barrio (o sector) del municipio. Como salida se obtiene el mapa de generación y composición dividido en sectores homogéneos, es decir que tienen la misma tasa de generación diaria (TDG), en kilogramos/habitante/día, y la misma composición de los RU.

La sectorización de la ciudad tiene la finalidad de establecer áreas homogéneas desde el punto de vista de la generación y composición de los RU. Se realizará en función de las tres siguientes categorías: densidad lineal de población, nivel de renta y actividad desarrollada, que influyen de forma decisiva en las cantidades generadas de RS y su composición (Gallardo, 2000).

La categoría "nivel de renta de la población" se divide en los tramos: renta baja, renta media y renta alta. A su vez, la categoría "densidad lineal de población" se dividen en: alta (edificios mayores de 7 alturas), media (de 3 a 6 alturas) y baja (1 o dos alturas). La categoría "actividad desarrollada" se divide en: zona residencial, residencial/comercial e industrial.

Por cada categoría, se generará un mapa temático (capa) que dividirá la localidad en sectores. Al intersecarse las tres capas, se genera la sectorización. En la figura 19.7 puede verse el ejemplo de una de las capas.

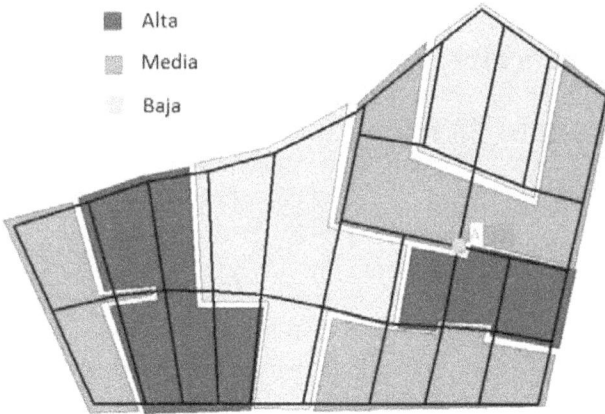

Figura 19.7. Capa "nivel de renta de la población".

Una vez que el área de trabajo ha sido sectorizada, se debe realizar una estimación de la generación y la composición de los RU en cada una de los sectores. Para ello será preciso contar con la siguiente información (Gallardo, 2000):

a) Tasa de generación media de RU (TGD, kg/h.d), coeficiente de variación mensual (Cvm), coeficiente de variación por el nivel de renta (Cvr), coeficiente de variación por actividad desarrollada (Cvae).

b) Composición de los residuos (%, p/p), coeficiente de variación mensual (Cvmc), coeficiente de variación por el nivel de renta (Cvrc), coeficiente de variación por actividad desarrollada (Cvaec).

c) Densidad lineal de población en cada vía.

Dicha información proviene de la bibliografía o de un estudio exhaustivo de los RU de la ciudad. Como resultado, se obtiene la generación y composición por metro de calle en cada uno de los meses del año, para cada sector.

DISEÑO DEL MODELO DE RECOGIDA SELECTIVA

La última de las etapas de la metodología es la obtención del modelo de recogida selectiva de residuos urbanos (MRSRU). Para ello se ha diseñado el siguiente procedimiento (figura 19.8): elección del modelo de prerrecogida, ubicación de los puntos de recogida, dimensionado de los puntos de recogida, trazado de las rutas de recogida y valoración económica del modelo.

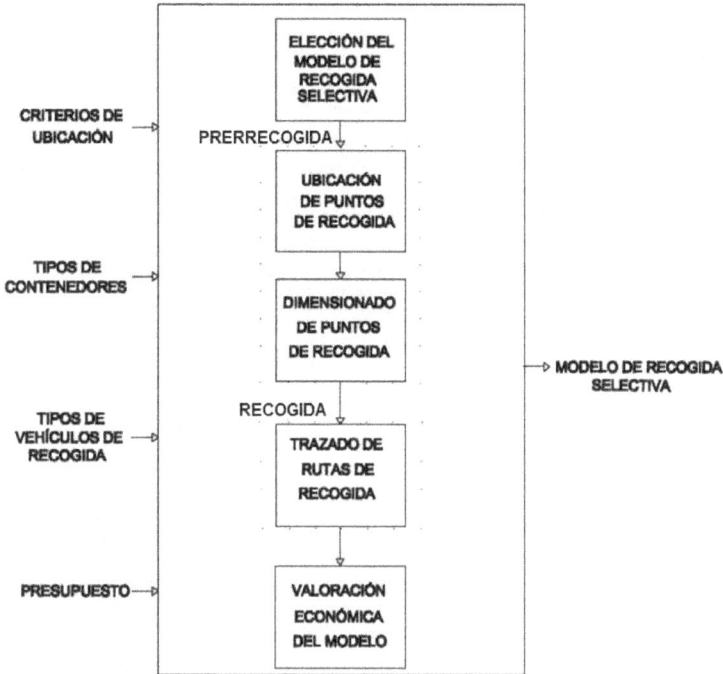

Figura 19.8. Obtención del modelo de recogida selectiva.

En esta etapa, las entradas incluyen los criterios de ubicación de los puntos de recogida (niveles "puerta a puerta", "en acera" y "en áreas de aportación"), tipos de contenedores disponibles para cada nivel de almacenamiento y sus características, tipos de vehículos de recogida, las alternativas de prerrecogida, así como los datos económicos para la elaboración del presupuesto de explotación. La salida será un MRSRU adecuado para la ciudad objeto de estudio.

En primer lugar, el técnico encargado del diseño de la recogida tiene que elegir el tipo de prerrecogida más adecuado. Por otro lado, la herramienta posibilita la generación de alternativas, por lo que el técnico puede optar por generar varias y posteriormente evaluarlas.

Sobre la base de los modelos de prerrecogida existentes en España, de los que se dispone de información relativa a su eficiencia (Gallardo et ál., 2009), la herramienta incorpora un conjunto de ocho modelos (tabla 19.2). Al elegir de uno de ellos, se está fijando directamente la eficiencia de la prerrecogida (en el capítulo 3 se explica el concepto de "eficiencia").

Tabla 19.2. Alternativas en la prerrecogida.

Modelo	Puerta a puerta	Acera	Áreas de aportación
1A	Resto		Envases / Vidrio / Papel y cartón
1B		Resto	Vidrio / Papel y cartón / Envases
2A	Envases / Resto		Papel y cartón / Vidrio

CONTINUACIÓN

Modelo	Puerta a puerta	Acera	Áreas de aportación
2B			
3A			
3B			
4A			
4B			

Una vez elegido el tipo de prerrecogida, se proceder a la ubicación y dimensionado de los contenedores. La ubicación de los contenedores depende del nivel de prerrecogida elegido: nivel "Puerta a Puerta" (Pap), nivel "Acera" o nivel "Área de Aportación" (AA).

Para la ubicación de los puntos en la recogida Pap, será necesaria la siguiente información: número de portales en cada calle y personas por portal. En el caso de áreas residenciales formadas por casas unifamiliares, los portales son cada una de las casas.

Para la ubicación de los puntos en la recogida a nivel de acera, será necesario conocer la distancia entre puntos (suele ser 50 m) y personas por punto.

En el caso de la ubicación de los puntos en la recogida a nivel de AA, es imprescindible conocer el radio de acción (que usualmente está entre 80 y 200 m) y personas por AA. En este caso la elección de la longitud del radio de acción lleva asociada directamente la eficacia de la prerrecogida (Gallardo et ál., 2008). En la figura 19.9 aparece un ejemplo de red de contenedores a nivel de acera.

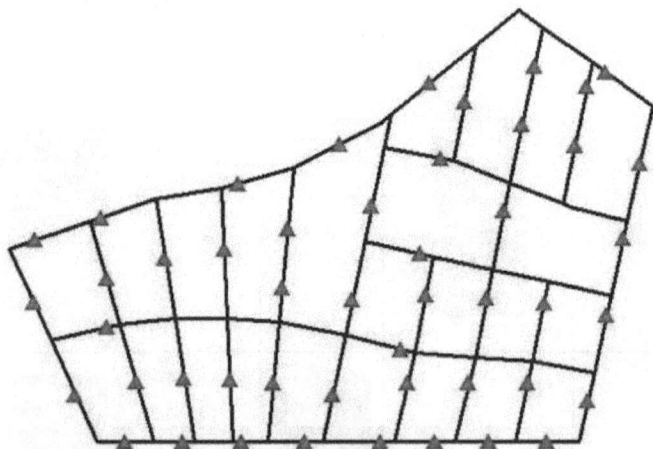

Figura 19.9. Red con contenedores en prerrecogida puerta a puerta (Pap).

Una vez hecho esto, el siguiente paso es el dimensionado de los puntos de recogida (contenerización). La contenerización consiste en establecer el número y volumen de los contenedores necesarios en cada punto, en función de la estimación de generación realizada. En el capítulo cuatro del libro se detalla el cálculo.

Mediante la aplicación Model Builder se ha creado una herramienta que permite dimensionar cada punto de recogida, y para ello se solicita la entrada de toda la información que previamente se ha mencionado.

Una vez que todos los puntos de recogida han sido ubicados y dimensionados, se debe proceder al análisis de las rutas de recogida de dichos puntos. Una ruta se define como el itinerario llevado a cabo por el vehículo desde que sale del garaje hasta que acaba la jornada laboral y regresa. Dependiendo de la situación, puede comprender uno o dos viajes del camión cargado hasta el lugar de destino de los residuos. Existen dos criterios para el diseño del itinerario: por carga recogida (alrededor de 15 toneladas diarias) o por tiempo de trabajo (6,5-7 h por jornada). La herramienta incorpora ambos criterios y el técnico deberá elegir uno de ellos antes de proceder al diseño de la ruta. Otros datos que necesita la herramienta son:

- Carga del camión, expresada como toneladas/viaje,
- tiempos de descarga de los contenedores,
- tiempos y distancias desde la ciudad hasta el garaje y hasta el lugar de destino de los residuos.

Para el diseño de las rutas, en primer lugar se sectoriza la red, es decir, se divide por itinerarios utilizando el criterio de carga o de tiempo (figura 19.10a). La sectorización se realiza mediante una herramienta en la que el técnico recuadra un sector de la red y se sabe el tiempo o la cantidad de residuos de este. El procediendo acaba cuando se ha dividido toda la red. En segundo lugar, para cada sector se traza la ruta de recogida y se selecciona la más corta que pase por todos los puntos. Esto hará que se optimicen los tiempos, de forma que si se ha elegido el criterio de tiempo y los itinerarios duran más que la jornada laboral, se tienen que acortar los sectores. En el caso de elegir el criterio de carga, el procedimiento es análogo.

Al final del proceso, se obtiene un plano con todas las rutas y un texto en el que se describe cada una. Para el diseño de la ruta, se ha utilizado la extensión Network Analyst. El técnico tiene que elegir el punto de inicio y de finalización de la ruta (figura 19.10b).

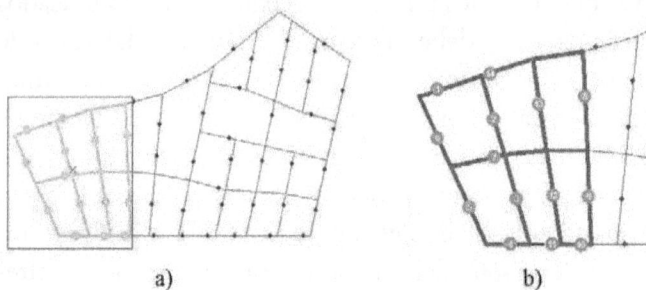

a)   b)

Figura 19.10. Ejemplo de proceso de sectorización (a) y cálculo de ruta de recogida (b).

La última etapa es la valoración económica del modelo diseñado. Dado que el sistema dispone de toda la información sobre los recursos necesarios para llevar a cabo la recogida, si se le introducen los datos económicos sobre costes de combustible, jornadas laborales, contenedores, etc., la herramienta calcula el presupuesto de explotación.

APLICACIÓN A LA CIUDAD DE CASTELLÓN (ESPAÑA)

Para validar la herramienta se ha diseñado la recogida selectiva en un barrio de la ciudad de Castellón. Se ha elegido la Zona Centro, que tiene las siguientes características:

• Cuenta con edificios de especial relevancia, como la Catedral de Santa María, el Mercado Central y el Ayuntamiento.

• Se trata de una zona con gran cantidad de calles peatonales, estrechas y de difícil acceso para vehículos de recogida de grandes dimensiones.

• La pendiente de las vías es despreciable.

Al tratarse del núcleo histórico, contiene un gran número de viviendas de pocas alturas.

• Su superficie es de 32,400m².

• Su población es de 7,172 habitantes.

Se plantea el diseño de la recogida de los residuos domésticos y comerciales por un período de cinco años.

Siguiendo con la metodología descrita, en primer lugar se ha procedido al trazado de la red viaria. Se ha obtenido la cartografía del Ayuntamiento, con planos en formato PDF de escala: 1/2000 (figura 19.11a). Ello ha obligado al posterior proceso de digitalización de la red, para lo que se utiliza ArcMap. Finalmente, la red que modela la Zona Centro está formada por 129 segmentos y su tabla de atributos contiene los campos necesarios para proceder al diseño de la recogida (figura 19.11b).

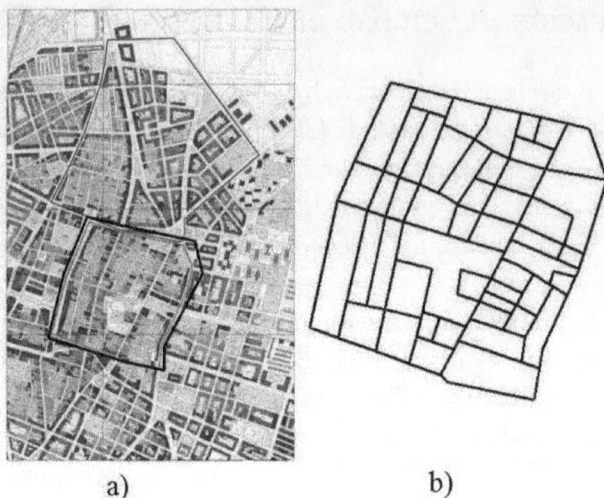

a)　　　　　　　　　b)

Figura 19.11. Plano de la Zona Centro (a) y red viaria zona centro (b).

El siguiente paso consiste en la creación del mapa de generación y composición de los residuos. Para ello se ha procedido a la sectorización de la ciudad en zonas homogéneas desde el punto de vista de las siguientes categorías: densidad lineal de población, actividad desarrollada y nivel de renta de la población. La información utilizada para ello ha sido el padrón municipal, planos con capas de altura de edificios; y para determinar la actividad económica se analizaron todas las calles. En la Zona Centro se encuentran sectores con densidad de población alta, media y baja (figura 19.12a); sectores con actividad residencial y residencial/comercial (figura 19.12b) y sectores de renta media y alta.

Figura 19.12. Sectorización según "densidad de población" (a) y "actividad" (b).

Para el cálculo de la generación se ha necesitado la siguiente información:

- 1. TGD media en Castellón: 1,43 kg/h*d
- 2. Coeficientes de nivel de renta. Renta media: 0,85; renta alta: 1,1.
- 3. Coeficientes de actividad económica. Residencial: 0,9; residencial/comercial: 1,2.
- 4. Coeficiente de variación mensual. El mes de marzo tiene la mayor generación, con un Cvm: 1,08.
- 5. Densidad de población (habitantes/metro de calle). Alta: 2,77; media: 2,11; baja: 1,12.
- 6. Aplicando estos coeficientes a la TGD media, se obtiene la TGD de diseño. Respecto a la composición, se ha utilizado la publicada por el Plan Nacional Integral de Residuos (tabla 19.3). Con todos estos datos, se ha creado un plano en el que cada metro de calle tiene asignada la cantidad y composición de residuos generados en 2009.

Tabla 19.3. Composición de los residuos de Castellón,
España (2004).

MO (%)	Papel/ cartón (%)	Plástico (%)	Vidrio (%)	Metales (%)	Madera (%)	Otros (%)
44	21	11	7	4	1	12

MO: Restos de comida y poda de jardín.

El siguiente paso es la elección del modelo de prerrecogida. En este ejemplo se ha elegido el modelo 2-A (tabla 19.2): recogida de envases y restos a nivel Pap y el papel-cartón y vidrio a nivel de AA. Por otro lado, otras decisiones asociadas a la prerrecogida que se han tomado son las siguientes:

- Fraccionamiento: Los residuos se separarán en origen en resto, envases, papel-cartón y vidrio.
- Nivel de desplazamiento: El resto y los envases se depositarán a nivel puerta a puerta. El vidrio y el papel-cartón en AA (el radio de acción elegido es de 100 m).
- Factor de utilización: Será de 1,25 (a fin de evitar los desbordamientos en los contenedores).
- Frecuencia: Para puerta a puerta, será de 6/7 (se descansa el domingo), para las AA de 1/5.
- Mes y día punta: En Castellón el mes de mayor generación es mayo, por tanto el Cvm = 1,08. El día de mayor recogida es el lunes, el Cvd = 1,34.
- Volumen y tipo de contenedores: Para la recogida Pap se eligen contenedores de 360 l. En las AA se ubicarán contenedores de 3.200 l.

Los grados de fraccionamiento en origen para el modelo 2A son (Gallardo, 2008):

- Contenedor de papel-cartón: 11,7%.
- Contenedor de vidrio: 4,5%.
- Contenedor de envases (plástico, metales y brick): 5,8%.
- Contenedor de resto (resto de materiales recogidos conjuntamente): 78%.

Teniendo en cuenta los datos del mapa de generación, composición y los datos de la prerrecogida, se han calculado las cantidades a recoger de cada material (tabla 19.4). Para el cálculo de los volúmenes, se han utilizado las densidades publicadas por Gallardo (2000).

Tabla 19.4. Estimación de los residuos depositados diariamente en la Zona Centro.

	Nivel de desplazamiento			
	Puerta a Puerta		Áreas de Aportación	
Fracción	Envases	Resto	Papel-cartón	Vidrio
Masa (kg)	873,30	13.770,45	3.076,77	1.294,89
Volumen (m³)	39,31	171,34	38,46	4,15

El siguiente paso ha consistido en la ubicación de los puntos de recogida. Una vez señalados en la red, se calcula el volumen depositado en cada uno, y con ello el número de contenedores. En la figura 19.13a y 19.13b se presentan dos de las capas de contenerización.

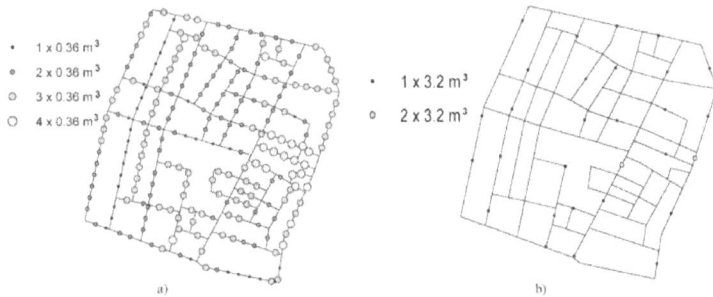

Figura 19.13. Puntos de recogida fracción resto (a) y papel-cartón (b).

Seguidamente se han calculado las rutas de recogida. Para ello se ha empleado la extensión Network Analyst, con la metodología

ya descrita. El trazado de las rutas de recogida implica la toma de decisiones en una serie de aspectos asociados a la recogida:
Vehículos de recogida. Se seleccionan vehículos de 10 m³ de capacidad con un grado de compactación de 1:4.
Criterios para la elaboración de rutas. El criterio elegido para trazar los itinerarios será el del volumen del camión.

Determinación vías principales: Se han seleccionado, dentro de cada uno de los sectores de recogida, cuáles son las vías principales, de modo que la recogida de esos sectores comiencen y terminen sobre esas vías.

Para la recogida de restos ha sido necesario sectorizar el área de trabajo, en la figura 19.14a se puede observar la sectorización hecha (se obtienen cinco sectores). En cada uno de ellos se ha trazado una ruta. Para el resto de fracciones no ha hecho falta sectorizar, pues el camión es suficientemente grande para recoger toda la zona. En la figura 19.14b se observa la ruta de recogida de la fracción resto en el sector 1. La trayectoria a seguir por el vehículo de recogida la establece la correlación de números representada en la figura 19.14b.

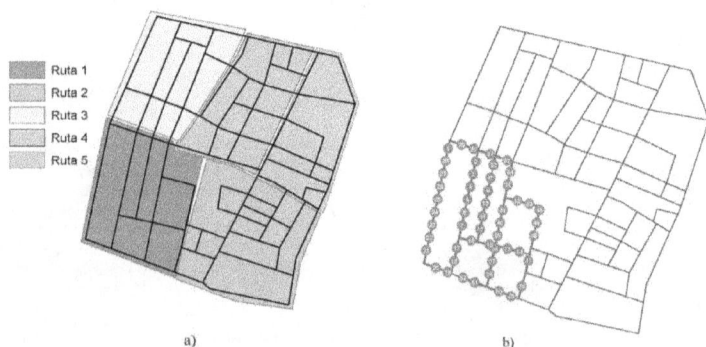

Figura 19.14. Sectorización para la recogida de fracción resto (a) y ruta de recogida de sector 1 (b).

Respecto al cálculo del presupuesto de explotación, utilizando la herramienta creada para tal fin se han calculado los costes de cada una de las redes (tabla 19.5). El resumen de todos los resultados obtenidos se puede observar en la tabla 19.5.

Tabla 19.5 Resumen de Zona Centro.

Zona Centro	
Aspectos generales	Superficie = 32.400m^2 Población = 7.172 habitantes 230 puntos de recogida para resto 230 puntos de recogida para envases 29 puntos de recogida para papel/cartón 29 puntos de recogida para vidrio
Volumen de residuos a recoger	171,3 m^3 de resto (0,92 m^3 de máximo en un punto) 39,3 m^3 de envases (0,17 m^3 máx.) 38,5 m^3 de papel/cartón (4,1 m^3 máx.) 4,2 m^3 de vidrio (0,44 m^3 máx.)
Contenerización	560 contenedores de 360 l para resto 224 contenedores de 360 l para envases 6 contenedores de 3.200 l para envases 31 contenedores de 3.200 l para papel/cartón 29 contenedores de 3.200 l para vidrio
Rutas	Vehículo con capacidad de 10 m^3 5 sectores de recogida para resto 1 sector de recogida para envases 1 sector de recogida para papel/cartón 1 sector de recogida para vidrio 12.437 m recorridos para recogida de resto 12.234 m recorridos para recogida de envases 4.832 m recorridos para recogida de papel/cartón 4.832 m recorridos para recogida de vidrio
Tiempos	549 minutos para recogida de resto 220 minutos para recogida de envases 101 minutos para recogida de papel/cartón 101 minutos para recogida de vidrio
Costes	43.120 euros en contendores de resto 24.004 euros en contenedores de envases 34.906 euros en contenedores de papel/cartón 32.654 euros en contenedores de vidrio 134.684 euros en contenedores (total) 1.070 euros semanales en sueldo de trabajadores 1.743 euros semanales en vehículos

Así pues, DiMReS es una herramienta novedosa en el área de la gestión de residuos, capaz de ubicar los puntos de recogida dentro de una red en función de la prerrecogida, calcular el volumen de residuos a recoger en cada punto, realizar la contenerización de estos, permitir estimar los tiempos asociados a la recogida y de hacer una valoración económica del modelo diseñado. DiMReS ofrece al técnico encargado del diseño y gestión de la recogida de RU la posibilidad de generar, en poco tiempo, distintas alternativas con las que poder decidir, en función de factores económicos, técnicos y legales, la más conveniente.

AGRADECIMIENTOS

El trabajo se ha podido llevar a cabo gracias a las subvenciones del Ministerio de Medio Ambiente de España: "Estudio de los diferentes modelos de recogida selectiva de RSU implantados en España. Determinación de indicadores de evaluación" (expediente:279/2006/2-2.1) y "Estudio de los diferentes modelos de recogida selectiva de RSU implantados en España. Determinación de indicadores de evaluación. Fase segunda" (expediente: AA228/2007/1-02.1), y a la ayuda del Ministerio de Medio Ambiente y Medio Rural y Marino: "Diseño de un modelo para la gestión de la recogida selectiva de residuos urbanos en poblaciones españolas" (expediente: 150/PC08/3-02.4).

REFERENCIAS BIBLIOGRÁFICAS

Bordás, R., Gallardo, A. y Bovea, M.D., 2006. "Implementación de una herramienta basada en tecnología SIG y técnicas de decisión multicriterio para la obtención de mapas de orientación a la ubicación de instalaciones de gestión de residuos". *Mapping* 107:32-38.

Bosque, J., 1992. *Sistemas de información geográfica.* Ed. Ediciones Rialp, S.A., Madrid.

Chang, N.B., Lu, H.Y. y Wei, Y.L., 1997. "GIS Technology for vehicle routing and scheduling in solid waste colletion systems". *J. of Environmental Engineering* 123 (9):901-910.

ESRI., 2006. *Using ArcGIS Desktop,* Ed. ESRI International.

Gallardo, A., 2000. *Metodología para el diseño de redes de recogida selectiva de residuos sólidos urbanos utilizando sistemas de información geográfica. Creación de una base de datos aplicable a España,* Ed. Universidad Politécnica de Valencia, Valencia.

Gallardo, A., Bovea, M.D., Colomer, F.J., Carlos, M. y Prades, M., 2008. *Estudio de los modelos de recogida selectiva de residuos urbanos implantados en poblaciones españolas mayores de 50.000 habitantes. Parte II: resultado y definición de indicadores.* Ed. Universitat Jaume I, Castellón.

Gallardo A., Bovea, M.D., Colomer, F.J., Carlos, M. y Prades, M., 2009. "Estudio de los modelos de recogida selectiva de residuos urbanos implantados en ciudades españolas. Análisis de su eficiencia". *InfoEnviro* 45:67-74.

Goicoechea, M. y Goicoechea, M. I., 2005. *Sistemas de Información Geográfica aplicados a los Residuos Sólidos Urbanos.* Ed. Universidad de Vigo, Vigo.

López, E., Barragán, D., Tena, M. T. y Gutiérrez, J.A., 1997. "Revisión del mapa de Orientación al Vertido de la provincia de Badajoz y Análisis de la Ubicación de Vertederos de RSU aplicando Tecnología GIS". *Mapping Interactivo* 40:46-49.

Steiniger, S. y Hay, G., 2009. "Free and open source geographic information tools for landscape ecology". *Ecological Informatics* 4:183-195.

Villar, J., 2002. "Una aplicación GIS para recogida de residuos urbanos". *Mapping Interactivo* 82:28-36.

20. MODELIZACIÓN DE LOS RESIDUOS SÓLIDOS URBANOS Y SUS PRODUCTOS

Ma. C. Mañón-Salas, S. Ojeda-Benítez
Instituto de Ingeniería
Universidad Autónoma de Baja California, México
sara.ojeda.benitez@uabc.edu.mx

Ma. C. Hernández-Berriel
Departamento de Posgrado e Investigación
Instituto Tecnológico de Toluca (México)

Los modelos que tenemos ahora son tan buenos como las generaciones de científicos han sido capaces de hacerlos a lo largo de la historia.

D.C. Baird.

INTRODUCCIÓN

El empleo del término "modelo" (del vocablo italiano *modello)* puede remontarse al origen de la ciencia moderna en el siglo XV, cuando dio comienzo el movimiento cultural renacentista. El Renacimiento es uno de los grandes momentos de la historia universal, que marcó el paso del mundo medieval al mundo moderno.

La ciencia renacentista surge alrededor de 1540 e.c. con la publicación de la obra de Nicolás Copérnico, a quien se le atribuye haber iniciado la Revolución Científica con su teoría heliocéntrica, junto con Kepler y Galileo. En el curso de este período, tres ideas clave del pensamiento moderno hacen su aparición: la necesidad de una separación de teología y filosofía; la idea de que las matemáticas constituyen el lenguaje básico para conocer la naturaleza; y la idea del método experimental y del conocimiento objetivo de los hechos de la naturaleza. Estas dos últimas ideas (*matematización* y *experimentación*) constituyen los dos rasgos principales del nuevo método científico, que ha dado tanto éxito a la ciencia.

Los modelos son una parte importante del método científico; como construcciones deductivas en la teoría de la observación, permiten al científico probar y alcanzar un mejor entendimiento de una parte del universo. Sin embargo, ninguna parte de este universo es suficientemente simple para ser comprendido y controlado sin abstracción. La abstracción, por tanto, consiste en sustituir la parte del universo bajo consideración por un modelo de estructura similar, pero más simple. Los modelos, entonces, son una necesidad crucial del procedimiento científico y del propio proceso de modelado, y representan la esencia del método hipotético-deductivo en la ciencia (Baird, 1991).

En el vasto campo de los modelos, se han desarrollado modelos ambientales, que permiten determinar las concentraciones relativas de un contaminante en el agua, aire, suelo, biota, etc., y demostrar cómo los procesos de degradación pueden llegar a controlar o influenciar sobre su comportamiento o persistencia. El grado de complejidad que alcanza un modelo ambiental está en función directa de la complejidad de la situación planteada y de los objetivos finales que se persigan.

Aunque hoy en día es común hablar de modelos, de las diferentes técnicas y tipos que existen, sobre todo de los modelos que se emplean en el área ambiental, estos se han desarrollado de manera metodológica desde los años setenta. Los modelos desarrollados para representar fenómenos relacionados con los residuos sólidos se basan en formulaciones matemáticas para reproducir, por ejemplo, el movimiento del agua en el seno de la masa de residuos, la biodegradación, el asentamiento y la producción de biogás. Inicialmente, los modelos trataron cada fenómeno de manera independiente, intentando abordarlos desde un punto de vista simplificado. Posteriormente, se interrelacionaron los fenómenos, y se extendió su uso a modelos de estimación de tasas de generación de biogás y de lixiviados.

En este capítulo, se introduce al lector sobre algunos conceptos básicos de modelos, así como las distintas clasificaciones que existen. Además, se describen algunos de los modelos desarrollados con el propósito de entender los procesos de gestión de los residuos sólidos, estimar la generación de los residuos y sus productos, biogás y lixiviados.

Generalidades

Todo proceso cognitivo se apoya de modelos, localizados sobre la base de casi todas las decisiones cotidianas, ya sea en forma de construcciones conscientes elaboradas con el fin de tratar un problema, como la interpretación visual de ideas (planos, diagrama de flujo, diagramas causales), o bien, en forma verbal en lenguaje natural (Shenk and Franklin, 2001). Cualquiera que sea el caso, la utilidad del modelo para conocer o predecir está condicionada por la realidad del sistema que se desea representar.

Para que el modelo sea aceptable, es necesario una precisa selección de los componentes importantes que lo integran y una adecuada descripción de las relaciones que guardan entre sí. La calidad de las propiedades de un modelo pueden valorarse sometiendo una parte de los resultados a una verificación experimental o a través de simulación que, aunque solo puede ser parcial, da una guía sobre la magnitud de los errores derivados del modelo, lo que permite la introducción de correcciones a este (figura 20.1).

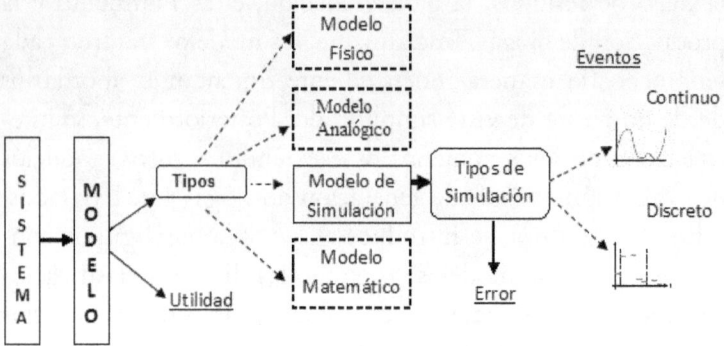

Figura 20.1. Mapa conceptual del proceso de modelado.

Sistema

Un sistema, según Ladriere (1978), es una entidad ideal que "...posee eventualmente una cierta estructura interna, que puede caracterizarse en general en el curso de tiempo y que es susceptible de encontrarse, en cada instante en un estado enteramente analizable en principio". Tener una estructura interna significa que puede descomponerse en otros subsistemas; además, los diferentes individuos o elementos que forman el sistema cumplen una serie de funciones y relaciones. Los objetivos que se persiguen al estudiar uno o varios fenómenos en función de un sistema son: aprender cómo cambian los estados, predecir el cambio y controlarlo.

Un sistema está conformado por tres características: subsistemas, fronteras o límites que lo diferencien del medio ambiente, estos límites pueden ser físicos o conceptuales (figura 20.2). Si hay algún intercambio entre el sistema y el ambiente a través de ese límite, el sistema es abierto, de lo contrario, el sistema es cerrado. El ambiente es el medio externo que envuelve física o conceptualmente al sistema. Para que un grupo de elementos sea parte del sistema, deben relacionarse o interactuar entre sí, deben dar la idea de un "todo" con un mismo propósito.

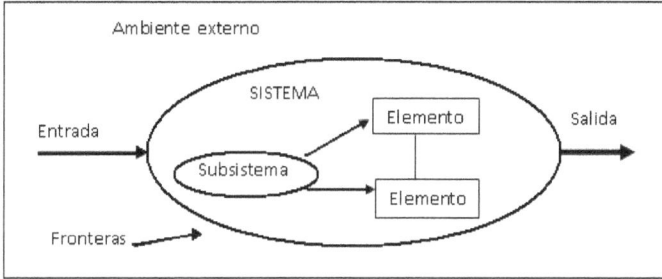

Figura 20.2. Estructura de las características de un sistema.

MODELO

Para los científicos, el término "modelo" hace referencia a una representación simplificada de la realidad, que es utilizada para hacer predicciones que no pueden ser probadas o verificadas por experimentación u observación, debido a restricciones de seguridad, costos, tiempo u otras. Entre menor sea la discrepancia entre la salida del modelo y el mundo real, más preciso será el modelo para describir el comportamiento del sistema original. Bunge (1975), por ejemplo, cuando habla de modelos objeto y modelos teóricos, los define como esquemas hipotéticos de cosas y hechos supuestamente reales. Un modelo-objeto puede considerarse entonces como cualquier representación esquemática de un objeto. El modelo teórico viene a suponer una teoría específica consistente en la descripción, interpretación e inclusión en una teoría general del objeto modelo. Por otro lado, Heinich (1975) habla del modelo como una representación estructural de la realidad, sometida a revisión periódica. Ahora bien, desde el punto de vista teórico, el modelo actúa como un dispositivo directamente vinculado a la teoría y, de la misma forma, cumple funciones en relación con las investigaciones científicas.

MODELADO

Al observar cómo se construyen los modelos en la ciencia moderna, debe advertirse que no son totalmente derivados de los datos ni de la teoría. Su construcción es considerada más un arte que un procedimiento mecánico, debido a que materializa una visión o interpretación de la realidad, no siempre de manera unívoca, aunque por otro lado puede incluso concebirse como una ciencia, debido a que sigue una serie de pasos estructurados. No hay reglas fijas o recetas específicas que muestren cómo se construyen los modelos, es el mismo proceso de construcción (*modelado)* el que brinda la oportunidad de averiguar lo que encaja sobre el modelo y cómo lo hace. Una vez construido el modelo, no aprendemos acerca de sus propiedades con solo mirarlo, hay que utilizarlo y manipularlo. El modelo proporciona el medio ideal para aprender sobre el comportamiento del sistema, o bien, si este todavía no existe, sienta las bases para definir la estructura ideal del sistema futuro.

SIMULACIÓN

Gracias a la invención de la computadora, ha sido posible el desarrollo de la *simulación*, la cual se puede definir como una técnica numérica para conducir experimentos en una computadora digital. El objetivo de la *simulación* es resolver las ecuaciones del modelo que se está diseñando, para representar los cambios que sufre el sistema en el tiempo. Por lo tanto, es posible afirmar que la simulación imita un proceso real, tal como puede observarse en la figura 20.3.

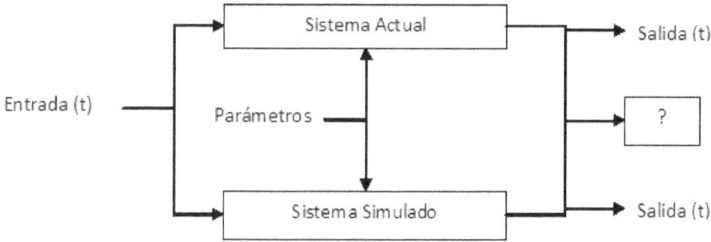

Figura 20.3. Proceso de simulación.

Cuando el método estándar falla, la simulación puede ser la única manera de aprender algo acerca de él. En los casos en que el modelo subyacente es bien entendido, los experimentos por computadora pueden incluso reemplazar los experimentos reales, mostrando ventajas económicas y minimizando riesgos.

La simulación por computadora también es heurísticamente importante, debido a que gracias a esta pueden sugerir nuevas teorías, modelos e hipótesis (Woolfson y Pert, 1999). Bajo estas suposiciones, se ha dado el desarrollo de *software* entre las entidades explotadoras de rellenos sanitarios, tal es el caso del E-PLUS (acrónimo en inglés de *Energy Project Landfill Gas Utilization* Software) elaborado para la evaluación del potencial de generación de biogás, o el HELP (acrónimo en inglés de *Hydrologic Evaluation of Landfill Performance),* para la estimación del caudal de lixiviados; ambos distribuidos gratuitamente por la Agencia de Medio Ambiente de Estados Unidos, EPA (acrónimo en inglés de *Environmental Protection Agency*) (EPA, 1997; Schroeder et ál., 1994). También existe *software* en el ámbito académico, tal es el caso de MODUELO, desarrollado por Lobo et ál. (2002a y 2002b), el cual permite simular las reacciones biológicas que se llevan a cabo dentro de una celda, con el fin de estimar el biogás y los lixiviados generados dentro del relleno sanitario. Por su parte, White et ál. (2004) desarrollaron *software* con el propósito de simular la degradación anaerobia de los residuos sólidos saturados con lixiviados, para reflejar el efecto sobre la degradación tanto del flujo como de la química de los lixiviados en el espacio poroso de los sólidos, dentro del laboratorio.

TIPOS DE MODELOS

Hoy en día, existe un sinnúmero de clasificaciones de modelos. Cuando en las décadas de los años sesenta y setenta comenzaron los estudios sobre modelización en el ámbito ambiental, las caracterizaciones de estos eran muy útiles, con el objeto de estructurar las aproximaciones e ideas iniciales. Sin embargo, al avanzar las investigaciones, estos fueron ganando complejidad, es por ello que en este apartado solo se mencionan aquellas clasificaciones que permiten un mejor entendimiento de los modelos dirigidos a los residuos sólidos.

Los modelos pueden expresarse de manera física, lingüística, simbólica o matemática. Desde la perspectiva epistemológica (del griego, *episteme,* "ciencia" y *logos*, "conocimiento") suelen clasificarse en cinco tipos: icónicos, analógicos, verbales, matemáticos o simbólicos. Dependiendo de su grado de formalización o abstracción, se ordenan de los mayormente físicos y gráficos a los más abstractos y matematizados (figura 20.4).

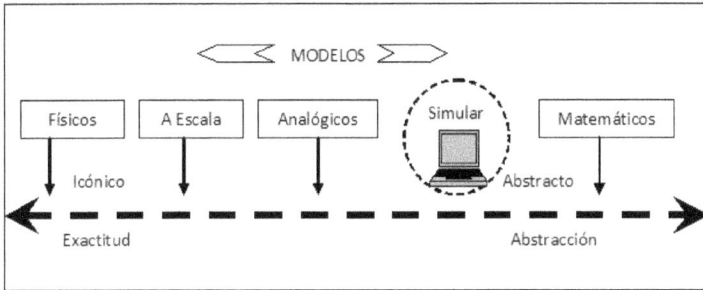

Figura 20.4. Escala de formalización de los modelos.

Modelos icónicos

Los *modelos icónicos* son representaciones físicas a escala reducida o aumentada de un sistema real y sus propiedades relevantes. El modelo muestra la misma figura, proporciones y características que el original. Los modelos icónicos son adecuados para la descripción de acontecimientos en un momento específico del tiempo. Se caracterizan por sus dimensiones: dos dimensiones (fotografía, plano y mapa) o tres dimensiones (maqueta), llamados generalmente "modelos a escala". Cuando el modelo rebasa la tercera dimensión es imposible construirlo físicamente, y entonces pertenece a otra categoría de modelos llamados "simbólicos" o "matemáticos". Como ejemplo de un modelo en dos dimensiones se tiene el trabajo reportado por Vadillo y Carrasco (2005). Ellos parten de una recopilación de fotos aéreas medidas con un planímetro, con el fin de calcular el área del sitio para así relacionar el área de vertido. Con esta información calcularon la extensión real del relleno y el volumen de precipitación pluvial sobre este durante los años para los que no se tenían fotos. Un ejemplo en tres dimensiones es el diseño de un biorreactor, que representa un modelo a escala de un relleno sanitario (figura 20.5).

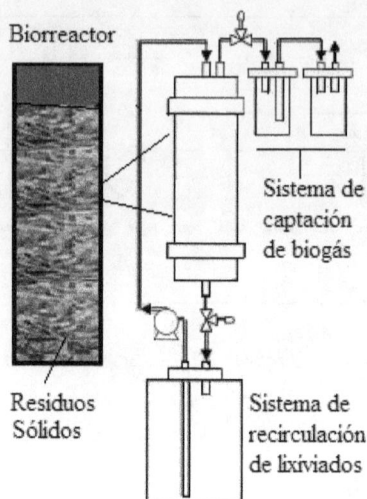

Figura 20.5. Modelo a escala de un relleno sanitario.

MODELOS ANALÓGICOS

Los *modelos analógicos* tienen una apariencia física distinta al original, pero con comportamiento representativo. Este tipo de modelos solo refleja la estructura de relaciones y determinadas propiedades fundamentales de la realidad. Se construyen a partir de la representación por analogía: de un conjunto de cualidades o elementos, una estructura y un proceso, un fenómeno o sistema que se estudia. Por ejemplo: el ciclo hidrológico es empleado en el área de residuos, como un modelo análogo para estimar la cantidad de lixiviados generados en un relleno sanitario, por medio de un balance de agua. Las entradas y salidas de agua en el relleno son análogas a la cantidad de lixiviados generados por los residuos sólidos dentro del relleno (figura 20.6). Como ejemplo, tenemos los trabajados presentados por Tchobanoglous et ál. (1994) y Borzacconi et ál. (1996), en los que emplean un balance de agua para estimar la cantidad de lixiviados generada dentro del relleno sanitario.

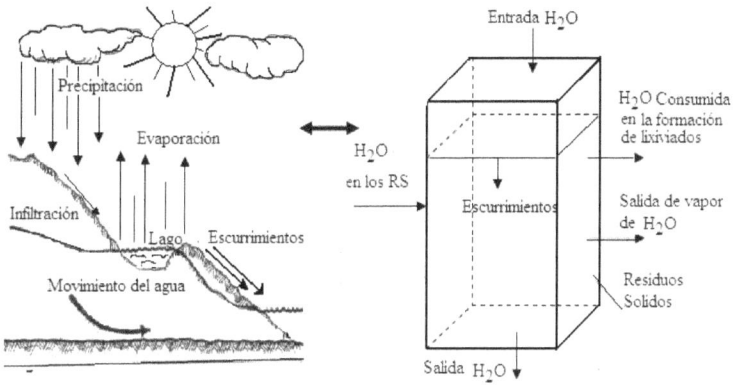

Figura 20.6. Modelo hídrico análogo con el balance de aguas sobre un volumen de control.

MODELOS VERBALES

El tipo habitual de modelo científico debe ser la descripción de los objetos con lenguaje natural. Un *modelo verbal* es cualitativo por naturaleza; las palabras se usan para describir las reacciones del sistema frente a un estímulo. La regla "si el pH es bajo, entonces la concentración de ácido acético es alta" es un ejemplo de modelo verbal. Existen modelos desarrollados con herramientas como sistemas de información, lógica difusa, dinámica de sistemas, sistemas neurodifusos, que permiten el desarrollo de este tipo de modelos.

Como ejemplos, tenemos los trabajos de Huang et ál. (2001), Karavezyris et ál. (2002) y Garg et ál. (2006), cuyo objetivo fue integrar conocimiento de los expertos con el fin de reforzar la confianza en la validez del modelo.

Modelos matemáticos

Los *modelos matemáticos o simbólicos* se construyen mediante reglas abstractas, que emplean un conjunto de símbolos matemáticos y funciones para representar las variables de decisión y sus relaciones para describir el comportamiento del sistema. Un *modelo matemático* comprende principalmente tres conjuntos básicos de elementos. El primer conjunto lo constituyen las variables de decisión y los parámetros. Las variables son las incógnitas (o decisiones) que deben determinarse resolviendo el modelo; los parámetros son los valores conocidos, que relacionan las variables de decisión con las restricciones y las funciones objetivo. El segundo conjunto son las restricciones (implícitas o explícitas), que circunscriben las variables de decisión a un rango de valores factibles. Finalmente, el tercer conjunto está integrado por la función objetivo, la cual define la medida de efectividad del sistema como función matemática de las variables de decisión. Una formulación pobre o inapropiada de la función objetivo conduce a una solución pobre del problema, esto suele ocurrir cuando se desprecian algunos aspectos del sistema. Una decisión óptima del modelo se obtiene cuando los valores de las variables de decisión producen el mejor valor de la función objetivo, sujeta a las restricciones.

Si el sistema que se va modelar contiene una gran cantidad de variables manipuladas tanto de entrada como de salida, al modelo se le denomina MIMO (acrónimo en inglés de *Multiple-input Multiple-output*). Si es un proceso sencillo, el modelo matemático puede incluir una única variable manipulada y una variable de salida, denominándose entonces SISO (acrónimo en inglés de *single input - single output*). Los casos combinados se denominan MISO y SIMO. En la figura 20.7 se presenta un modelo de red neuronal para un sistema de múltiples entradas una salida (MISO).

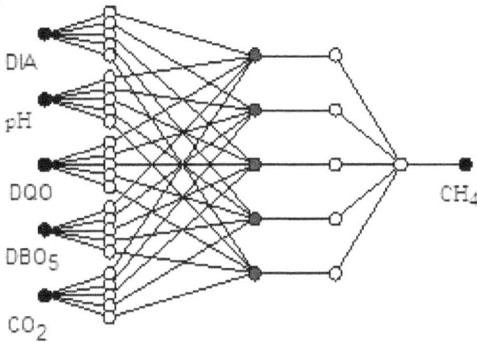

Figura 20.7. Modelo de un sistema MISO.

Los *modelos matemáticos* pueden resolverse por métodos analíticos o por métodos numéricos. La solución analítica de un modelo matemático consiste en la obtención de una expresión que puede ser calculada para obtener valores exactos de las variables de salida bajo interés, y hace uso de la probabilidad para determinar la curva de distribución de frecuencias. Los métodos numéricos de solución se fundamentan en la discretización y aproximación de los valores numéricos de las variables del modelo, usualmente el tiempo o el espacio. Sobre esta dirección se tienen modelos como los presentados por Zacharof y Butler (2003).

En los casos en que no es posible obtener los resultados a través de cálculos analíticos, la integración de las computadoras ha tenido un gran impacto, permitiendo resolver ecuaciones a través de sus simulaciones, que de lo contrario serían intratables.

Los modelos matemáticos pueden clasificarse se la siguiente manera.

Los modelos estáticos se definen en un punto fijo del tiempo, sus relaciones no dependen del comportamiento del sistema, solo se analiza su estructura. Por ejemplo, la fórmula de balance de agua (ecuación 20.1), en la que se equiparan las entradas de agua menos las salidas con el fin de calcular el volumen de lixiviados (Borzacconi et ál., 1996).

Ec. 20.1

Lix = P - Esc - Evt – Ret

Donde:

Lix= Cantidad de lixiviado generada.

P = Precipitaciones pluviales.

Esc= Escorrentía superficial.

Evt= Evapotranspiración del suelo de cobertura.

Ret= Variación de humedad retenida en los residuos y el suelo.

Por otra parte, los *modelos dinámicos* se caracterizan porque el estado del sistema sufre cambios en el tiempo; un ejemplo es el modelo de degradación biológica de los residuos sólidos. Entre los trabajos publicados con este tipo de modelos, tenemos a Lobo et ál. (2002a y 2002b), White et ál. (2004) y Valvilin et ál. (2006), entre otros. A continuación (ecuación 20.2), se muestra un modelo matemático propuesto por la EPA (2005), que utiliza una ecuación de degradación de primer grado para estimar volumen de generación de biogás tanto en metros cúbicos por minuto (m^3/min) como por hora (m^3/h).

Ec. 20.2

$$Q_{CH_4} = \sum_{i=1}^{n} \sum_{j=0.1}^{1} kL_o\left(\frac{M_i}{10}\right)e^{-kt}ij$$

Donde:

Q_{CH4} = Generación anual de metano en el año de cálculo (m^3/año).

i = 1 año de incremento en el tiempo.

n = Año inicial de recepción de residuos.

k = Índice de generación de metano (año^{-1}).

L_0 = Capacidad de generación potencial de metano (m³ / Mg).

M_i = Masa de residuos sólidos dispuestos en el año i (Mg).

t_{ij}= Edad de la j-ésima sección de la masa de residuos M_{ij} aceptada en el i-ésimo año.

Los *modelos determinísticos* no contienen componentes probabilísticos, su salida es determinada una vez que se especifican las relaciones, cantidades y entradas. Como ejemplo de este tipo de modelos se encuentran los de generación de residuos sólidos de Ojeda et ál. (2008) y Buenrostro et ál. (2001). Los *modelos probabilísticos,* en cambio, producen salidas que son aleatorias y deben tratarse como una estimación de las verdaderas características del modelo. En este caso, podría mencionarse el desarrollo de modelos probabilísticos de evaluación de riesgos ambientales.

Los *modelos empíricos* se sustentan en la identificación de relaciones estadísticamente significativas entre ciertas variables, que se asumen como esenciales y suficientes para modelar el comportamiento del sistema. Esta clase de modelos también se denomina "modelos de caja negra", y se diseñan enteramente a partir de datos experimentales, sin tener en cuenta la interpretación de los parámetros que los definen. Los modelos desarrollados con redes neuronales, sistemas de inferencia difusos y con análisis de regresión lineal son ejemplificaciones de modelos de este tipo (Gurijala et ál., 1997; Ozcan, 2008; Karaca y Ozkaya, 2006).

Los *modelos de soporte físico o fenomenológico* son también conocidos como "modelos de caja blanca". Este tipo de modelos reflejan las propiedades del sistema real. Para su construcción se utiliza el conocimiento previo y los principios físicos involucrados. Todas las variables y constantes pueden interpretarse como términos físicos que son conocidos a *priori*.

Modelos de gestión integral de residuos

Un plan integral para el manejo de los residuos sólidos (RS) es el conjunto de acciones normativas, operativas, financieras, de planeación, administrativas, sociales, educativas, de monitoreo, supervisión y evaluación en las distintas etapas de su ciclo de vida, desde la generación hasta su disposición final. La gestión integral de RS es deseable a efecto de lograr beneficios ambientales, la optimización económica de su manejo y su aceptación social, de acuerdo con las necesidades y circunstancias de cada localidad o región.

Los modelos que permiten simular el impacto de un plan de gestión de residuos sólidos ayudan a visualizar los efectos a corto, mediano y largo plazo. Este tipo de modelos en particular tiene como usuarios a tomadores de decisiones dentro del ramo gubernamental, empresarial, asociaciones comerciales y autoridades financieras.

En la actualidad, la toma de decisiones en el ámbito ambiental para la resolución de problemas hace uso de una amplia gama de herramientas y enfoques que han sido empleados en el desarrollo de modelos de gestión, acorde a los objetivos que se persigan. Las herramientas de modelado permiten crear un "simulacro" del sistema a bajo costo y riesgo mínimo. A bajo costo porque solamente son un conjunto de gráficos y textos que representan el sistema, pero no son el sistema físico real (el cual es sensiblemente más costoso). La minimización de riesgos reside en que los cambios que se requieran realizar (por errores o cambios en los requerimientos) se pueden realizar más fácil y rápidamente sobre el modelo que sobre el sistema ya implementado. A continuación, se hace una breve descripción de las herramientas empleadas en modelos de gestión de los RS.

HERRAMIENTAS EN EL DESARROLLO DE MODELOS DE GESTIÓN

Dinámica de sistemas: Se emplea en la simulación de sistemas complejos tales como los de gestión de residuos y es capaz de tratar con suposiciones acerca de las estructuras del sistema de manera estricta y, en particular, de vigilar los efectos de los cambios en los subsistemas y sus relaciones, por lo que es considerada una herramienta para la toma de decisiones. Combinados con las computadoras, los modelos de dinámica de sistemas permiten una simulación eficaz de sistemas complejos (Karavezyris et ál., 2002).

Ingeniería de sistemas: Es un enfoque interdisciplinario que facilita el estudio y la comprensión de un sistema de la realidad, con el fin de implementar u optimizar sistemas complejos que satisfacen necesidades humanas. Esta tecnología trata de integrar otras disciplinas y grupos de especialidad en un proceso de desarrollo estructurado, trasladando el conocimiento de investigación a una aplicación de *software* (Ljunggren, 2000).

Programación lineal: La palabra "programación" es un sinónimo de "planeación". El adjetivo *lineal* significa que todas las funciones matemáticas del modelo deben ser lineales. Así, la programación lineal trata la planeación de las actividades para obtener un resultado óptimo, esto es, el resultado que mejor alcance la meta especificada (según el modelo matemático) entre todas las alternativas de solución (Abou et ál., 2002a y 2002b).

Programación estocástica: Esta técnica trata con situaciones en las cuales algunos o todos los parámetros del modelo se describen mediante variables aleatorias. Es una herramienta empleada en el desarrollo de modelos de optimización. La idea de la programación estocástica es convertir la naturaleza probabilística del problema en una situación determinista equivalente, cuando los parámetros que conforman el modelo son de índole cualitativa o bien son poseedores de cierto grado de incertidumbre (Huang et ál., 2001).

Programación por metas: Es un enfoque para tratar problemas de decisión gerencial que comprenden metas múltiples o inconmensurables, de acuerdo a la importancia que se le asigne a estas metas. Se emplea para resolver problemas en los que las autoridades y técnicos fijan valores deseables para los costos y las medidas de riesgo y nulautilidad como objetivos. El objetivo es minimizar la suma de las desviaciones positivas (Santos et ál., 2001).

Lógica difusa. Es una técnica empleada cuando la complejidad del proceso que se desea modelar es muy alta o no existen modelos matemáticos precisos para representar procesos no lineales, o bien cuando se involucran definiciones y conocimiento impreciso o subjetivo con cierto nivel de vaguedad (Garg et ál., 2006).

Regresión lineal: Es una herramienta usada en el análisis de datos que presentan una relación causa-efecto, es un método matemático que modela la relación entre una variable dependiente Y, las variables independientes X_i y un término aleatorio ε (Buenrostro et ál., 2001; Ojeda et ál., 2008).

Las herramientas de modelado permiten concentrarse en ciertas características importantes del sistema, prestando menos atención a otras. Los modelos resultantes son una buena forma de comprobar si están representados todos los requerimientos del sistema, como también saber si el analista comprendió lo que hará el sistema. Algunos ejemplos de modelos se citan a continuación.

En Chile, específicamente en la región metropolitana, donde se presenta la mayor concentración de la población, se observó un mayor crecimiento en la demanda de infraestructura y servicios en comparación al ritmo en que era posible otorgarlos.

En 2005, los RS domiciliarios representaban un problema complejo, el cual integraba conceptos ambientales, económicos, institucionales y sociales. La gestión de los RS domiciliarios había sido abordada en variadas oportunidades por la opinión pública, la prensa, el Gobierno, la comunidad, entre otros. Sin embargo, solo se tenían planes desde una óptica medioambiental, pero no sustentable desde el punto de vista económico.

Por ende, fue necesario estimar el impacto de un plan de gestión para el manejo de residuos domiciliarios, considerando la población, su condición socioeconómica, la presencia de vertederos ilegales, estaciones de transferencia y rellenos sanitarios. El objetivo del modelo desarrollado por Vásquez (2005) fue proporcionar una herramienta que permitiera conocer el comportamiento de los RS domiciliarios en la región metropolitana, visualizando el impacto económico de un plan de gestión en el corto, mediano y largo plazo. El modelo presentó más de 300 variables y 40 parámetros, contemplando desde la evolución de la población de la región según condición socioeconómica, hasta los beneficios energéticos y económicos asociados a los residuos reciclados. La programación del modelo se realizó con el *software* Powersim®, con el método de integración Runge-Kutta de cuarto orden, y el paso de tiempo fue de un año. El periodo de simulación comprendió 18 años. El modelo programado permitió estimar la generación de RS domiciliarios por comunas, según nivel socioeconómico, asociadas al relleno sanitario donde depositaban sus residuos. A continuación, se presenta un ejemplo de un modelo construido con dinámica de sistemas (figura 20.8).

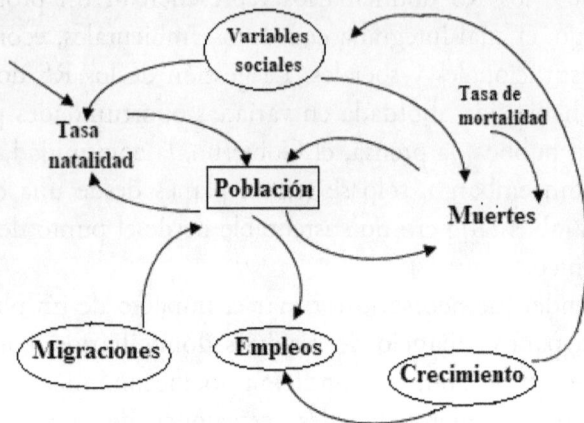

Figura 20.8. Modelo de población.

En Berlín, Alemania (2002), para la toma de decisiones y la planificación de la gestión de RS era de suma importancia disponer de estimaciones en las cantidades generadas de RS municipales. Para tal fin, Karavezyris et ál. (2002) buscaban un modelo que permitiera predecir el desarrollo de un complejo y dinámico sistema de gestión de residuos. Bajo el supuesto de una falta general de teorías que permitieran describir adecuadamente este tipo de sistemas, desarrollaron un enfoque integral para el modelado de sistemas, tomando a Berlín como caso de estudio.

Los elementos bajo consideración fueron la evolución demográfica, instalaciones y costos de recuperación de materiales, tratamiento y eliminación de residuos, actividades de producción, comportamiento del medio ambiente y cambios legislativos. El modelo se encaminó a un doble objetivo: el primero consistió en incorporar los fenómenos que fueron fácilmente mensurables o tratables en el proceso de modelado y que revisten una gran importancia para la descripción de la gestión de los residuos. El segundo fue usar los resultados del trabajo de investigación en un modelo de simulación para un caso real, con el propósito de realizar estimaciones a largo plazo. Emplearon dinámica de sistemas como la base metodológica, con el propósito de explorar los sistemas de gestión de residuos. Esta técnica les permitió hacer frente a supuestos sobre las estructuras del sistema de una manera rigurosa y, en particular, a los efectos de los cambios en los subsistemas y sus relaciones logrando representar estos cambios y hacerlos transmisibles.

El modelo se programó empleando el *software* Vensim® 3.0. e integró el conocimiento del experto por medio de variables lingüísticas, a través de lógica difusa, con el fin de reforzar la confianza en la validez del modelo. En la figura 20.9 se presenta un diagrama causal, similar a los obtenidos en el trabajo anteriormente descrito.

El modelo descrito demuestra que la estimación en la gestión de RS urbanos puede facilitarse por medio de la dinámica de sistema, aprovechando la lógica difusa como herramienta complementaria al integrar variables cualitativas para un enfoque integral del modelado.

Figura 20.9. Diagrama de ciclos causales.

La tabla 20.1 presenta una serie de modelos en los cuales se ha empleado la ingeniería de sistemas y otras herramientas, así como los alcances de cada modelo usado en la gestión integral de RS.

Tabla 20.1. Modelos usados en la gestión integral de residuos sólidos.

Objetivo	Herramienta	Autores
Proporcionar mejoras en el sistema nacional de planificación de gestión de residuos, ofreciendo una guía a los responsables municipales y regionales para el manejo de situaciones de difícil planificación.	Ingeniería de sistemas.	Ljunggren (2000).
Explicar y predecir la generación de RS utilizando una ecuación y estadísticas socioeconómicas con un margen de error aceptable, que permite observar en conjunto los elementos interrelacionados, así como la identificación de puntos críticos.	Ingeniería de sistemas, bajo un sistema de información.	Rodríguez (2005).
Buscar una mejora en los métodos de optimización existentes, con ventajas en el cálculo de incertidumbre, disponibilidad de los datos y exigencia del cálculo computacional. Permite incorporar al análisis la posibilidad de modificar las decisiones a medida que se van conociendo los eventos.	Programación estocástica y parámetros de programación lineal.	Huang et ál. (2001).
Apoyar en la toma de decisiones, en el sistema de gestión de residuos, considerar aspectos socio-económicos y ambientales. Informar sobre las tasas de generación, composición, recolección, tratamiento y disposición de residuos sólidos.	Programación lineal en un marco de optimización dinámica.	Abou et ál. (2002a, 2002b).

MODELOS COMO UNIDADES DE OPERACIÓN EN UN SISTEMA DE GESTIÓN

Uno de los retos que enfrentan las autoridades municipales con respecto a la gestión de los RS es estimar la cantidad de residuos que se generan en los hogares, de tal manera que les permita establecer un adecuado sistema de cobro y de recolección. Debido a su importancia, se han analizado unidades individuales de operación dentro del sistema de gestión. Entre las unidades más relevantes se encuentran: la estimación en la tasa de gestión de generación de residuos residenciales y no residenciales, la predicción del capital y gastos de funcionamiento de los nuevos rellenos sanitarios, así como la localización y disposición de los residuos.

Por otra parte, los modelos de generación de residuos suelen agruparse en dos clases: *descriptivos* (*D*) y *predictivos* (*P*). Los primeros se expresan en términos de la tasa de generación de residuos y proveen información acerca de la generación de los residuos por su origen, tal como el sector residencial, comercial, institucional e industrial. Los *modelos predictivos* se desarrollan empleando métodos estadísticos, correlación de variables socioeconómicas, regresión lineal, análisis de componentes principales o indicadores que sugieren la generación potencial de residuos sólidos (Buenrostro et ál., 2001). En la tabla 20.2 se describe brevemente una serie de modelos empleados como unidades individuales de operación dentro del sistema de gestión.

Liliana Márquez-Benavides (ed.)

Tabla 20.2. Modelos de gestión como unidades individuales de operación.

Objetivo	Herramienta	Autores
Estimar la tasa de generación de residuos residenciales y no residenciales. Explicar el comportamiento de los RS, útiles como herramientas de análisis para el diseño de programas de gestión (P).	Análisis de regresión múltiple con herramientas estadísticas.	Buenrostro et ál. (2001), Ojeda et ál. (2008), Rodríguez et ál. (2005b).
Predecir el capital y los gastos de funcionamiento de los nuevos rellenos sanitarios, para la disposición de los residuos. Herramienta útil para organismos locales, al permitirles evaluar la cantidad de dinero necesario para iniciar y ejecutar este tipo de proyectos (P).	Ingeniería de sistemas.	Srivastava (2003).
Estimar la producción de residuos, considerando: densidad poblacional, densidad máxima construida, tráfico comercial, área y tipo de tiendas, red de carreteras. Efectividad del modelo en términos de su capacidad de clasificación. Herramienta útil para planificadores y tomadores de decisiones en el proceso de generación de RS (D).	Sistema inteligente basado en lógica difusa.	Karadimas et ál. (2006).
Desarrollar una herramienta integrada con soporte en la toma de decisiones, ayudando en la evaluación de opciones de gestión de residuos con respecto a los criterios ambientales, económicos y sociales. El modelo puede ser implementado como herramienta de soporte en la toma de decisiones, de gran utilidad para planificadores (D).	Modelo econométrico de pronóstico.	Beige et ál. (2004).
Analizar los principios y las estructuras de modelación de localización óptima de actividades indeseables, revisando criterios tanto de "justicia espacial" en la distribución de externalidades, como de "eficiencia espacial" en la localización. Se obtuvieron resultados al considerar diversas variables, que van desde lo económico a lo social, además de establecer diversos escenarios para la modelación de problemas específicos (P).	Metodología de Box-Jenkins, que permite determinar parámetros de modelos de tipo estocástico.	Medina y Cerda (2008).
Establecer las mejores ubicaciones de un máximo de p centros de tratamiento nuevos, considerando los centros existentes y los generadores de residuos, atendiendo a criterios económicos y factores de riesgo y equidad. El modelo se aplica en una situación aproximada a la real en la gestión de RS en la isla de Gran Canaria. Permite realizar un análisis computacional sobre la influencia del tamaño de problema en el comportamiento del modelo y estudiar la conveniencia de utilizar algoritmos heurísticos (P).	Programación por metas en un modelo de decisión multicriterio.	Santos et ál. (2001).

MODELOS PARA LA ESTIMACIÓN DE BIOGÁS

En los rellenos sanitarios y en los tiraderos a cielo abierto se genera biogás, como resultado de la biodegradación de la materia orgánica bajo condiciones anaeróbicas, con una concentración de metano (CH_4) entre 50 y 60 %. Cuando este gas no se controla, aprovecha o se trata, representa un riesgo tanto para las poblaciones circunvecinas, pues puede provocar explosiones e incendios, como para el ambiente, ya que aumenta la concentración de gases de "efecto invernadero", los cuales contribuyen al cambio climático.

Sin embargo, el CH_4 puede recuperarse y aprovechar su poder calórico como carburante en automotores, o en calderas y turbinas para generar electricidad, siempre y cuando sea económicamente viable (Ozkaya et ál., 2007). Para ello, se han desarrollado una serie de modelos cuyo objetivo principal es la estimación de la tasa de producción de biogás. A continuación se presentan algunos modelos, clasificados de acuerdo a la herramienta con que se desarrollaron.

HERRAMIENTAS MATEMÁTICAS

La modelización matemática es una herramienta que permite la comprensión y el análisis de sistemas complejos con éxito a mayor o menor escala. Se han efectuado variados experimentos tanto a escala campo como a nivel laboratorio, que han dado origen a una serie de modelos matemáticos, cuyo objetivo es simular tanto la cantidad como la calidad del biogás generado en el proceso de biodegradación de los RS. Sin embargo, debe tenerse en cuenta que algunos modelos se encuentran muy simplificados debido a la complejidad del proceso; otros, en cambio, suelen ser aplicables a experimentos muy específicos o requieren una gran cantidad de datos de entrada, por lo que tienden a ser reajustados (Lobo et ál., 2002a y 2002b; White et ál., 2004). Como ejemplo, se describe el trabajo de Vavilin et ál. (2006), cuyo objetivo fue desarrollar un modelo manejable e interpretable. Para ello se realizaron varios supuestos y simplificaciones en los procesos de descomposición de los RS. Emplearon datos experimentales de reactores de 100 L que simulaban un relleno sanitario con RS de un área residencial. En este trabajo se desarrolló un modelo distribuido unidimensional (1-D) que simula el flujo vertical de agua. Primeramente, los residuos orgánicos fueron divididos en dos fracciones de acuerdo con su degradabilidad: fácilmente degradables y recalcitrantes. Después, para estudiar la transformación de todos los procesos que involucraban la conversión de los ácidos orgánicos volátiles (AOV) a CH4, fueron agrupados como un solo paso en el modelo. Y, finalmente, la digestión anaeróbica de los residuos fue considerada como un proceso de dos etapas, es decir; acidogénesis y metanogénesis, en la que los productos de la fermentación se consideraron como un único intermediario, con el antecedente de que los AOV sirven como precursores para la producción de CH4. Emplearon cinética de Monod para describir la fase de metanogénesis y el crecimiento de la biomasa de microorganismos metanogénicos. En la figura 20.10, se esquematizan algunas de las transformaciones consideradas en el análisis cinético del modelo presentado anteriormente.

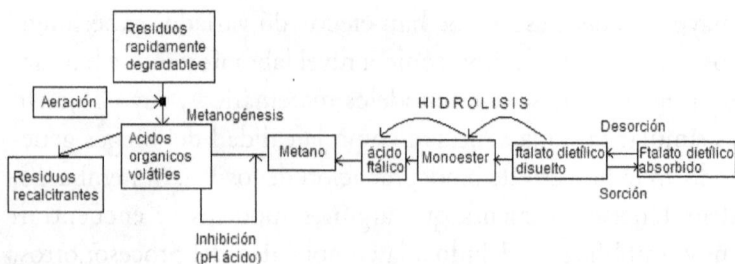

Figura 20.10. Esquema de codigestión de diferentes fracciones de RSU.

El modelo demostró que la inhibición de los procesos hidro-líticos y metanogénicos se produce durante la fase acidogé-nica, y podría superarse al mejorar el entorno químico o por la oxidación completa de la fracción fácilmente degradable de los residuos. La validez del modelo se confirmó usando datos experimentales de reactores paralelos, que fueron sometidos a continuos cambios de lixiviados forzando al reactor a man-tenerse en condiciones estables metanogénicas. La tabla 20.3 describe algunos de los modelos matemáticos desarrollados para la estimación de CH_4, así como la herramienta empleada para su diseño.

Tabla 20.3. Modelos matemáticos para estimación de CH_4.

Objetivo del modelo	Herramienta	Autor
Evaluar los efectos simultáneos de 10 factores ambientales sobre la tasa de producción de CH_4. Se demostró la capacidad del modelo para mostrar las razones de las variaciones en la producción de CH_4 explicando el 95,85%.	Regresión múltiple.	Gurijala et ál., (1997).
Estimar las tasas de emisión de gases del relleno como: CH_4, CO_2, compuestos orgánicos y contaminantes en el aire. Emplear las cantidades de residuos dispuestos acumulados a través del tiempo. Proyecciones para años múltiples son desarrolladas variando la proyección del anual.	Ecuación de biodegradación de primer grado.	EPA (2005).
Analizar las leyes que rigen el desplazamiento de biogás dentro del relleno. Considerar que el gas se genera continuamente a través de la masa de residuos en el relleno. Estimar la producción total del flujo de gas en el relleno.	Modelo de flujo de diferencias finitas en dos dimensiones.	Martin et ál. (2001).
Analizar el equilibrio entre la tasa de hidrólisis, acidogénesis y acetogénesis, metanogénesis durante la digestión anaerobia de los RS. Considerar los RS iniciales y la distribución de biomasa, así como los procesos bioquímicos/microbiológicos. Comprobar el efecto benéfico del flujo de lixiviados y la reducción del tiempo de degradación de los residuos en la producción de CH_4.	Ecuaciones diferenciales parciales y un esquema cinético simplificado de primer orden.	Vavilin et ál. (2002).

HERRAMIENTAS DE INTELIGENCIA ARTIFICIAL

La inteligencia artificial es una disciplina relativamente reciente que se complementa del trabajo de varias áreas. Es una tecnología desarrollada con la intención de reproducir las características propias del ser humano, como su capacidad de razonar, identificar objetos y sonidos, así como analizar situaciones relacionadas con la toma de decisiones. Algunas aproximaciones son:

-*Sistemas expertos y lógica difusa.* Tecnologías que permiten resolver problemas de toma de decisiones y funcionan sobre la base de la descripción verbal del proceso de solución.

-*Algoritmos genéticos.* Método de búsqueda dirigida basada en probabilidad, empleado comúnmente en modelos de optimización.

-*Redes neuronales.* Normalmente suelen emplearse para predicción (variables cuantitativas) o clasificación (variables cualitativas). Resuelven problemas de identificación de patrones a partir de datos del tipo causa-efecto predeterminados. Suelen ser modelos de caja negra con estructuras MISO o SISO.

Las redes neuronales se han convertido en una herramienta útil en el modelado de sistemas ambientales. Como ejemplo se presenta el modelo desarrollado por Abdallah et ál., (2008), cuyo objetivo fue desarrollar un sistema de lógica difusa capaz de simular la generación de biogás en un birreactor anaerobio. Buscaban controlar y manipular la influencia del contenido de humedad y nutrientes para acelerar la biodegradación de RS municipales, aprovechando las ventajas de la lógica difusa, en el tratamiento de sistemas complejos, mal estructurados y que son descritos cualitativamente.

Este trabajo tiene una estructura tipo MISO en la cual consideran como variables de entrada el tiempo, la recirculación de lixiviados y la adición de lodos, y como variable de salida la generación de biogás. Para ello emplearon seis biorreactores anaeróbicos que contenían RS de Ottawa, Canadá. Emplearon lodos de la planta tratadora de aguas de esta misma ciudad, que recircularon junto con los lixiviados. Los datos generados experimentalmente en los biorreactores permitieron construir y calibrar la base de reglas de inferencia difusa del sistema. La evaluación del modelo se llevó a cabo comparando las predicciones con los datos experimentales, lo que permitió la construcción de las reglas difusas y la calibración de las funciones de membresía.

Posteriormente, el modelo fue validado con datos tanto medidos como recopilados de la bibliografía. El análisis estadístico permitió corroborar los resultados obtenidos por el modelo, este incluyó un análisis de regresión lineal y el cálculo del error cuadrático medio (MSE) entre los datos reales y los estimados. Como resultado de los datos experimentales, observaron que fue mayor el efecto positivo con la recirculación de lixiviados que la adición de lodos. De acuerdo al reporte, la aplicación del sistema de lógica difusa en la modelización el proceso de biodegradación de RSU puede ser considerada como una técnica exitosa para simular el gran número de procesos físicos y bioquímicos que tienen lugar dentro del biorreactor. La tabla 20.4 describe algunos modelos que han empleado herramientas de inteligencia artificial con el fin de estimar metano.

Tabla 20.4. Modelos para estimación de biogás empleando inteligencia artificial.

Objetivo	Herramienta	Autores
Estimar k considerando el promedio anual de precipitación, promedio diario de temperatura, fracción biodegradable de residuo y profundidad del relleno. Las predicciones resultaron ser razonablemente precisas.	Lógica difusa.	Garg et ál., (2006).
Predecir la producción de CH_4 en el biogás procedente de dos biorreactores a escala campo, operados con y sin recirculación de lixiviados. Considerar factores ambientales como la adición de agua (recirculación), la temperatura y los lixiviados de los residuos durante un periodo de 34 meses. Recomendar estrategias en la recirculación de lixiviados.	Redes neuronales.	Ozcaya et ál., (2007).
Evaluar las concentraciones de CH_4 a partir de datos reales del relleno. Se midieron por 3,5 años CH_4, CO_2 y O_2 (24 medidas por día), con el fin de monitorear variaciones a corto y largo plazo. Los cambios en las concentraciones del CH_4 fueron estimadas efectivamente.	Algoritmos genéticos.	Ozcan et ál. (2008).

MODELOS PARA ESTIMAR LIXIVIADOS

Los lixiviados se forman cuando el contenido de humedad en los residuos excede la capacidad de campo. La cantidad de lixiviados puede ser estimada empleando un enfoque de balance de agua o balance hídrico, el cual considera las cantidades de agua que ingresan en el relleno como precipitación, humedad del residuo y recirculación de lixiviados, así como las cantidades de agua que abandonan el relleno como agua consumida en las reacciones bioquímicas y en la evaporación (Tchobanoglous, 1994; Safari y Baronian, 2002).

Desde este punto de vista, se han desarrollado una serie de modelos, cuya limitación puede ser el déficit de datos de campo para la calibración, lo cual limita la confianza en la predicción. La tabla 20.5 presenta algunos de estos modelos.

Tabla 20.5. Modelos que emplean balance hídrico para la estimación de lixiviados.

Objetivo	Autor
Estimar la cantidad de lixiviados generados en un relleno de Teherán. Considerar patrones de precipitación, evaporación y capacidad de campo en función del tiempo y las entradas/salidas del relleno debido a la infiltración y evaporación de agua.	Safaria y Baronian (2002)
Estimar el caudal de lixiviados especificando condiciones de diseño y operación del relleno. Considerar la velocidad de hidrólisis del material particulado y los fenómenos de transporte. Es factible la estimación si se conocen tanto las características de operación del relleno como los datos climatológicos.	Borzacconi et ál. (1996).
Estimar la cantidad de lixiviados de un relleno. El modelo HELP se basa principalmente en datos meteorológicos detallados y características de los residuos, del suelo y del diseño del relleno, pero excluye reacciones bioquímicas. Se emplea en sitios abiertos, completamente o parcialmente cerrados. Opera sobre una interfaz de usuario.	Schroeder (1994).
Estimar la cantidad de lixiviados generados en un relleno no controlado, sin contar con información previa. Los flujos de entrada y de salida en el relleno fueron establecidos a partir de los flujos teóricos en otros rellenos. Emplear datos climatológicos y de población para calcular la cantidad de lluvia y el área del relleno. Es factible el empleo del balance hídrico.	Vadillo y Carrasco (2005).

También se han reportado modelos que buscan explicar lo que sucede dentro del relleno, específicamente en el proceso de biodegradación de los residuos desde un enfoque integral. Para alcanzar este fin, ha sido necesario el empleo de una serie de herramientas que van más allá del uso de un balance de masas. Dentro de este tipo, destaca el trabajo de Karaca y Ozkaya (2006), quienes propusieron un método para modelar el caudal de lixiviados en el relleno de Estanbul/Odayeri con redes neuronales artificiales, en conjunción con un sistema para controlar la cantidad de lixiviados en el relleno sanitario, muy similar a la que se presenta como ejemplo en la figura 20.11.

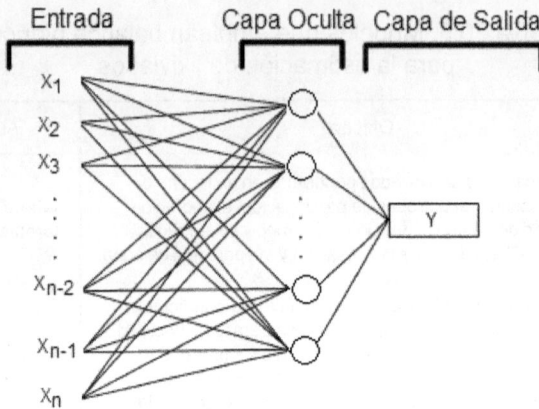

Figura 20.11. Estructura de la red neuronal empleada para estimar flujo de lixiviados.

Este sistema tuvo como fin desplegar advertencias al centro de control del relleno cuando se sobrepasasen los umbrales superiores en el volumen de lixiviados en un área del relleno, además de enviar información a las autoridades superiores y a la administración, para reducir el flujo diario de lixiviado a niveles no nocivos. Se emplearon un total de 11 variables de entrada, entre ellas el flujo diario de lixiviados y datos climatológicos, las cuales mediante el análisis de componentes principales fueron reducidas. Por medio de la red neuronal, generaron el algoritmo para minimizar el error entre el valor real y el valor de salida. La salida de la red neuronal se definió empleando datos meteorológicos en un periodo de tiempo determinado y calculando el caudal de los lixiviados de acuerdo con las mediciones o información meteorológica proporcionada.

La velocidad diaria del flujo de lixiviado desde el relleno se consideró como un parámetro crítico del modelo (salida de la red). La totalidad de los datos fue dividida en 50% para entrenamiento, 25% para validación y 25% para prueba del modelo. Se evaluaron 13 algoritmos *backpropagation* para entrenamiento, seleccionando como el mejor al algoritmo Levenberge-Marquardt con 22 neuronas en una red neuronal de dos capas, con una función de transferencia tangente-sigmoidea en la capa oculta y una función de transferencia lineal en la capa de salida. La red neuronal presentó ocho parámetros de entrada y una salida, que fueron esenciales para modelar la tasa de flujo de lixiviados. En la tabla 20.6, se presentan algunos modelos para la estimación de lixiviados o biogás, cuyo desarrollo ha seguido un enfoque integral.

Tabla 20.6. Modelos para estimar lixiviados y biogás desde un enfoque integral.

Objetivo	Herramienta	Autores
Evaluar los efectos ambientales de los rellenos. MODUELO emplea información climatológica, producción de residuos y datos de diseño del relleno. Simula las reacciones biológicas de hidrólisis de sólidos y la gasificación del material biodegradable disuelto. Estima los lixiviados producidos en cierto período, así como su contaminación orgánica y los gases generados en el proceso de biodegradación.	Integración y simplificación, modelos determinísticos.	Lobo et ál. (2002a y 2002b).
Simular procesos hidrológicos y bioquímicos que ocurren en el relleno desde una representación integrada del ambiente. La salida proporciona una base para hacer predicciones razonables sobre el estado del sitio de disposición. Puede utilizarse como una herramienta para la modelización de procesos del relleno; se sugiere la realización de pruebas para determinar su rendimiento.	Ecuaciones de descomposición bioquímica de los residuos.	Zacharof y Butler (2003).
Desarrollar un modelo genérico espacialmente distribuido que pueda contener y enlazar submodelos de otros procesos del relleno. Apoyo en las investigaciones relacionadas con las características de compresión y consolidación en la biodegradación de los residuos, la aceleración y estabilización de la degradación de RS usando recirculación lixiviados.	Modelo numérico.	White et ál. (2004).

REFERENCIAS BIBLIOGRÁFICAS

Abdallah, M S., Fernandes L., Rendra S., 2009. "A fuzzy logic model for biogas generation in bioreactor landfills". *Canadian Journal of Civil Engineering* 36:701-708.

AbouNajm, M., El-Fadel, M., Ayoub, G., El-Taha, M., Al-Awar, F., 2002a. "An optimisation model for regional integrated solid waste management I. Model formulation". *Waste Management & Research* 20:37-45.

AbouNajm, M., El-Fadel, M., Ayoub, G., El-Taha, M., Al-Awar, F., 2002b. "An optimization model for regional integrated solid waste management II. Model application and sensitivity analyses". *Waste Management Research* 20:46-54.

Baird, D.C., 1991. *Experimentación: Una introducción a la teoría de mediciones y al diseño de experimentos* (2.da ed.), Pearson Educación Prentice Hall Hispanoamericana S.A.

Beigl, P., Wassermann, G., Schneider, F., Salhofer, S., 2004. "Forecasting municipal solid waste generation in major European cities" [en línea]. En: Pahl-Wostl, C., Schmidt, S., Jakeman, T. (eds.). *iEMSs 2004 International Congress: Complexity and Integrated Resources Management*. Osnabrueck, Alemania. <http://www.iemss.org/iemss2004/pdf/regional/beigfore.pdf>. (Última consulta: 29-de octubre de 2010.

Borzacconi, L., López, I., Anido, C., 1996. *Metodología para la estimación de la producción y concentración de lixiviado de un relleno sanitario. AIDIS. Consolidación para el desarrollo.* México, D.F. AIDIS.

Buenrostro O., Bocco G., Vence J., 2001. "Forescasting Generation of urban Solid Waste in Developing Countries-A Case Study in México". *Air &WasteManage. Assoc* 51:86-93.

Bunge, M., 1975. *Teoría y realidad*. Ed. Ariel. Barcelona, España.

EPA (U.S. Environmental Protection Agency), 1997.*Energy Project Landfill Gas Utilization Software (E-PLUS), Project Development Handbook,* Atmospheric Pollution Prevention Division, Office of Air and Radiation, U.S. Environmental Protection Agency, Washington, D.C.

EPA (U.S. Environmental Protection Agency), 2005.*Landfill Gas Emissions Model (LandGEM) Version 3.02 User's Guide.* Office of Research and Development Washington. D.C.

Garg, A., Achari, G. y Joshi C. R., 2006. "A model to estimate the methane generation rate constant in sanitary landfills using fuzzy synthetic evaluation". *Waste Management & Research* 24:363-375.

Gurijala, K.R., Sa P. y Robinson, J.A., 1997. "Statistical Modeling of Methane Production from Landfill Samples". *Applied and Environmental Microbiology* 63(10): 3797-3803.

Heinich, R., 1975. *Tecnología y Administración de la enseñanza*. Ed. Trillas, México.

Huang, G.H., Sae-Lim, N., Liu, L. y Chen Z., 2001. "An interval-parameter fuzzy-stochastic programming approach for municipal solid waste management and planning". *Environmental Modeling and Assessment*6:271-283.

Karadimas, V. N., Loumos, V., Orsoni, A., 2006. *Municipal solid waste generation modelling based on fuzzy logic. Proceedings 20th European Conference on Modelling and Simulation.*

Karaca, F. y Ozkaya, B., 2006. *NN-LEAP: A neural network-based model for controlling leachate flow-rate in a municipal solid waste landfill site Environmental Modelling& Software 21,*pp. 1190-1197.

Karavezyris, V., Timpe, K., Marzi, R., 2002. "Application of system dynamics and fuzzy logic to forecasting of municipal solid waste". *Mathematics and Computers in Simulation* 60:149-158.

Ladriere, Jean, 1978. *El reto de la racionalidad, la ciencia y la tecnología frente a las culturas. España: Sígueme.* Serie Herneia, N.o11.

Ljunggren M., 2000. "Modelling National Solid Waste Management". *Waste Management & Research* 18:525-537.

Lobo, G.C.A., Herrero, L.J., Montero, F.O., Tejero, M.I., 2002a. "Modelling for environmental assessment of municipal solid waste landfills (part 1: Hydrology)". *Waste Manage Research* 20:198-210.

Lobo, G.C. A., Herrero, L.J., Montero, F.O., Tejero, M.I., 2002b. "Modelling for environmental assessment of municipal solid waste landfills (part II: Biodegradation)". *Waste Manage Researchs*20:514-528.

Medina, T. M., Cerda, T. J., 2008. "Modelo de localización óptima de actividades no deseadas aplicado a los residuos sólidos en la región metropolitana". *Ingeniare. Revista Chilena de Ingeniería* 16(1):211-219.

Ojeda, B. S., Lozano-Olvera, G., Adalberto, M.R., Armijo de Vega, C., 2008. "Mathematical modeling to predict residential solid waste generation". *Waste Management* 28:S7-S13.

Ozcan, H.K, Balkaya, N., Bilgili, E., Demir, G., Nuri, O. y Bayat C., 2008. "Modeling of methane distribution in a landfill using genetic algorithms". *Environmental Engineering Science* 26 (4):1-9.

Ozkaya, B., AhmetDemir, A., Sinan M.B., 2007. "Neural network prediction model for the methane fraction in biogas from field-scale landfill bioreactors". *Environmental Modelling & Software* 22:815-822.

Rodríguez Salinas, M.A., 2005. *Modelo sistémico de la gestión de residuos sólidos urbanos.* México, D.F., AIDIS / DIRSA, pp. 1-7.

Rodríguez, S.M.A., Toledo, S.W., Meraz, C.R.L., 2005. *Diseño de un modelo matemático de la generación de residuos sólidos municipales en Nicolás Romero, México.* Congreso Interamericano de Residuos, Mérida, AIDIS / DIRSA, pp. 1-11.

Safari, E.yBaronian, C., 2002. *Modeling temporal variations in leachate quantity generated at Kahrizak Landfill. Proceedings of International Environmental Modeling Software Society, (IEMSS'02),* Faculty of Environmental Engineering, University of Tehran, Irán, pp. 482-487.

Santos Peñate, D.R., Suarez-Vega, R., Dorta Gonzalez, P., 2001. "Un modelo de decisión multicriterio para la localización de centros de tratamiento de residuos". *Estudios de Economía Aplicada*17:163-182.

Schroeder, P.R., Dozier T.S., Zappi P.A., McEnroe B.M., Sjostrom, J. y Peyton, R.L., 1994. *The Hydrologic Evaluation of Landfill Performance (HELP) Model: Engineering Documentation for Version 3, EPA/600/R-94/168b, September 1994, U.S.,* Environmental Protection Agency Office of Research and Development, Washington D.C.

Shenk T.M., Franklin A.B., 2001. *Modeling in natural resource management: development, interpretation and application.* Island press, Washington D.C.

Srivastava, A.K. y Nema, A.K., 2008. "Forecasting of solid waste composition using fuzzy regression approach: a case of DelhQAi". *Int. J. Environment and Waste Management* 2 (1/2):65-74.

Tchobanoglous, G., Theisen, H. y Vigil, S., 1994. *Gestión integral de residuos sólidos*(tomo I), Mc Graw-Hill, México, Distrito Federal.

Vadillo, I. y Carrasco, F., 2005. "Estimación del volumen de lixiviado generado en el vertedero de residuos sólidos urbanos de La Mina mediante balance hídrico". *Geogaceta* 36:123-126.

Vavilin, V.A., Rytov, S.V., Lokshina, L.Y., Pavlostathis, S.G., Barlaz, M.A., 2002. "Distributed model of solid waste anaerobic digestion: Effects of leachate recirculation and pH adjustment Biotechnology and Bioengineering, Biotechnol". *Bioeng* 81(1):66-73.

Vavilin, V.A., Jonsson S., Ejlertsson, J., Svensson BoH., 2006. "Modelling MSW decomposition under landfill conditions considering hydrolytic and methanogenic inhibition". *Biodegradation* 17:389-402.

Vásquez, O., 2005. "Modelo de simulación de gestión de residuos sólidos domiciliarios en la Región Metropolitana de Chile". *Revista de Dinámica de Sistemas* 1 (1):27-52.

White, J.K., Robinson J.P., Ren Q., 2004. "Modelling the biochemical degradation of solid waste in landfills". *Waste Management* 24:227-240.

Woolfson, M.M. y Pert, G.J., 1999.*An Introduction to Computer Simulation*,Oxford University Press

Zacharof, A.I., y Butler, A.P., 2003. Stochastic modelling of landfill leachate and biogas production incorporating waste heterogeneity.Modelformulation and uncertaint y analysis. *WasteManagement* 24:453-462

21. Los medicamentos como carga contaminante al ambiente

Liliana Márquez-Benavides, Juan Manuel Sánchez-Yáñez,
Erick Alejandro Mendoza-Chávez.
Instituto de Investigaciones Agropecuarias y Forestales e Instituto
de Investigaciones Químico-Biológicas
Universidad Michoacana de San Nicolás de Hidalgo, México
lmarquez@umich.mx

Introducción

Un reflejo del grado de bienestar de una sociedad es la accesibilidad a fármacos y medicamentos. Pero la generación, el uso y la distribución de estos han originado la presencia de medicamentos en el ambiente, una problemática que no debiera ser subestimada.

Durante el desarrollo de este capítulo, los términos "fármacos" o "medicamentos" se utilizarán de una manera indistinta, a pesar de que, en sentido estricto, al mencionar "fármaco" o "droga" se deberá entender toda sustancia química que interactúa con los organismos vivientes, mientras que los medicamentos son aquellas sustancias químicas que se utilizan para prevenir o modificar estados patológicos o explorar estados fisiológicos.

El presente capítulo pretende describir el ingreso de los medicamentos hacia el ambiente y la regulación ambiental vigente en México en relación con el manejo los fármacos y medicamentos caducos. Finalmente, se expondrá un panorama general del efecto de los medicamentos en el ambiente. Es conveniente señalar que este es un tópico relativamente nuevo, particularmente en países en vías de desarrollo en los que el manejo de residuos sólidos urbanos aún está bajo el proceso de transformar tiraderos a cielo abierto a vertedero controlado.

RUTAS DE ENTRADA DE LOS MEDICAMENTOS AL AMBIENTE

Antes de identificar las rutas por las que los medicamentos entran al ambiente, es necesario identificar los distintos generadores de residuos farmacéuticos (RF).

La industria farmacéutica produce una corriente de residuos que proviene (i) del proceso industrial y (ii) de los medicamentos caducos que se puedan tener en almacén. La corriente derivada del proceso industrial es "mínima", pues se calcula que solo se desecha alrededor del 1% de la materia prima utilizada (Márquez, 2000).

Saliendo de la industria farmacéutica, los usuarios de medicinas constituyen el siguiente generador de RF. Tan solo en EE.UU. más de 10 millones de mujeres usan anticonceptivos orales, los que eventualmente terminan en el ambiente. La producción y el uso de un amplio rango de medicamentos de uso humano, incluyendo antibióticos, estatinas o citotoxinas usadas en tratamientos contra el cáncer pueden representar miles de toneladas anuales. Es difícil conocer exactamente la cantidad de medicamentos que se están usando, pero un reporte canadiense indica que los medicamentos de uso más común son acetaminofen, ácido acetilsalicílico, ibuprofeno, naproxen y carbamazepina (Metcalfe et ál., 2004). Grandes cantidades de medicinas de uso veterinario, tales como antibacteriales, antifúngicos y antiparasitales, usados en acuicultura y agricultura también contribuyen con la carga ambiental, dado que son liberados directamente a los cuerpos de agua. Las medicinas de uso veterinario para tratar rumiantes pueden ser excretadas directamente a los suelos o pueden entrar en el suelo al aplicar las excretas después de haber sido composteadas.

Una segunda corriente de generación de medicamentos es la de los residuos peligrosos domésticos (RPD). Se sabe que esta fracción constituye hasta un 4% de los residuos sólidos municipales (RSM) (Delgado et ál., 2006; Rosas y Gutiérrez, 1998; Stanek et ál., 1987) y, dentro de esa fracción, los medicamentos contribuyen con un 10-15%, aproximadamente. Cada año, se producen en México 2 millones 200 mil unidades farmacéuticas, de las cuales entre 10-15% pierden vigencia. Parte de ellas se quedan en las farmacias y de ahí son recuperadas por los laboratorios fabricantes para su desecho, pero otra fracción permanece en las casas, sin que las personas sepan qué hacer con ellas. De hecho, disponer medicamentos en el bote de basura parece ser el método preferido (tabla 21.1). Esta es una corriente que pasa inadvertida bajo la legislación mexicana, debido a que aparentemente se produce una cantidad mínima, sin embargo, se han estudiado muy poco las sinergias y los efectos que tales residuos puedan estar gestando en los vertederos, ríos y lagos.

Tabla 21.1. Métodos de disposición preferidos de acuerdo
al tipo de medicamento (en porcentaje).

Fármaco	Bote de basura	Lavadero/ taza del excusado	Devolución a la farmacia	Otro
Analgésico	69,6	10,9	18,5	1
Antihistamínico	75,3	9,1	14,3	1,3
Antibiótico	71,4	3,6	14,3	10,7
Antiepiléptico	100	0	0	0
β-bloqueador	66,7	15,7	16,7	0
Hormonas	75	0	25	0
Regulador de lípidos	66,7	0	0	33,3
Antidepresivos	66,7	0	33,3	0

Fuente: Bound y Voulvoulis (2005).

Existen otras rutas por las cuales los medicamentos logran entrar al ambiente. La figura 21.1 muestra la posibilidad de que las excreciones humanas y animales contribuyan a la carga de medicamentos y sus metabolitos en aguas, dado que la absorción y el metabolismo de los medicamentos son normalmente bajos (tabla 21.2).

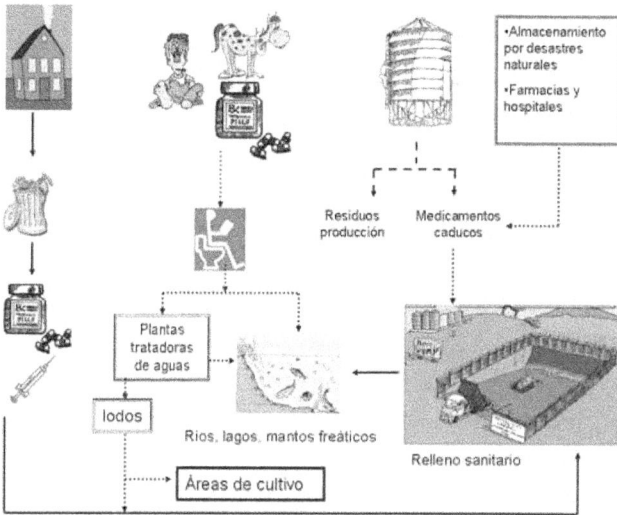

Figura 21.1. Rutas comunes de entrada de los medicamentos en el ambiente.

Tabla 21.2. Tasa de excreciones urinarias de ingredientes activos sin metabolizar de ciertos fármacos.

Medicamento	Clase terapéutica	Compuesto excretado sin metabolizar (%)
Ibuprofeno	Analgésico	10
Paracetamol	Analgésico	4
Amoxicilina	Antibacterial	60
Eritromicina	Antibacterial	25
Sulfametoxazol	Antibacterial	15
Atenolol	β-bloqueador	90
Metoprolol	β-bloqueador	10
Carbamazepina	Antiepiléptico	3
Felbamato	Antiepiléptico	40-50
Cetirizina	Antihistamínico	50
Bezafibrato	Regulador lipídico	50

Fuente: Bound y Voulvoulis (2005).

En países en vías de desarrollo, en los que una parte importante de las descargas de casas e incluso de hospitales y granjas no pasan por una planta tratadora de agua, es posible que esta sea una ruta de descarga importante de hormonas, las cuales pueden causar la feminización de peces machos (Johnson y Sumpter, 2001) o incrementar la resistencia a antibióticos de algunas especies (Lateef, 2004). Si la comunidad cuenta con un sistema de tratamiento de agua, puede ocurrir que el proceso no sea suficiente o no esté diseñado para eliminar los medicamentos y sus metabolitos. Lo anterior se debe a que los medicamentos son moléculas en su mayoría polares, potencialmente resistentes a la biotransformación. Por otro lado, si la planta tratadora no está siendo capaz de remover las trazas de medicamentos y los lodos residuales de la planta (biosólidos) se aplican en el suelo, esta aplicación provee una entrada de los medicamentos al ambiente. Los resultados de esta práctica son mayormente desconocidos hasta el día de hoy.

La figura 21.1 también ilustra otra fuente importante de medicamentos caducos, los que se acumulan en situaciones de emergencia (Fernández y Torres, 2001). Este grupo proviene de las cargas de medicamentos que se mandan a los sitios que han sufrido algún desastre y que, por variadas razones, no se distribuyeron entre la población afectada. Estas dotaciones de medicamentos pueden llegar a constar de varias toneladas y, al alcanzar su fecha de caducidad, los municipios —sobre todo en países en vías de desarrollo— muchas veces toman la decisión de desecharlos sin previo tratamiento, debido a carencias económicas ya existentes y derivadas del desastre.

Algunos países, como por ejemplo Reino Unido, han combinado los datos del uso anual de medicamentos veterinarios con la información de las rutas de administración, metabolismo y ecotoxicidad para identificar medicamentos que debieran monitorearse en el ambiente (tabla 21.3).

Tabla 21.3. Farmacéuticos encontrados en el ambiente, identificados como prioritarios de investigación.

Humanos
Aminofilina, beclametasona, teofilina, paracetamol, noretisterona, codeína, furosemida, atenolol, bendroflumetiazida, clorfenamina, lofepramina, ibuprofeno, dextropropoxifen, prociclidina, tramadol, clotrimazol, tiridazina, triclosán, mebeverina, terbinafina, tamoxifen, trimetoprim, sulfametoxazol, fenofibrato, diclofenaco.

Veterinarios
Amitraz, amoxicilina, amprolium, baquiloprim, cefalexina, clortetraciclina, ácido clavulanico, clindamicina, clopidol, cypermetrin, cyromazine, decoquinate, deltametrina, diazinon, diclazuril, dihidroestreptomicina, dimeticona, benzoato de emamectina, enrofloxacin, fenbendazole, flavomycina, flavofosfolipol, florfenicol, flumetril, ivermectin, lasolacid Na, levomisole, lido/lignocaina, lyncomicina, maduramicin, moensin, morantel, neomicina, nicarbazina, nitroxinil, ácido oxolínico, oxytetraciclina, fosmet, piperonil butoxide, poloxalene, procaína benzilpenicilina, penicilina procaínica, robenidina hcl, salinomicina sódica, sarafloxicina, sulfadiazina, tetraciclina, tiamulina, tilmicosin, toltrazuril, triclabendazole, trimetoprim, tylosin.

Fuente: Hilton et ál., 2003; Boxall et ál., 2003.

Aunque estos estudios están basados en información de un país específico, este logra proveer un indicador de las sustancias que debieran ser investigadas a nivel internacional.

MARCO LEGAL DEL MANEJO DE LOS MEDICAMENTOS CADUCOS EN MÉXICO

En México, los medicamentos y fármacos se encuentran en una clasificación intermedia conocida como "residuos especiales" y algunos son incluso clasificados como "residuos peligrosos". Cuando caen en la primera clasificación, la ley establece que se pueden disponer en los rellenos sanitarios previo tratamiento de inactivación o destrucción. Para los residuos generados por la industria farmacéutica y los medicamentos caducos, la Ley General del Equilibrio Ecológico en Materia de Residuos Peligrosos establece que si los residuos no se reutilizan otra vez en el proceso de elaboración de medicamentos, una vez que alcanzan la fecha de caducidad serán considerados como peligrosos (LEGEEMRP, 1988).

A partir de ese punto, los fabricantes y distribuidores tienen la obligación de manejarlos de acuerdo a lo indicado por las normas ecológicas vigentes. El *Diario Oficial de la Federación* (DOF) publicó el 22 de octubre de 1993, dentro de la NOM-052-ECOL-1993, un listado de residuos que se consideran peligrosos de acuerdo al giro industrial y proceso del que provengan. La tabla 21.4 muestra un listado relevante de residuos peligrosos relacionados con la industria farmacéutica.

Tabla 21.4. Clasificación de los residuos peligrosos de acuerdo al giro industrial y proceso.

Industria o proceso	Clave CRETIB	Residuo peligroso
Producción de Farmacoquimicos	T	Residuos de la producción que contengan sustancias tóxicas al ambiente.
	T	Carbón activado gastado que haya tenido contacto con productos que contengan sustancias tóxicas al ambiente.
	T	Materiales fuera de especificación que contengan sustancias tóxicas al ambiente.
Elaboración de medicamentos	T	Residuos de la producción y materiales caducos o fuera de especificación que contengan sustancias tóxicas al ambiente.
	T	Carbón activado gastado que haya tenido contacto con productos que contengan sustancias tóxicas al ambiente.
Producción de biológicos	T	Residuos de la producción, materiales caducos y fuera de especificación.
	T	Residuos de procesos que contengan sustancias tóxicas al ambiente.

Producción de hemoderivados	B	Materiales fuera de especificación.
Producción de productos veterinarios de compuestos de As u organoarsenicales	T T	Lodos de tratamiento de aguas residuales. Residuos de destilación de compuestos a base de anilina.

Fuente: Extracto de la NOM-052-ECOL-1993.

Asimismo, los medicamentos caducos son sujetos a destrucción de acuerdo a la Ley General de Salud, según la cual se tiene que:

Artículo 404.- Son medidas de seguridad sanitaria las siguientes:
X. El aseguramiento y destrucción de objetos, productos o substancias.
Artículo 414.- El aseguramiento de objetos, productos o substancias tendrá lugar cuando se presuma que pueden ser nocivos para la salud de las personas o carezcan de los requisitos esenciales que se establezcan en esta ley. La autoridad sanitaria competente podrá retenerlos o dejarlos en depósito hasta en tanto se determine, previo dictamen de laboratorio acreditado, cuál será su destino.

Sin embargo, es evidente que esta regulación no es específica acerca del manejo, tratamiento y disposición de los medicamentos caducos. En la ciudad de México y área metropolitana, lo más comúnmente utilizado para disponer los medicamentos y fármacos es el relleno sanitario. Los datos de los que se dispone son escasos, lo que dificulta un control apropiado, además de que los datos disponibles usualmente corresponden solo a áreas muy localizadas del territorio nacional.

Tipos de medicamentos

El CENAPRED y el INE, en 1995, publicaron el *Manual para el tratamiento y disposición final de medicamentos y fármacos caducos*. Dicho manual identifica los grupos de medicamentos a los que se solicita su disposición final, tal y como se muestra en la tabla 21.5.

Manejo de medicamentos caducos

Existen varios aspectos a considerar al manejar los medicamentos caducos. Buscando proteger la salud pública, es importante tomar en cuenta aspectos de seguridad. Las sustancias controladas, por ejemplo, narcóticos y psicotrópicos, requieren una estricta seguridad y control.

En algunos países donde la disposición en basureros a cielo abierto es común, los pepenadotes recuperan medicamentos y los venden. Por esta razón, el manejo de medicamentos debe incluir regulaciones que eviten esta práctica. Si la única opción es enviarlos a un sitio de disposición controlada o a un basurero, la OMS (1999) recomienda cubrir los medicamentos inmediatamente con grandes cantidades de desechos sólidos para evitar en lo posible su recuperación.

Tabla 21.5. Grupos de medicamentos identificados oficialmente para su disposición final.

Grupo de medicamentos	Cantidad (kg)	Porcentaje
Vitamínicos	53.716	42
Biológicos	24.000	19
Analgésicos	16.419	13
Antibióticos	8.747	7
Amebicidas	8.725	7
Tranquilizantes	5.552	4
Ansiolíticos	3.988	3
Vasodilatadores	2.098	2
Otros	5.579	4
Total	128.828	100

Fuente: Hernández et ál., 1995.

La primera opción de manejo es devolver al donador o fabricante, pero en algún punto de la cadena el material deberá ser tratado previa disposición. Además de los aspectos de seguridad, la naturaleza de los medicamentos proveerá la selección del método de tratamiento. Algunas tecnologías incluyen la estabilización (por medio de encapsulación o inertización), drenaje o procesos de tratamiento térmico. El recuento detallado de los tratamientos está fuera del alcance de este capítulo, por lo que se recomienda referirse a manuales como el publicado por Fernández y Torres (2001).

Métodos de disposición de medicamentos

Los medicamentos, al ser considerados residuos especiales, son sujetos de codisponerse. Lo anterior implica que pueden disponerse consciente y ordenadamente con los residuos domésticos, de manera que se utilicen las propiedades de degradación de estos últimos, para atenuar el impacto que los residuos especiales (o incluso peligrosos) pueden tener sobre el ambiente. Es importante hacer notar que el éxito de esta práctica está relacionado con el control que se tenga sobre la operación, y prever que los residuos a codisponerse sean compatibles con los residuos municipales.

La desventaja de la codisposición es el costo en tiempo y de recursos humanos que implica controlar y monitorear el proceso resultante de mezclar contaminantes orgánicos con residuos domésticos. Los partidarios de la codisposición hacen énfasis en que puede prevenir el problema de sitios contaminados y la proponen como política alternativa a la segregación y entierro en celdas especiales.

Por otro lado, el confinamiento controlado es una obra de ingeniería para la disposición final de residuos, construida y operada de tal manera que garantice su aislamiento definitivo. La localización y selección de sitios para confinamiento requiere de sitios con formas geológicamente estables, considerando el diseño y la construcción de las celdas de confinamiento, obras complementarias y celdas de tratamiento. Una vez depositados los residuos, el generador y la empresa de servicios de manejo contratada para la disposición final deberán presentar a las autoridades reportes de cantidad, volumen, naturaleza de los residuos, fecha de disposición, ubicación dentro del confinamiento y sistema de disposición final. Los lixiviados y gases deberán colectarse y tratarse para evitar la contaminación al ambiente y el deterioro de los ecosistemas.

En México, la disposición final de residuos peligrosos se realiza en confinamientos controlados, teniendo una selección del sitio, diseño y construcción regulada por las normas NOM-055-ECOL-1993, NOM-056-ECOL-1993, NOM-057-ECOL-1993 y NOM-058-ECOL-1993.

PRESENCIA Y EFECTO DE LOS MEDICAMENTOS EN AGUA

Existen reportes de la presencia y distribución de contaminantes orgánicos en las aguas residuales (Barnes et ál., 2004; Cordi et ál., 2004; Zimmerman, 2005). Algunos de esos contaminantes incluyen antibióticos, hormonas, fármacos de uso humano y productos residuales industriales y de casas habitación (tabla 21.6).

No obstante, el estudio de la presencia de medicamentos en aguas residuales superficiales, sistemas de tratamiento y cuerpos de agua es muy reciente. Daughton (2001) fue uno de los primeros en reconocer la necesidad de expandir el conocimiento y el entendimiento de la distribución de estos contaminantes. Aun cuando se cuenta relativamente pocos trabajos en este campo, es cierto que esta ignorancia es aún más pronunciada en relación con la contaminación de los mantos freáticos causada por lixiviación de vertederos.

De acuerdo a un reporte publicado por Zimmermann (2005), en colaboración con el Departamento de Salud y Ambiente de Estados Unidos, se recolectaron muestras de fuentes de aguas residuales y de abastecimientos de agua potable en Cape Cod, en el mismo país. El propósito del estudio era determinar si existían contaminantes orgánicos en las aguas residuales, y si se encontraban en agua potable productos farmacéuticos y de aseo personal provenientes de fuentes públicas, semipúblicas y privadas.

Liliana Márquez-Benavides (ed.)

Tabla 21.6. Farmacéuticos detectados en aguas superficiales.

Clase	Sustancia detectada	Concentración máxima (ngL⁻¹)
Antibióticos	Cloranfenicol	355
	Clortetraciclina	690
	Ciprofloxacina	30
	Lincomycina	730
	Norfloxacina	120
	Oxitetraciclina	340
	Roxitromicina	180
	Sulfadimetoxina	60
	Sulfametazina	220
	Sulfametizole	130
	Sulfametoxazole	1.900
	Tetraciclina	110
	Trimetoprim	710
	Tilosina	280
Antiácidos	Cimetidina	580
	Ranitidina	10
Analgésicos	Codeína	1.000
	Ácido acetilsalicílico	340
	Carbamezipina	1,100
	Diclofenaco	1,200
	Aminopirina	340
	Naproxen	390
Estimulante	Cafeína	6.000
Broncodilatadores	Clenbuterol	50
	Fenoterol	61
	Salbutamol	35
Anticonceptivos	17ª-Etinilestradio	4.3
Antisépticos	Triclosán	150
Reguladores lipídicos	Bezafibrato	3.100
	Clofibrato	40
	Gemfibrozil	510
Antidepresivos	Fluoxetina	12
Antipiréticos	Acetaminofen	10.000
Antihipertensivos	Diltiazem	
Antiinflamatorios	Ibuprofen	3.400

Fuente: Boxall, A. (2004).

Los resultados mostraron que, en el rubro de farmacéuticos, el *d*-limonene (antimicrobiano), el mentol (se usa en cigarrillo, pastillas para refrescar la garganta y enjuague bucal), trietil-citrato (de uso cosmético o farmacéutico), triclosán (desinfectante y antimicrobiano) y el metilsalicilato (se usa como linimento) se encontraban presentes en cada una de las fuentes de agua. Las concentraciones de productos farmacéuticos detectadas en aguas residuales estuvieron en un rango de entre 0,0036-6,4µg/L, mientras que en el agua potable las concentraciones detectadas fueron de 0,0037-0,0576µg/L.

En el caso particular del triclosán, que como ya se mencionó tiene un amplio uso en agentes medicinales y de cuidado personal, es un bactericida eficiente contra bacterias grampositivas, gramnegativas, microzimas y virus. Además de las fuentes de agua, se ha detectado en suelo, tejidos de peces e incluso leche materna (Adolfsson-Erici et ál., 2002). Su presencia en aguas se ha reportado como tóxica para cierto tipo de especies de algas (p. ej. *Scenedesmus subspicatus*). Para esta especie, la predicción de concentración sin efecto o PNEC (siglas en inglés) es de 50 ng/L (Irgasan, 1998), aunque algunos autores mencionan que esta concentración es de solo 7 ng/L (Thompson et ál., 2005).

El triclosán (figura 21.2) es un compuesto químico sumamente polar, tiene un log K_{ow} (coeficiente de partición octanol-agua) de 4,8 y, por ende, es muy probable que sea bioacumulable.

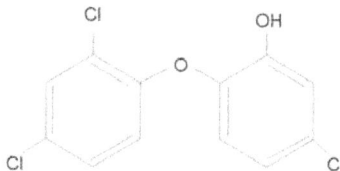

Figura 21.2. Estructura del triclosán (5-Cloro-2-(2-4-diclorofenoxi)-fenol.

Si bien es cierto que aún se requiere bastante investigación en torno a este compuesto y los efectos que causa en el ambiente, existe evidencia que lo liga a la toxicidad crónica y aguda hacia organismos acuáticos (Orvos et ál., 2002). Reportes publicados han demostrado que la presencia de triclosán puede influenciar tanto la estructura como las funciones de comunidades de algas en corrientes que han recibido efluentes de aguas residuales tratadas (Wilson et ál., 2003). Estos cambios podrían alterar tanto la capacidad de procesamiento de nutrientes así como la estructura natural de la red alimenticia de esas corrientes. Otra evidencia sugiere su bioacumulación en tejido de peces; de acuerdo a la Agencia de Protección Ambiental en Dinamarca, la bioacumulación del triclosán ocurre por factores de 3,700 a 8,400 (Samsoe-Petersen et ál., 2003). Esto significa que las concentraciones encontradas en los peces son miles de veces mayores que las encontradas en el cuerpo de agua. Aún más, al menos un producto de la transformación del triclosán, el metiltriclosán, es relativamente estable en el ambiente, con lo que se puede sospechar de ser igualmente bioacumulable. También se ha demostrado que el triclosán puede transformarse en otros compuestos potencialmente tóxicos, tales como dioxinas, cloroformo y otros compuestos clorados.

La derrama de medicinas y fármacos en cuerpos de agua es un tópico que los países en vías de desarrollo debieran considerar, con el propósito de impedir el desarrollo de nichos de medicamentos que afectan por igual el ambiente como la salud pública.

IMPACTO EN RELLENOS SANITARIOS

Como se mencionó anteriormente, los medicamentos pueden ser introducidos a los rellenos sanitarios o vertederos por la vía doméstica e industrial, e indirectamente por medio de los lodos residuales de plantas de tratamiento de agua. El efecto de los medicamentos sobre la degradación anaerobia de los residuos sólidos municipales es un tópico escasamente estudiado, y los datos publicados mayoritariamente se refieren a la presencia de medicamentos en los lixiviados provenientes de los residuos sólidos.

PRESENCIA DE MEDICAMENTOS EN LIXIVIADOS DE RELLENO SANITARIO

Se sabe que los lixiviados son escurrimientos propios de los rellenos sanitarios o vertederos, y que presentan una elevada carga orgánica. En vertederos, los lixiviados se infiltran verticalmente a través del suelo hasta que eventualmente logran alcanzar los mantos freáticos y forman plumas anaerobias. En rellenos sanitarios manejados apropiadamente y que incluyen un sistema de recolección de lixiviados, estos últimos son tratados antes de ser descargados al ambiente. La composición de los lixiviados es muy compleja e incluye un amplio espectro de contaminantes orgánicos e inorgánicos, de origen tanto biogénico como antropogénico.

Uno de los primeros reportes publicados mencionando a los medicamentos como constituyentes del lixiviado (Holm et ál., 1995) describe que grandes cantidades de sulfonamidas (antibióticos) y barbitúricos provenientes del agua doméstica y de una empresa farmacéutica fueron dispuestos en un relleno sanitario en Dinamarca por un período de 45 años. Debido a esto, altas concentraciones (ppm) de estos medicamentos se encontraron en los lixiviados cercanos al sitio. Estos compuestos representaban el 5% del carbono orgánico total no volátil contenido en el lixiviado. También se encontró que las concentraciones disminuían dramáticamente después de algunas decenas de metros en la corriente, presumiblemente como resultado de atenuación microbiana.

Sin embargo, Ahel et ál. (2004) estudiaron la fracción orgánica del lixiviado y encontraron que, dentro de los xenobióticos presentes, los de origen farmacéutico constituían una fracción considerable. Se halló que, dentro de estos compuestos, los más abundantes eran derivados isopropilidenos de monosacáridos, originados en la producción de vitamina C. Tanto material húmico (determinado como representado por DQO) como intermediarios de la vitamina C se detectaron en altas concentraciones en los mantos freáticos adyacentes, lo cual indica que, en este caso, los constituyentes del lixiviado poseían un cierto grado de resistencia a la degradación bacteriana. Por ende, se esperaría encontrar que el tratamiento para remover la vitamina C del lixiviado por métodos convencional fuera bastante complicado. De tal forma, que aún cuando se ignore el efecto que la vitamina C o una gama completa de fármacos pudieran estar causando en el ambiente, no es aconsejable considerar que la atenuación microbiana resolverá el problema.

EFECTO DE LOS MEDICAMENTOS EN LOS PROCESOS DE DIGESTIÓN ANAEROBIA

Los fármacos presentes en las aguas negras pueden inhibir los procesos de una planta tratadora de aguas. Fountoulakis et ál. (2004) estudiaron el efecto tóxico de seis fármacos (carbamazapina, sullfametoxazole, propanolol HCl, diclofenaco sódico, ofloxacina y ácido clofíbrico) sobre el proceso de digestión anaerobia. De acuerdo a estos autores, del consorcio microbiano responsable de la fermentación anaerobia, fue el grupo de bacterias metanogénicas aceticlásticas el que presentó mayor sensibilidad. Llevaron a cabo pruebas de actividad metanogénica específica y obtuvieron los valores de IC_{50} e IC_{80}, es decir, la concentración a la cual la bioactividad correspondía al 50 y al 80% del control, respectivamente. Sus resultados mostraron que los farmacéuticos eran capaces de provocar una inhibición moderada en la metanogénesis, relacionada directamente con la tendencia de los compuestos de adsorberse en la masa anaerobia. La relevancia de estos resultados se manifiesta cuando se sabe que este grupo es responsable por aproximadamente el 70% del metano en el biogás.

De la misma forma, Sáenz et ál. (2004) estudiaron el efecto que los antibióticos tienen sobre la producción de biogás en un proceso de digestión anaerobia. Los autores examinaron la dinámica de un consorcio microbiano productor de metano frente a 15 agentes microbianos con diferentes especificidades y modos de acción. Los resultados obtenidos mostraron las siguientes tendencias: (1) algunos inhibidores, como el macrólido eritromicina, carecen de cualquier efecto inhibitorio sobre la producción de biogás; (2) algunos antibióticos (p. ej. los antibióticos que interfieren con la síntesis de pared celular, RNA polimerasa y la síntesis de proteínas) tienen efectos inhibitorios parciales en la digestión anaerobia y metanogénesis al interferir con las bacterias degradadoras de ácido propiónico y butírico; (3) los inhibidores de síntesis proteica, como la clortetraciclina (IC_{50}= 40 mg/L) y el cloranfenicol (IC_{50}=15-20 mg/L) demostraron ser poderosos inhibidores de la digestión anaerobia. De acuerdo a los autores, la mayoría de los antibióticos estudiados no causó efecto sobre la actividad metanogénica aceticlástica, siendo activos solo sobre las bacterias acetogénicas. Sin embargo, el cloranfenicol y la clortetraciclina pueden ser capaces de inhibir completamente las bacterias metanogénicas aceticlásticas.

Todo lo anteriormente expuesto deja claro que los fármacos y medicamentos pueden y, de hecho lo hacen, estar presentes en el ambiente. Se encuentran ejerciendo efecto sobre los ambientes acuáticos hasta llegar a la cadena alimenticia usada por el hombre. Si se trata de residuos sólidos o de procesos de digestión anaerobia, los fármacos son capaces de afectar los procesos de digestión anaerobia. Los mecanismos, sinergias y efectos crónicos de los medicamentos en el ambiente, ya sea agua, suelos o mezclados con los residuos sólidos, son mayormente desconocidos. En el presente siglo XXI, el manejo y la gestión sustentable de los residuos ya no es solo una opción, y no se alcanzará a menos que se planteen soluciones que impidan que el hombre, la fauna y el ambiente reciban medicamentos por vías ajenas a la planeada médicamente.

Finalmente, la revisión de los efectos negativos en el ambiente debido a la presencia de fármacos y medicamentos no estaría completa si no se mencionara al menos una ventaja ambiental. Las características propias de persistencia de los medicamentos pueden constituir una fuente útil de indicadores, particularmente de los contaminantes que emanan de los efluentes de las aguas municipales y de los sistemas sépticos. Con base en las fechas de comienzos de manufacturación y uso, ciertos químicos individuales pueden ser utilizados para determinar la fecha de su introducción en mantos freáticos. El desarrollo de esta tecnología (ciencia forense ambiental) aún es incipiente, pero debemos prepararnos para tomar ventaja aun en medio de esta problemática.

REFERENCIAS BIBLIOGRÁFICAS

Adolfsson-Erici, M., Patterson, M., Parkkonen, J. And Sturve, J., 2002. "Triclosán, a commonly used bactericide found in human milk and in the aquatic environment in Sweden". *Chemosphere* 46:1485-1489.

Ahel, T., Mijatovic, I., Matosic, M. y Ahel, M., 2004. Nanofiltration of a Landfill Leachate Containing Pharmaceutical Intermediates from Vitamin C Production". *Food Technol. Biotechnol* 42(2):99-104.

Barnes, k.K., Christenson, S.C., Kolpin, D.W., Focazio, M.J., Furlong, E.T., Zaugg, S.D., Meyer, M.T. y Barber, L.B., 2004. "Pharmaceuticals and other waste water contaminants within a leachate plume downgradient of a municipal landfill". *Groundwater Monitoring and Remediation* 24(2):119-126.

Bound, J.P. y Voulvoulis, N., 2005. Household disposal of Pharmaceuticals as a pathway for Aquatic Contamination in the United Kingdom". *Environmental Health Perspectives* 113(12):1705-11.

Boxall, A.B.A., Fogg, L.A., Kay, P., Blackwell, P.A., Pemberton, E.J., Croxford, A., 2003. "Prioritosation of Veterinary medicines in the UK environment". *Toxicol. Letter* 142:207-218.

Boxall, A.B.A., 2004. "The environmental side effects of medication". *European Molecular Biology Organization* 5(12):1110-16.

Buenrostro Delgado, O., Ojeda Benitez, S. y Márquez Benavides, L., 2006. "Comparative analysis of hazardous household waste in two Mexican regions". *Waste Management* 27 (6):792-801.

Cordi, G.E., Duran, N.L., Bouwer, H., Rice, R.C., Furlong, E.T., Zaugg, S.D., Meyer, M.T., Barber, L.B. y Kolpin,

D.W., 2004. "Do pharmaceuticals, pathogens, and other organic waste water compounds persist when waste water is used for recharge?". *Ground water monitoring and remediation* 24(2):58-69.

Daughton, C.G., 2001. *Research needs and gaps for assessing the ultimate importance of PPCPs as environmental pollutants* [en línea]. <http://www.epa.gov /nerlesd1/chemistry/ pharma/needs/htm>. (Última consulta: 2 de noviembre de 2010).

Fernández-Villagomez, G. y Torres-Rivera, P., 2001. *Guía para la disposición segura de medicamentos caducos acumulados en situaciones de emergencia*, Centro Nacional para Prevención de Desastres (CENPRED) y Secretaría de Gobernación, México.

Fountoulakis, M., Drilia, P., Stamatelatou, K. y Lyberatos, G., 2004. "Toxic effect of Pharmaceuticals on methanogenesis". *Water Science and Technology* 50(5):335-340.

Hernández Barrios, C.P., Fernández Villagomez, G., Sánchez Gómez, J., 1995. *Manual para el tratamiento y disposición final de medicamentos y fármacos caducos*, Centro Nacional para la Prevención de Desastres (CENAPRED), Instituto Nacional de Ecología (INE), México.

Hilton, M.J., Thomas, K.V. y Ashton, D., 2003, *Targeted monitoring program for pharmaceuticals in the aquatic environment. R & D Technical Report P6-012-/06/TR*, UK Environment Agency, Bristol, Reino Unido.

Holm, J.V., Rügge, K., Bjerg, P.L, Christensen, T.H., 1995. "Occurrence and distribution of pharmaceutical organic compounds in the groundwater downgradient of a landfill (Grindsted, Denmark)". *Environ Sci Technol* 29(5):1415-1420.

Johnson, A.C. y Sumpter, J.P., 2001. "Removal of endocrine disrupting chemicals in activated sludge treatment works". *Environ. Scien. Technol.* 35:4697-4703.

Irgasan, I., 1998. *Toxicological and ecological data. Official Registration, Brochure 2521, Publication AgB2521e.* Ciba Specialty Chemical Holding Inc., Suiza.

Lateef, A., 2004. "The Microbiology of Pharmaceutical Effluent and its Public Health Implications". *World J. Microbiol. Biotechnol.* 20:167-171.

Ley General del Equilibrio Ecológico en Materia de Residuos Peligrosos (LEGEEMPR), 1988. Capítulo III, artículo 41, Diario Oficial de la Federación (DOF), 25 de noviembre de 1988.

Márquez Benavides, L., 2000. *Codisposición de residuos sólidos y medicamentos caducos en rellenos sanitarios acelerados. Tesis de Maestría*, Centro de Investigación y de Estudios Avanzados del IPN, México.

Metcalf, C., Miao X-S., Hua, W., Letcher, R., Servos, M., 2004. "Pharmaceuticals in the Canadian Environment". En: Kummerer, K. (ed.). *Pharmaceuticals in the Environment*, Heidelberg, Springer, Alemania, Pp. 67-90.

Organización Mundial de la Salud (OMS), 1999. *Safe Management of Waste from Health-care activities.* Ginebra, Suiza.

Orvos, D.R., Versteeg, D.J., Inauen, J., Capdevielle, M., Rothenstein, A. y Cunningham, V., 2002. "Aquatic Toxicity of Triclosán". *Environmental Toxicology and Chemistry* 21:1338-1349.

Rosas Domínguez, A. y Gutierrez Palacios, C., 1998. *Estudio de generación de residuos peligrosos domésticos en una zona habitacional*, Universidad Nacional Autónoma de México Facultad de Ingeniería, México.

Sanz, J.L., Rodriguez, N., Amils, R. 1996. "The action of antibiotics on the anaerobic digestion process". *Applied Microbiology and Biotechnology* 46(5-6):587-592.

Samsoe-Petersen, M., Winther-Nielsen, M. y Madsen, T., 2003. *Fate and effects of Triclosan*, Danish EPA, Dinamarca.

Singer, H., Muller, S., Tixier, C. y Pillionel, L., 2002. "Triclosan: Occurrence and Fate of a widely used biocide in the aquatic environment: Field measurements in wastewater treatment plants, surface waters, and lake sediments". *Enviro. Science Tech.* 36:4998-5004.

Stanek, E.J. 3rd, Tuthill, R.W., Moore, G.S., 1987. "Household hazardous waste in Massachussets". *Arch Environ Health.* 42(2):83-6.

Thompson, A., Griffin, P., Stuetz, R. y Cartmell, E., 2005. "The fate and removal of Triclosán during wastewater treatment". *Water Environ. Res.* 77:63.

Wilson, B.A., Smith, V.H., d Noyelles Jr., F. y Larive, C.K., 2003. "Effect of three pharmaceutical and personal care products on natural freshwater algal assemblages". *Environ. Sci. Technol* 1 37(9):1713-9.

Zimmermann, M.J., 2005. *Occurrence of organic wastewater contaminants, pharmaceuticals, and personal care products in selected water supplies*, Cape Cod, Massachusetts, junio 2004: U.S. Geological survey open-file Report 2005-120, p. 16. http://pubs.usgs.gov/of/2005/1206/pdf/ofr2005_1206.pdf. (Última consulta: 13 de noviembre de 2011).

22. BIOCOMBUSTIBLES LÍQUIDOS, SÓLIDOS Y GASEOSOS

E.L. Moreno-Goytia
Dpto. de Posgrado de Ingeniería Eléctrica
Instituto Tecnológico de Morelia, México
elmg@ieee.org

INTRODUCCIÓN

Los biocombustibles definen al conjunto de combustibles (o vectores de energía) derivados de la biomasa, entendida esta última como el material biológico proveniente de organismos vivos o recientemente vivos tal como madera, desechos orgánicos, plantas en general, entre otros. La biomasa contiene bioenergía y es a través de los biocombustibles que dicha energía de la materia biológica se libera. Al ser el material biológico un recurso renovable entonces, por consecuencia, la bioenergía es parte de las energías renovables. Los biocombustibles pueden presentarse en tres estados: líquidos, sólidos o gaseosos (tabla 22.1). La madera es la biomasa por excelencia, usada de forma directa como combustible desde los inicios de la propia humanidad. Ahora, sin considerar el uso tradicional de biomasa (madera) como combustible, los ejemplos más relevantes de biocombustibles actuales son los expuestos en la siguiente tabla.

Tabla 22.1. Clasificación de biocombustibles actuales.

Estado líquido	Estado sólido	Estado gaseoso
Bioetanol o etanol	Residuos agrícolas y ganaderos	Biogás
Biodiesel, diésel verde	Residuos forestales	Biohidrógeno
Biogasolina	Residuos domésticos	
Aguas residuales	Residuos sólidos urbanos	

El tipo de uso los biocombustibles está ligado con el estado físico en que son producidos. Los biocombustibles líquidos tienen su principal nicho de aplicación en el sector de transporte vehicular (automóviles y autobuses, por ejemplo). Los biocombustibles sólidos se pueden quemar directamente para generar electricidad y calor —para casa, comercio o industria—, o utilizarse como sustrato, un elemento muy útil como material base en digestores anaeróbicos procesadores de bioenergía para producir, directa o indirectamente, biocombustibles gaseosos tal como biogás o biohidrógeno. El biogás en bruto recién producido no es puro sino tiene varios "contaminantes", por lo que no es práctico utilizarlo así, pero una vez mejorada su calidad —incluso al alto grado del gas natural— se puede quemar, inyectarse a la red convencional de distribución de gas o comprimirse para utilizarse en automotores; y, de requerirse, eventualmente se puede reformar en hidrógeno o, mejor dicho, biohidrógeno, ya que se deriva de una fuente de origen biológica. Por otra parte, el biohidrógeno, producido por cualquier técnica, se puede utilizar ya sea para alimentar celdas de combustible instaladas en algún transporte vehicular o no, o la generación de electricidad a pequeña escala.

En relación con los biocombustibles líquidos, los tipos más comunes y con mayor proyección a mediano y largo plazo son el bioetanol y el biodiésel. Por ende, es sobre estos dos biocombustibles donde se enfocan los principales esfuerzos de investigación, desarrollo y comercialización. Brasil y EE.UU. son, en ese orden, los mayores productores de bioetanol, o etanol, mientras que en la Unión Europea tiene en conjunto la mayor producción de biodiésel.

Los combustibles comprenden un mundo fascinante, amplio y profundo que está lleno de temas por conocer, aplicaciones innovadoras por realizar y particularidades por investigar en búsqueda por ampliar las fronteras del conocimiento humano o descubrir una nueva piedra filosofal. Sin embargo, por limitaciones de diferente índole, no es factible abarcar todo tema, incluso en un solo libro, por lo que este capítulo se enfoca en detallar los biocombustibles gaseosos, presentando adicionalmente una breve revisión del bioetanol y biodiésel, de los cuales existe una muy amplia bibliografía, no así en el caso del biogás y biohidrógeno. Como cierre de este capítulo, en dos secciones separadas, se delinean las celdas de combustible y biorefinerías, ambos conceptos con un futuro prometedor para la sociedad, la industria y el medio ambiente.

Bioetanol

El bioetanol es un biocombustible que hoy en día ha demostrado sus beneficios como alternativa viable a sustituir parcialmente a la gasolina (fuentes fósiles) utilizada en medios de transporte. Este bioetanol es un bioalcohol combustible no bebible de características muy similares al alcohol bebible contenido en la cerveza, vino y bebidas espirituosas como el brandy o ron. Comúnmente, dicho bioetanol se produce de cualquier biomasa alta en carbohidratos (caña de azúcar o maíz principalmente), por un proceso de fermentación, similar al de la producción de cerveza o vino. Los azúcares y almidones son los materiales base más comunes para hacer etanol, pero hoy en día los mayores esfuerzos de investigaciones y desarrollo se están enfocando a utilizar mayormente celulosa y hemicelulosa, materiales ambos de origen orgánico encontrados en árboles, desperdicios forestales y residuos sólidos urbanos (RSU), que no compiten con la alimentación humana o animal como puede suceder con el maíz en varias regiones de Latinoamérica, por ejemplo.

Otros bioalcoholes son el propanol y el butanol, ambos también producidos de la fermentación de azúcares, almidones o celulosa pero, aunque prometedora, su producción aún es incipiente. El bioetanol también puede producirse por la técnica de gasificación, proceso termoquímico que utiliza altas temperaturas y un ambiente bajo en oxígeno para convertir biomasa en gas de síntesis. Este proceso se explica en la sección de biogás y biohidrógeno.

En aquellos países donde se distribuye ampliamente el bioetanol, regularmente este se expende mezclado con gasolina, sin excluir la versión al 100% etanol, pero cuyo uso es menor a pesar de la reducción implícita de emisiones contaminantes dañinas, las cuales, en forma global, disminuyen a medida que la cantidad de etanol en la mezcla es mayor. La nomenclatura más aceptada para definir las mezclas tiene el formato E*XX*, donde la *E* indica etanol y *XX* es un número que indica el porcentaje de etanol en dicha mezcla. De esta forma, por ejemplo, E25 es 25% etanol y 75% gasolina. Hay varias mezclas según el mercado de cada país, dígase E5, E10, E20, E75, E85, E100, pero su disponibilidad varía dependiendo de la región donde estas se expenden.

Algunos vehículos llamados "Vehículos de Combustible Flexible" (FFV) se diseñan para utilizar E85. Fiat, Volvo, Ford, Volkswagen, General Motors, Renault son algunas compañías que producen este tipo de vehículos disponibles en Brasil, EE.UU. o Europa. En Brasil, el mayor productor de etanol del mundo, también hay vehículos que pueden emplear hasta E100.

Las máquinas de combustión interna convencionales para automóviles o autobuses requieren modificaciones pequeñas o mayores dependiendo del porcentaje de etanol en la mezcla que se pretenda utilizar. Con E5, o menor porcentaje de etanol, los automotores de cualquier edad no requerirán en general cambio alguno, pero a partir de ese límite las máquinas requieren ajustes. De esta forma, de 5 a 10% de etanol (E5 a E10) los autos de 15 a 25 años quizá requieran algunos cambios mínimos, con excepción del carburador. Con mezclas E10 a E25, los vehículos requieren que el sistema de almacenamiento y distribución del combustible (inyección de combustible, tanque de gasolina, sistema de encendido, entre otros) sea especialmente diseñado para procesar etanol, pero la máquina básica y sus elementos auxiliares no lo requieren hasta modelos menores a 15 años de antigüedad. Para mezclas E25 a E85, se requiere también que el motor y sus elementos auxiliares junto con el sistema de escape sean diseñados para etanol, con la sola excepción del sistema de arranque. Los vehículos que manejen E100 deben ser enteramente diseñados para el manejo de este combustible.

Brasil, EE.UU y Suecia son los mercados de bioetanol maduros, y tienen, por lo tanto, el mayor número de estaciones de etanol y, por ende, una gran flota de vehículos a base de ese biocombustible. Otros países han incrementado su uso de etanol como la Unión Europea, India, China, Costa Rica, Colombia, Jamaica. En estos tres últimos países, el uso de mezcla E10 y E7 para Costa Rica se estableció por mandato legal.

BIODIÉSEL

El biodiésel es un tipo de biocombustible, enfocado a utilizarse en automotores tipo diésel, que cada día tiene mayor aceptación general. Este tipo de biocombustible tiene una estructura química que lo hace diferir y distinguirse del diésel derivado del petróleo, así como diferenciarse del bioetanol, que utiliza azúcares y almodones. La producción del biodiésel utiliza aceites vegetales y grasas animales como material base, lo que hace que el proceso de producción de cada biocombustible sea diferente.

Los aceites vegetales y las grasas animales se han utilizado por cientos de años como biocombustible para iluminar y calentar, pero hoy en día esa práctica se ha reducido dada la disponibilidad de otras fuentes de energía. El biodiésel es un biocombustible que se obtiene principalmente de aplicar una transesterificación a aceites vegetales, o algunas grasas, siendo su principal nicho de aplicación el sector de transporte vehicular. Según Kemp (2006), en términos prácticos, el biodiésel puede manufacturarse con:

- Aceites vegetales procedentes de cultivos alimenticios como soya, colza (canola), palma, girasol, etc.,
- aceite vegetal de cultivos no alimenticios como aceite de jatropha,
- aceite de algas y microalgas,
- aceites residuos de restaurantes y cocinas comerciales,
- grasas animales,
- residuos de aceite doméstico.

El biodiésel es el biocombustible más ampliamente disponible en Europa, principalmente en Alemania, Francia e Italia, y puede utilizarse en vehículos en forma pura pero regularmente se utiliza como aditivo del diésel y con ello ayuda a reducir los niveles de partículas, CO y otras emisiones de los motores diésel convencionales. Aunque actualmente el biodiésel es más caro que los combustibles derivados del petróleo, se sigue investigando sobre este biocombustible para hacerlo más competitivo y atractivo desde el punto de vista económico y ambiental. En las décadas por venir, los continuos incrementos en los precios del petróleo y las incertidumbres en relación con su disponibilidad harán más urgente y atractiva la adopción de los biocombustibles. Sin embargo, también es conveniente destacar algunas de sus desventajas, más técnicas que ambientales y económicas, como son: a) su relativa alta viscosidad; b) comparativo menor contenido energético, c) emisiones más altas de óxidos de nitrógeno y alto precio, en relación con diésel convencional. El biodiésel puede mezclarse hasta 50% con diésel convencional sin necesidad de modificar la máquina de combustión.

Todos los aceites vegetales y animales tienen, en términos prácticos, la misma estructura química que consiste en triglicéridos, cuya composición química está formada de glicerol (C3H8O3) y tres moléculas de ácidos grasos con enlaces éster. Los ácidos grasos se caracterizan por la longitud de su cadena de carbón y el número de enlaces dobles (Demirbas, 2008). La producción de biodiésel a gran escala regularmente se logra mediante la transesterificación de los aceites vegetales —por adición de metanol y una catálisis, por ejemplo— (aunque también se puede utilizar el proceso de esterificación), de la que se derivan esteres monoalquílicos ácidos grasos de cadena larga o corta, tal como el metil éster ácido graso (MEAG o FAME, por sus siglas en inglés) con el glicerol como subproducto (Drapcho et ál., 2008; IEA, 2007). En procesos más avanzados, se reemplaza el uso de metanol, usualmente derivado de combustibles fósiles, por bioetanol, cambiándose así el derivado de la trasesterificación de metiléster ácido graso a etiléster ácido graso. Por otra parte, con un proceso de hidrogenación de aceites y grasas, es también posible obtener biodiésel.

Otro proceso es la conversión de biomasa a líquido mediante la gasificación de la biomasa y la conversión catalítica en líquido con una serie de reacciones conocidas como "proceso Fischer-Tropsch" (proceso F-T). Este proceso F-T consiste, en general, en una serie de reacciones químicas para convertir una mezcla de monóxido de carbono e hidrógeno en hidrocarburos líquidos, esto es, convertir gas en líquido para sintetizar combustible. Esta producción sintética de biodiésel ofrece una variedad de procesos para la obtención de biocombustibles ajustado a la tecnología de las máquinas de combustión particulares.

El biodiésel ofrece una completa capacidad para mezclarse con el diésel convencional y una baja emisión de sulfuro y partículas. Aunque no es una norma mundial, por lo general se acepta el formato DXX (D para indicar el biodiésel y XX para indicar su porcentaje en la mezcla) para las mezclas de biodiésel con diésel convencional. De esta manera, D50, D20, D5 indican mezclas biodiésel-diésel de 50-50, 20-80 y 5-95, respectivamente. D100 indica biodiésel sin diésel. La norma europea EN 14214 (Biodisel Standards, 2010) describe los requerimientos y métodos de prueba para el metilester ácido graso, el tipo de biodiésel más común.

En la búsqueda de alternativas de biomasa vegetal más apropiadas como material base para la producción de biodiésel que se caractericen por tener un alto rendimiento de aceite y un crecimiento y aprovechamiento en tiempos más cortos que las plantas alimenticias y no alimenticias que ahora se explotan —y que por lo tanto ayuden además a evitar el uso de cultivos alimenticios y la competencia biocombustibles *vs.* alimentos por tierras cultivables, agua, fertilizantes u otros—, se ha encontrado que las microalgas son una excelente opción para la producción de biodiésel, debido a su alta eficiencia fotosintética, alta producción de cantidad de biomasa y crecimiento más rápido comparándolo con cultivos energéticos. Debe realzarse además que la mayoría de las microalgas crece en el agua bajo condiciones autotróficas, por lo que entonces no compiten con los cultivos alimenticios por el recurso acuoso, fertilizantes o tierras de cultivo. La utilización de algas y microalgas es, sin duda, el camino hacia la producción sustentable de biodiésel.

Del amplio universo de microalgas, las investigaciones realizadas a la fecha señalan algunos grupos de ellas con el mayor potencial para la producción de biodiésel, a saber: a) diatomeas (*Bacillariophyceae*), clase de algas unicelulares que contienen alrededor de 100.000 especies que hacen la mayoría del fitoplancton en aguas saladas; b) algas verdes, en particular *Chlorophyceae*, grupos con más de 6 mil especies comunes en sistemas de agua fresca; c) algas verde-azul o cioanobacterias, por ser bacterias que obtienen su energía por fotosíntesis oxigénica y ayudan a fijar nitrógeno en los sistemas acuáticos; y d) algas doradas (*Chrysophyceae*), grupo de algas con más de mil especies conocidas que se encuentran en agua fresca y son capaces de almacenar carbón como aceite y carbohidratos complejos (Drapcho et ál., 2008). El Laboratorio Nacional de Energías Renovables, NREL por sus siglas en inglés, de EE.UU. tiene publicado un documento en el que presentó sus experiencias en la perspectiva de cerca de 20 años de investigación sobre el tema de algas y biodiésel; además incluyen allí sus resultados sobre el uso de algas para combustible de jet (Sheehan et ál., 1998).

En el capítulo 6 del reporte publicado por Drapcho et ál. (2008), se presenta una extensa lista de tipos de algas y sus características. En EE.UU. y la Unión Europea se han establecido plataformas y planes para la investigación en biocombustibles a base de algas-microalgas (Ferrell, 2010; EBTP, 2010). Por otra parte, la organización IEA Bioenergía (IEA, siglas en inglés de Agencia Internacional de Energía) tiene un seminario sobre la actualidad y las perspectivas de las algas como combustible (IEA, 2009). En América Latina la investigación sobre algas para biocombustibles es incipiente pero progresa.

Biogás

El biogás en un tipo de biocombustible gaseoso emanado de la descomposición de materia orgánica (biomasa), en ausencia de oxígeno. El biogás es rico en metano y el dióxido de carbono, CO_2, con trazas de otros gases y elementos. De la mezcla, el interés como portador de energía recae sobre el metano. El biogás puede producirse naturalmente, en un pantano por ejemplo, o de manera forzada, ya sea controlada, como en digestores anaeróbicos, o no controlada, como sucede en algunos rellenos sanitarios o tiraderos a cielo abierto. El metano y el CO_2 son gases de efecto invernadero (GEI), cuyas emisiones contribuyen al calentamiento global y cambio climático, por lo tanto, si en lugar de liberarse al medio ambiente se captura y utiliza como combustible, habrá un efecto multiplicativo en beneficio al planeta: 1) se reduce la emisión de gases de efecto invernadero por la utilización primaria del biogás; y 2) el uso de biogás sustituye una porción del uso de combustibles fósiles que a su vez conlleva una segunda reducción en GEI.

La formación de biogás natural es un proceso biológico cuya ocurrencia se presenta tras la descomposición de biomasa en un ambiente húmedo con ausencia de oxígeno pero presencia de microorganismos metabólicamente activos, bacterias metanogénicas, por ejemplo. De forma natural, el metano se forma en el tracto digestivo de rumiantes (predominantemente reses), en campos de arroz inundados, en pantanos o en conjunto con los combustibles fósiles, entre otros. El metano más conocido pero no catalogado como biogás es el gas natural de procedencia fósil.

El contenido de metano en el biogás depende del material base objeto de la descomposición anaerobia y las condiciones a las que el proceso esté sujeto. Esa biomasa susceptible de fermentarse y degradarse es conocida como "sustrato", y diferentes tipos de sustratos producirán diferentes porcentajes de metano y CO_2 en el biogás. Una característica importante del biogás es que es inflamable si su contenido de metano es mayor al 45%. La tabla 22.2 presenta varias de las características del biogás.

Tabla 22.2. Características del biogás.

Componente	Volumen (%, gas seco)
Metano	50-80 (55-75)
CO_2	20-50 (25-45)
Hidrógeno	<1
Amonio (NH_3)	<1
Sulfuro de hidrógeno (H_2S)	<1
Otras características	
Contenido de energía	6,0 - 6,5 kWh/m³ (2,3 - 2,5 Kwh/m³ de electricidad)
Limites de explosión	6 - 12% biogás en el aire
Presión crítica	75 - 89 bar
Temperatura de ignición	650 - 750 °C (con % de biogás indicado inicial)
Temperatura crítica	− 82,5 ° C
Densidad normal	1,2 kg m⁻³
Masa molar	16,043 kg kmol⁻¹
Olor	Huevo podrido, antes de la purificación del gas

Fuente: Drapcho, 2008; Reith et ál., 2003; Rosillo-Calle, 2007.

La digestión anaerobia engloba una serie de procesos en los cuales diferentes conjuntos de microorganismos, en ausencia de oxígeno, descomponen biomateriales —decreciendo la materia orgánica de la biomasa por la conversión biológica del carbón orgánico— y producen biogás, un vector de energía gaseoso que transporta la bioenergía de los desechos o residuos de diferente índole. La digestión anaerobia de desperdicios orgánicos y subproductos de agricultura, ganadería e industria alimenticia es un proceso que ha sido practicado en varias formas por décadas, utilizado ya sea para mejorar la calidad del estiércol, control de contaminación, aprovechamiento de biogás o ambos (Soetaert, 2008).

El proceso de digestión anaerobia tiene varias ventajas. Entre ellas, las más atractivas son:

- Al mismo tiempo que proporciona solución al problema del manejo de desechos, residuos sólidos municipales o desechos de agricultura por ejemplo, también provee ganancia económica al producir biocombustible e incluso minerales recuperables como recurso de fertilización de tierras.
- Reduce las emisiones de GEI, lo que genera un amplio espectro de impactos ambientales positivos.

De esta forma, para las circunstancias de deterioro ambiental que rodean la primera década de este siglo XXI, la digestión anaeróbica puede jugar un rol clave en apoyar la reducción del impacto al calentamiento global al proporcionar tanto un tratamiento de residuos sólidos o líquidos como la producción de biocombustibles de forma sustentable sin competencia con la producción alimenticia u otros bienes primarios de consumo humano.

La digestión anaerobia puede realizarse de forma intensiva en digestores anaerobios, rellenos sanitarios o tiraderos a cielo abierto, aunque solo en los primeros es posible controlar la calidad del biogás y ajustar el proceso al entorno donde se instale el digestor.

En los rellenos y tiraderos se depositan regularmente residuos sólidos municipales de compleja constitución, dependientes de factores económicos, sociales y regulatorios donde existan, como el reciclaje, la separación de residuos por tipo, entre otros. De los rellenos sanitarios es posible estimar, grosso modo, las emisiones globales siguiendo el modelo LandGem establecido por EPA, y de ahí, por ejemplo, estimar un beneficio económico y ambiental de este. Sin embargo, aunque con un esfuerzo adicional a la recolección y disposición también sea posible caracterizar el tipo de residuos vertidos, es poco viable controlar la calidad del biogás emitido por un relleno mediante el control de la disposición o el proceso de degradación de los residuos debido a razones técnicas, económicas e incluso sociales. En contraparte, los tiraderos de basura a cielo abierto son una muestra de ausencia de controles en todos los sentidos, por lo que el aprovechamiento del biogás emitidos por estos sistemas está fuera de toda realidad. El patrón de composición de cada tipo de residuos (residuos sólidos urbano aguas residuales, desechos domésticos, etc.) de diferentes regiones —dígase América Latina, África, la Unión Europea, EE.UU., Medio Oriente o Asia— puede variar entre ellas (y en el interior de las mismas regiones) por factores como porcentaje de urbanización, tipos preferentes de actividad económica, aspectos sociales, procedencia de los residuos (sector rural o urbano), entre otros.

En las subsiguientes secciones, a menos que se indique lo contrario, al hacerse referencia a "digestión anaerobia" será en indicación a la realizada solo en biodigestores, de los cuales existe un enorme número operando en el mundo.

La composición de los residuos (municipales, domésticos, industriales, agrícolas, etc.) puede variar sensiblemente de país a país y entre regiones, pero en general para la fracción orgánica de los residuos sólidos urbanos (que incluye los desperdicios domésticos, comerciales, de las vialidades, entre otros) y el estiércol de las granjas se esperan rendimientos de biogás por tonelada de entre 80 a 200 m^3 y 2-45 m^3, respectivamente, mientras que para la fracción orgánica de los desperdicios domésticos se estiman entre 100 a 200 m^3 por tonelada (Reith et ál., 2008), lo cual hace evidente el potencial energético en zonas residenciales. Dada su baja solubilidad en agua, el metano producido por la acción microbiana en digestores puede recuperarse sin grandes dificultades.

De forma amplia, los residuos que pueden digestarse anaeróbicamente se pueden dividir en tres tipos, sólidos, acuososlodosos y aguas residuales (tabla 22.3).

Tabla 22.3. Características de los residuos que pueden degradarse anaeróbicamente.

Residuos sólidos	Residuos acuosos-lodosos	Aguas residuales
Desperdicios domésticos de vegetales, frutas, alimentos y jardín	Residuos industriales (grasa, desperdicios de mataderos, carnicerías y pescaderías)	Aguas residuales industriales (especialmente de la industria de la alimentación y bebidas)
Desechos de agricultura (residuos de cultivos)	Aguas negras lodosas	Aguas negras domésticas
Estiércol	Orina y heces	
	Abono agrícola líquido	

El porcentaje de metano y CO_2 contenido en el biogás depende fuertemente de la composición de la biomasa utilizada como sustrato en la digestión anaerobia. Por ejemplo, el biogás de estiércol o biomasa con alto contenido de carbohidratos tiene menor contenido de metano y mayor de CO_2 que aquel producido con biomasa cuyo contenido sea mayormente proteínas y lípidos. Asimismo, los contenidos porcentuales de gases residuales (amonio, sulfuro de hidrógeno) que acompañan al biogás, como es de esperarse, dependen del tipo de sustrato de biomasa y deben eliminarse para depurar el biogás dejando el metano. La tabla 22.4 presenta una muestra de volumen de producción de biogás por tipo de sustrato, para una lista más amplia ver Deublein et ál. (2008).

Tabla 22.4. Volumen de producción de biogás por tipo de sustrato.

Substrato	m^3 biogás/tonelada biomasa (base húmeda)
Estiércol vacuno	25
Estiércol porcino	30
Estiércol de granja (pollo)	51
Hojas de betabel (remolacha)	60
Forraje de betabel	90
Pasto de Sudán (sorgo de Sudán, Sorghum drummondii)	130
Ensilado de pasto	160
Centeno GPS	180
Ensilado de maíz	230
Residuos de cereales	550
Pan viejo	600
Desperdicios de panadería	714
Grasas usadas	960

Fuente: Soetaert, 2009.

La biomasa abarca toda aquella materia orgánica (biomateriales) susceptible de extraerles su energía (bioenergía), por algún mecanismo, por ejemplo vía su transformación en biogás por degradación anaerobia. De esta forma, el conjunto de biomateriales que puede ser utilizada como sustrato de biomasa es muy amplia y variada. En general, siempre que esta biomasa contenga carbohidratos, proteínas, grasas, celulosa o hemicelulosa como sus componentes principales, es candidata preferencial a utilizarse como sustrato de biomasa. En cualquier caso de selección de biomasa para un proceso dado de degradación anaerobia, es importante tener en cuenta las siguientes consideraciones:

- El tipo de materia orgánica de interés debe ser apropiada para el tipo de fermentación seleccionado. O de otra forma, el proceso de fermentación se debe adecuar al tipo de biomasa disponible.
- Las sustancias dañinas en la biomasa deben reducirse al mínimo y deben estar libre de agentes patógenos o ser inocuas para facilitar la fermentación.
- Para potenciar la formación de biogás, e incluso el porcentaje de metano en este, en la medida de lo posible hay que seleccionar material orgánico con altos valores nutricionales.
- Los residuos de la digestión anaerobia pueden utilizarse como fertilizante.
- Tener en consideración que la lignina y los plásticos se descomponen lentamente, en el caso que lo hagan.

Utilización del biogás

La energía contenida en el biogás puede aplicarse en diferentes formas, y las principales son la producción de calor en un *boiler* (calentadores) o la producción conjunta de calor y potencia eléctrica mediante máquinas conocidas como "de ciclo combinado calor-potencia" o CHP por sus siglas en inglés. El biogás, una vez purificado a metano o gas combustible (como el butano o propano LP), también puede inyectarse a la red de suministro urbano convencional de gas o incluso comprimirse y utilizarse en transporte automotor. Debe resaltarse que el biogás también puede potencialmente reformarse para obtener hidrógeno y con este alimentar celdas de combustible.

Es importante hacer notar que en el proceso de extracción de energía del biogás hay un porcentaje de pérdidas asociado a los requisitos para realizar dicha transformación, en otras palabras, en ninguna aplicación del biogás se tiene una eficiencia del 100%, sino bastante menor. Entonces, en las evaluaciones del potencial energético del biogás producido en una instalación dada (digestor anaerobio o relleno sanitario), es necesario considerar las pérdidas por la transformación del biogás hasta su aplicación final, para así poder determinar el nivel de eficiencia (relación salida/entrada) de un sistema *biomasa (sustrato)-digestor anaeróbico-procesamiento del biogás-aplicación* dado y establecer su capacidad global de producción de calor o electricidad. Como ejemplo, la mayoría de los calentadores tiene una eficiencia del 75% y, por lo regular, no requieren gas de alta calidad, por lo que al requerirse solo procesar el biogás para retirarle vapor de agua pero no otras impurezas (y con ello aumentar su calidad a gas natural) entonces hay una reducción de pérdidas. En las plantas CHP, dependiendo del clima y las especificaciones técnicas, se consume del 20-50% de la energía del biogás en su propio funcionamiento (Deublein et ál., 2008; Reith et ál., 2003), y queda una eficiencia energética de tan solo 80-50%, ambas mayores que la proporcionada por el calentador.

El consumo de biogás en calentadores o plantas CHP reduce el consumo de combustibles fósiles, e incluso el calor generador puede utilizarse en algún proceso industrial, residencial o agrícola. Adicionalmente, la electricidad generada por la planta CHP puede inyectarse a la red eléctrica donde tendrá múltiples usos y en cualquiera de ellos ayudará a reducir el consumo de combustibles fósiles requeridos por plantas generadoras, como las termoeléctricas u CHP que funcionan con combustibles fósiles.

El tamaño de las plantas CHP se ajusta al tamaño de la instalación de productora de biogás, dígase digestor anaerobio o relleno sanitario. Para plantas de digestión anaerobia relativamente pequeñas, se pueden instalar plantas CHP de hasta de 45 kW (que bien pueden alimentar a 20 casas promedio) mientras que en grandes plantas de digestión anaerobia o rellenos sanitarios las unidades de generación de electricidad pueden ser de varios MW (1 MW alimenta aproximadamente a 250 casas promedio). Las plantas CHP de pequeña escala, mayores a 45 kW, pueden alcanzar una eficiencia de hasta 31-29% dependiendo de la tecnología que utilice (IEA, 2007b). Sin embargo, las unidades CHP de mayor capacidad pueden alcanzar eficiencias hasta del 38% solo en la generación de electricidad y del 85-90% en modo de cogeneración simultánea de calor y electricidad (que incluye una recuperación parcial de la energía del biogás) (IEA, 2007b; Rosillo-Calle et ál., 2007). La figura 22.1 ilustra de forma general el proceso general *biomasa -biogás- generación de electricidad y calor.*

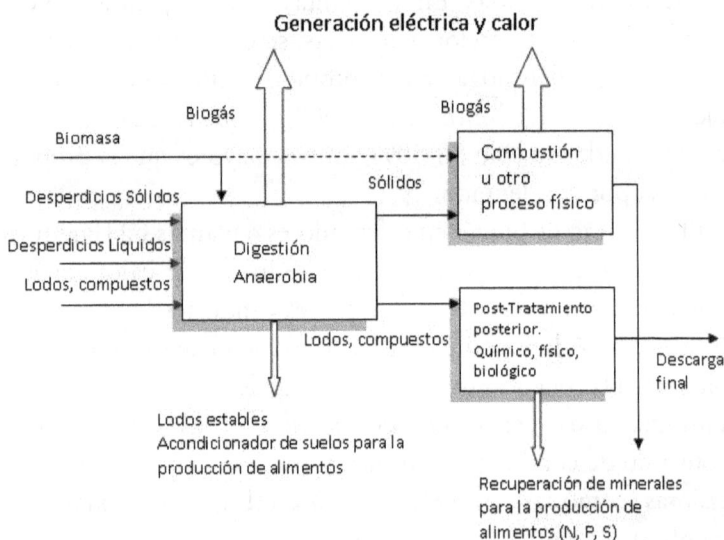

Generación eléctrica y calor

Biomasa

Biogás

Desperdicios Sólidos

Desperdicios Líquidos

Lodos, compuestos

Digestión
Anaerobia

Sólidos

Biogás

Combustión
u otro
proceso físico

Lodos, compuestos

Post-Tratamiento
posterior.
Químico, físico,
biológico

Descarga
final

Lodos estables
Acondicionador de suelos para la
producción de alimentos

Recuperación de minerales
para la producción de
alimentos (N, P, S)

Figura 22.1. Proceso de digestión anaerobia y utilización del biogás y biomasa.

Por otra parte, para utilizar biogás en celdas de combustible (a explicarse en la penúltima sección del capítulo), automotores o alimentar la red urbana de gas, este debe cumplir con requerimientos de calidad y pureza más altos que los que tiene en su forma original al recién generarse. Los parámetros principales para establecer esa calidad son las concentraciones de CO_2, H_2S, NH_3, agua y partículas sólidas (Soetaert et ál., 2009; Deublein, 2008).

El mejoramiento de la calidad del biogás se puede realizar con algunas de las tecnologías disponibles y especializadas en remover un tipo de impureza. Entre ellas, la tecnología de absorción por cambio de presión (PSA por sus siglas en inglés) es usada regularmente para remover el CO_2 y, aplicando columnas de carbón activado, es posible también remover H_2S al biogás. Otras tecnologías disponibles para depurar el biogás son el lavado por agua a alta presión o con polietilénglicol (PEG) en la técnica denominada *scrubbing*. Por otra parte, la remoción del H_2S puede también realizarse biológicamente al interior del digestor con microorganismos de la familia *Thiobacillus* o con una dosis de cloruro férrico o ferroso.

Si el sustrato para el digestor no proviene de residuos agrícolas entonces el biogás puede tener presente haloalcanos (halogenoalcanos) o compuestos orgánicos de silicio. Si este es el caso, entonces dichas impurezas pueden removerse por adsorción con un tamiz molecular o absorción en un medio líquido. Después de las depuraciones, el biogás estará listo para utilizarse donde se requiera gas de alta calidad.

En varios países europeos, en EE.UU. y Nueva Zelanda el uso de biogás mejorado para el transporte es una práctica común. Además en Suecia, Suiza y Alemania se ha implementado también el uso en la red de gas. Incluso en Suecia la experiencia generada con las flotas municipales de autobuses y taxis ha hecho que se extienda el uso de biogás instalando estaciones para su recarga (Soetaert et ál., 2009; Deublein, 2008).

El biogás mejorado es un combustible limpio para su uso automotriz con insignificante impacto por su combustión en el medio ambiente, emisiones de GEI y la salud humana debido a que el CO_2, H_2S y amonio son prácticamente eliminados y no hay emisión de compuestos carcinógenos.

El biogás es también un vector de energía aplicable para alimentar celdas de combustible y convertirlo en electricidad con una eficiencia mayor que la mayoría de las máquinas con motor. Sin embargo, este proceso sigue en investigación ya que además de mejorar el biogás para obtener biometano también es necesario reformar ese gas para obtener hidrógeno. Hay varios tipos de celdas de combustible y cada una tiene cierta tolerancia, por lo regular baja, a contaminantes como CO_2, H_2S o NH_3.

El uso de digestores anaeróbicos como productores de calor y energía eléctrica a partir de la biomasa tienen un enorme potencial como lo demuestra los más de 5.5 GW actualmente instalados en Europa (Reith et ál., 2003) y que son suficientes para proveer de electricidad a más de 2,2 millones de casa con consumo promedio de 2,5 kW. La digestión anaeróbica es una técnica ampliamente probada para utilizar una amplia variedad de sustratos de biomasa. Ello, sumado a los incentivos (subsidios) actuales para impulsar la instalación de energías renovables, sin duda estimulará también el desarrollo de unidades de producción de biogás. Sin embargo, a pesar del entusiasmo y los estímulos económicos para acelerar el desarrollo de una "industria del biogás", es necesario sobrepasar algunas barreras, incluidas las técnicas y legales, competitividad de precios en relación con el gas provenientes de fuentes fósiles y la mala reputación de las plantas no exitosas, entre otras.

En el tratamiento de los residuos sólidos, los digestores anaeróbicos tienen en los rellenos sanitarios y el composteo sus mayores competidores. Como este último es un proceso que consume más energía que la que produce entonces, la otra real opción para aprovechar el biogás está en los rellenos sanitarios, tema que se revisa en la siguiente sección.

Biogás de rellenos sanitarios

Los residuos sólidos municipales (RSM) representan otra fuente de material base, potencialmente inacabable y disponible en todo el mundo, para la producción viable de biogás en diferentes volúmenes y características. Típicamente, los RSM contienen alrededor de un tercio de papel y productos similares, así que separando aquellos componentes no susceptibles a convertirse en biocombustible (metales, vidrio, plásticos y similares) el resto se puede procesar como se hace con la celulosa.

Los rellenos sanitarios municipales son sitios en los cuales se practica la disposición de residuos sólidos municipales en general, como medio de disposición controlada de estos. De manera similar a los digestores anaeróbicos con el estiércol o residuos agrícolas o forestales, en los rellenos sanitarios ocurre una descomposición del material orgánico contenido del que se produce CH_4 y CO_2. Al producto final de la biodegradación se le puede denominar "gas de relleno sanitario" para identificar la fuente de este, y su composición de metano (50-60%), CO_2 (40-45%) y elementos residuales (H_2S, NH_3) es similar a la composición del biogás de digestores anaerobios indicados en la tabla 22.2. De esta forma, para que el gas de relleno alcance calidad del gas natural es necesario someterlo al proceso de depuración ya descrito para el biogás de digestor anaerobio.

Comúnmente el biogás del relleno sanitario resulta de la biodegradación de celulosa contenido en el RSM o desechos industriales. A diferencia de los digestores donde se controla el proceso de digestión, la degradación anaerobia en los rellenos sanitarios es un proceso de decaimiento de la biomasa no controlado. Para extraer el biogás de un relleno sanitario y aprovecharlo en el sitio, se perfora una serie de pozos cavados dentro del propio relleno que se interconectan por un sistema de tuberías para recolectar el gas y pasarlo a los procesos de secado y filtrado. Las aplicaciones para este gas son similares que las descritas para el biogás obtenido de plantas de digestión anaeróbica.

La cantidad de RSM y el número de rellenos sanitarios han crecido con los años debido a la creciente urbanización de las sociedades. Como los RSM pueden tener típicamente hasta 80% de contenido de carbón derivado de biomasa, entonces la oportunidad para generar biogás y aprovecharlo es sin duda amplia. Una tonelada de RSM puede generar cerca de 600 kWh (proveyendo 3 kWh a 200 casas por ejemplo). Utilizar los RSM para la generación de electricidad y calor tiene como beneficios adicionales la disminución de las emisiones de gases de efecto invernadero y la prevención de la contaminación de mantos freáticos por fuga de lixiviados o explosiones por acumulación de gases inadecuadamente manejados. La figura 22.2 presenta los contenidos de carbón provenientes de fuentes renovables (biomasa), no renovables y de fracción variable.

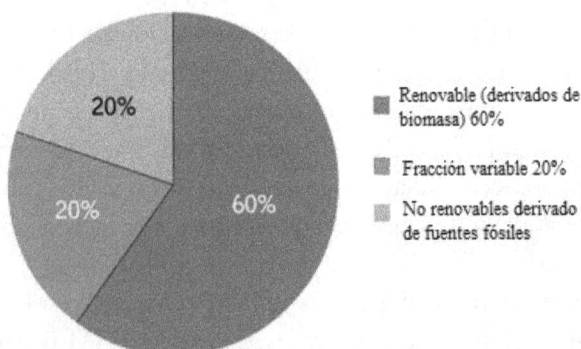

Figura 22.2. Contenido de carbón en RSM.

Alrededor del mundo existen más de 125 plantas de digestión anaerobia que utilizan RSU o desperdicio orgánico industrial con un potencial de generación de 600 MW de electricidad, suficiente para alimentar dos millones de casas que consuman 3 kW en promedio cada una (Reith et ál., 2003), aunque el manejo integral de residuos sólido es un tema amplio y complejo que no se trata en este capítulo.

Biohidrógeno

El hidrógeno, H_2, es un vector de energía obtenible de combustibles fósiles (gas natural y carbón), fuentes renovables, energía nuclear y a través de la aplicación de electricidad. El hidrógeno puro es importante principalmente porque tiene una combustión limpia; dependiendo de la fuente de procedencia del H_2, el gas puede tener impurezas y, aun cuando se haya procesado para retirarle y almacenar el CO_2, en su combustión habrá algunas emisiones insignificantes de GEI. Sin embargo, esto todavía se considera un proceso limpio. La combustión del H_2 ante la presencia de oxígeno tiene al agua como subproducto, esto es:

Ec. 22.1

$$H_2 + \tfrac{1}{2}O_2 = H_2O$$

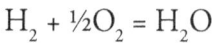

El H_2 tiene un potencial enorme como combustible sustentable y ambientalmente amigable alternativo a los combustibles de origen fósil. La expectativa sobre el hidrógeno como vector energético es tan prometedora que décadas atrás se acuñó el término "economía del hidrógeno" para resaltarlo. Varios países tienen programas especiales para impulsar la producción, la distribución, el almacenamiento y el uso para que dichos procesos sean técnica y económicamente eficientes y ambientalmente amigables.

El hidrógeno derivado de la biomasa, obtenido ya sea por la acción biológica de algas, microorganismos o la acción solar, es conocido como "biohidrógeno" para identificar su origen. Este es un elemento que sobreabunda en el universo, sin embargo raramente se encuentra en estado libre en la naturaleza, por lo que hay que extraerlo de materiales primarios que lo contienen, entre ellos hidrocarburos o el agua, lo cual conlleva varias dificultades técnicas y económicas. Si la producción, el transporte y el almacenamiento de H_2 sobrepasan exitosamente sus retos, en las próximas dos décadas este gas puede jugar un rol primordial en el sector de transporte con vehículos a base de celdas de combustible y, posteriormente, en el sector de la energía con la generación descentralizada de electricidad a pequeña y mediana escala.

Algunas de las características del H_2 son:

a) densidad de energía: 143 kJ/g, el más alto entre los combustibles energéticos (casi tres veces mayor que la gasolina, por ejemplo);

b) inodoro;

c) incoloro;

d) peso molecular: 2.016 g/mol; cerca de 14 veces más ligero que el aire;

e) líquido a temperaturas por debajo de 20,3 °K a presión atmosférica. El hidrógeno se ha venido utilizado en naves espaciales desde hace décadas, en el mejoramiento del petróleo crudo en refinerías y en procesos metalúrgicos.

Los candidatos naturales para obtener H_2 son los hidrocarburos fósiles, el agua y la biomasa, utilizando para ello una variedad de métodos físicos, químicos y biológicos. En la actualidad, cerca del 95% del hidrógeno se deriva de combustibles fósiles. Aunque ahora pequeña, se espera que la producción por métodos biológicos crezca en la medida en que se mejoren las tecnologías. Por otra parte, partiendo del agua se puede separar el hidrógeno por electrólisis (el método más conocido), por procesos termoquímicos, fotólisis, procesos fotoquímicos y fotocatálisis. En las siguientes subsecciones se revisarán varios métodos para la producción de biohidrógeno.

Producción de hidrógeno de la biomasa

De la biomasa puede derivarse biodiésel, bioetanol, biogás y biohidrógeno según el tipo de material orgánico y técnica de procesamiento. El material orgánico etiquetado como "biomasa" es una fuente perdurable y potencialmente inagotable para la producción limpia de biohidrógeno por varios métodos, entre ellos con procesos biológicos y térmicos. En relación con estos últimos, el hidrógeno se puede producir por gasificación directa y pirólisis seguida del reformado por vapor del subproducto. Estos procesos son parecidos a los utilizados para obtener hidrógeno de combustibles fósiles y se revisarán en las siguientes subsecciones junto con los procesos biológicos.

Métodos biológicos de producción de biohidrógeno

En el camino intermedio de la degradación anaerobia de residuos orgánicos hacia la producción del biogás, hay una producción de hidrógeno pero que no está disponible para su extracción ya que tan rápido se produce el H_2 es a su vez convertido a metano por microorganismos metanogénicos. Una opción para obtener H_2 es procesar el biogás producto de la biodigestión, retirarle los gases no deseados para tener solo CH_4 y procesar este para extraer el hidrógeno, no obstante, hay métodos más eficientes y rápidos que este.

En el proceso biológico de producción de hidrógeno se busca que la formación y consumo de hidrógeno no coexistan en el mismo proceso, esto es, que estén desacoplados y se obtenga H_2 como producto final y no intermedio. Estos procesos tienen muchos aspectos que requieren explorarse, por lo que la disponibilidad comercial de la tecnología de estos para la producción de H_2 tiene todavía un camino por recorrer. Algunos de los procesos bajo investigación y desarrollo van desde la fermentación de la biomasa hasta los fotobiológicos, con los cuales se puede producir hidrógeno directamente por la acción solar. Cualquiera que sea el camino para la obtención de biohidrógeno, los procesos involucrados son neutros en CO_2 y sus residuos, después de su aprovechamiento, son comúnmente inocuos.

Ante una competencia entre tecnologías para la producción de H_2, hay que seleccionar la ruta donde se prevea la utilización más eficiente de la biomasa base disponible sin olvidarse del mejor beneficio económico y ambiental.

Para mejorar la eficiencia global del proceso biomasa-biohidrógeno-aplicación se requiere conocer y controlar varios factores técnicos y económicos que gobiernan dicho proceso, incluyendo aquellos que ayudan a reducir el CO_2. En términos de eficiencia, convertir biomasa a biohidrógeno es más eficiente que convertirla a biometano (Reith et ál., 2003), por lo que ha surgido una preferencia hacia el hidrógeno al ser este un vector con mayor energía como ya se ha comentado.

Fermentación

El proceso de fermentación para la obtención por digestión anaerobia de biogás también puede usarse para producir hidrógeno pero en la fermentación de este último, conocida como "fermentación oscura", solo están activos los microorganismos productores de hidrógeno. Los productos de la fermentación oscura son hidrógeno, ácido acético y CO_2. Muchas especies de microorganismos tienen la capacidad de producir H_2 pero pueden convivir con aquellas consumidoras de H_2, por lo que en la fermentación obscura requiere de desacoplar la acción de los productores y consumidores, y al mismo tiempo optimizar la cantidad de hidrógeno producido por unidad de materia prima biomasa. Por ejemplo, se ha observado que los organismos hipertermofílicos, con temperaturas óptimas de cultivo de 70° C y superior, tienen alta rendimiento, por lo que se les investiga intensamente (Soetaert et ál., 2009; Drapcho et ál., 2008; Miyake et ál., 2004).

El ácido acético coproducido junto con el H_2 por la fermentación oscura puede introducirse a un segundo reactor para convertirse en hidrógeno y CO_2 por medio de bacterias fotosintéticas y energía solar en un proceso denominado "fotofermentación" (Drapcho et ál., 2008). Reith et ál., (2003) presentan una lista de bacterias heterotróficas, junto con sus características principales, conocidas por producir hidrógeno, entre ellas anaerobias estrictas *(Clostridium* sp. no 2, *Clostridium paraputrificum* M-21, otros), termófilas (*Thermotoga marítima, Thermotoga elfii),* anaerobias facultativas (*Enterobacter aerogenes* E.82005, *Enterobacter cloacae* IIT-BT 08 wt, *E. cloacae* IIT-BT 08 m DM_{11}, y otras), cocultivos (*C. butyricum* IFO13949 + *E. aerogenes* HO-39) y cultivos mixtas. El bioproceso de dos etapas, fermentación obscura seguida de fotofermentación, es uno de los caminos más relevantes en las actuales investigaciones sobre biohidrógeno.

La fermentación obscura puede realizarse sobre casi cualquier sustrato con carbohidratos. La preparación de materia primas fermentables, a partir de lignocelulosa por ejemplo, está todavía en investigación y desarrollo, y también puede usarse el sorgo (dulce), *Miscanthus*, residuos orgánicos domésticos, cáscara de papa (patata) y papel macerado. Hay todavía un amplio campo de oportunidades por explorar.

Otros procesos biológicos

La luz solar es el energético primario más abundante en la naturaleza aprovechable principalmente en la bioenergía almacenada en vegetación, capturada por la fotosíntesis, accesible en forma directa como bosques, cultivos agrícolas o residuos de ambos. La energía solar está también al alcance de nosotros en forma indirecta al procesarla con celdas fotoeléctricas o concentradores solares. Además de estas formas de aprovechamiento, la acción de irradiación de luz solar sobre el material natural apropiado puede producir hidrógeno en lo que se denomina "proceso fotobiológico". Brevemente se revisan dos tipos: biofotólisis y fotofermentación.

Utilizando un sustrato orgánico directo, o sus residuos o ambos, la producción biológica de hidrógeno es posible mediante la acción de microorganismos fototróficos (regularmente plantas, que obtienen su energía por fotosíntesis) y la irradiación solar; se destacan aquí los organismos fotoautotróficos (aquellos que pueden fijar carbono y hacer fotosíntesis) y los fotoheterotróficos (no fijan carbono y hacen fotosíntesis), algunos de ellos están también conectados al tratamiento de aguas residuales.

Biofotólisis
Varias cianobacterias (bacterias capaces de realizar fotosíntesis con oxígeno) y microalgas tienen la interesante capacidad de separar el hidrógeno del agua con la ayuda de la energía solar que absorben y con la cual pueden realizar la reacción directa:
$$2H_2O + \text{luz solar} = 2H_2 + O_2$$
Con la biofotólisis se puede producir H_2 de forma económica con dos recursos ampliamente disponibles: agua y energía solar. La separación de hidrógeno ocurrida durante el proceso de la acción microbiana o microalgas se combina con la acción de hidrogenasas, enzimas promotoras del hidrógeno

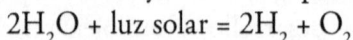

(cataliza el equilibrio óxido-reducción $2H^+ + 2e^- \leftrightarrow H_2$), por lo que la eficiencia de este proceso es mucho menor a lo teóricamente posible (<1% *vs.* 10%).

Tanto las cianobacterias como las microalgas tienen la habilidad de utilizar longitudes de onda de luz entre 400-700 nm, esto es, el espectro visible de la luz solar. Todo este proceso directo se presenta con una aparente simplicidad, aun cuando las enzimas hidrogenasas son complejas. Sin embargo, estas últimas también representan un reto, ya que dicha enzima es inhibida por el oxígeno producido intermediamente en el proceso, por lo tanto la eficiencia global del proceso es menor que la del teórico (eficiencia fotoquímica menor a 1% *vs.* teórica del 10%). Para mejorar la eficiencia en el proceso directo recién indicado, se busca separar en tiempo o espacio la evolución de la producción de hidrógeno de la del oxígeno, investigándose variaciones al proceso como la denominada "biofotólisis indirecta", en la cual se previene la inhibición del O_2. Una opción para este último proceso es la separación espacial empleando algas verdes y dos etapas. En la primera etapa, las microalgas reducen el CO_2 en carbohidratos a través de fotosíntesis, generándose O_2 como subproducto. En una segunda etapa, o fase anaeróbica, los carbohidratos almacenados se convierten en ácido acético sin luz. En la etapa final, el ácido acético es convertido a H_2 y CO_2 en un fotobiorreactor con la ayuda de la luz solar. Cabe señalar que tanto en el proceso directo como en el indirecto se tiene continuamente el reto de cómo mejor irradiar los organismos. Una solución ha sido el uso de fibras ópticas dentro de los fotobiorreactores.

Fotofermentación

Las bacterias púrpura, o fotosintéticas púrpura, son protobacterias capaces de producir energía a través de fotosíntesis, esto es, son fototróficas. Para la fermentación, las bacterias púrpura, u otras fototróficas, son cultivadas de forma heterotrófica (no fijan el carbón, por lo que se alimentan de sustancias orgánicas sintetizadas por otros organismos) y utilizadas para convertir sustratos orgánicos, tal como ácidos orgánicos o alcoholes de la biomasa, en hidrógeno y CO_2, según la reacción (considerando ácido acético):

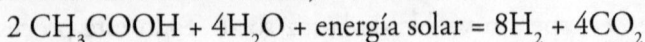

$$2\ CH_3COOH + 4H_2O + \text{energía solar} = 8H_2 + 4CO_2$$

La enzima nitrogenasa presente en las bacterias púrpura es uno de los principales elementos que ayudan en la producción de H_2.

La fotofermentación se realiza en condiciones anaerobias y puede combinarse con el proceso de fermentación obscura — comentada previamente—, ya que el ácido acético que puede utilizar la fotofermentación es en sí un subproducto de la fermentación oscura, por lo tanto, combinar esos procesos teóricamente supone el aumento de la eficiencia en la producción de hidrógeno. Siguiendo esta idea, la fotofermentación puede ser una segunda etapa de un proceso de producción de biohidrógeno de dos etapas en las cuales la biomasa utilizada es convertida por entero a H_2 y CO_2. El detalle en la concreción de forma práctica de esta idea es la enorme superficie requerida en el fotobiorreactor para que este atrape la luz del sol requerida. La construcción de dicha superficie puede hacer prohibitivo el costo del fotobiorreactor.

Con la tecnología actualmente disponible, las alternativas al uso de enormes superficies son reducidas. Una de ella es la utilización de colectores solares, pero el impedimento para su realización sigue siendo el alto costo de instalación y, consecuentemente, de producción de H_2. En la práctica, hay pocos fotobiorreactores en operación, uno de ellos es el desarrollado por el *Institut für Getreideverarbeitung GmbH*, IGV-GmbH, instalado en el norte de Alemania, en una área de 1,2 hectáreas. Para utilizar plenamente la tecnología de fotobiorreactores dirigida a la producción de H_2 por acción microbiana, todavía hay muchos nudos por desatar, sin duda el mayor de ellos es cómo hacer llegar la energía solar a cada célula dentro del fotobiorreactor. La solución a ello no es complicada, pero su desarrollo requiere ser económicamente viable, hacer más grande el área de insolación de reactor, haciendo placas delgadas (la optimización de ello lo da la naturaleza con las hojas de los árboles, por ejemplo) o tubos de diámetro reducido tipo fibra óptica. Las soluciones están todavía bajo investigación.

Procesos térmicos

En el camino de procesos no biológicos para la producción de hidrógeno, están los procesos de conversión térmicos que son considerados también potencialmente sustentables. La gasificación, directa o indirecta, y la pirólisis son dos procesos térmicos para la producción de H_2 muy similares a los procesos con el mismo nombre utilizados para obtener H_2 de combustibles fósiles. No obstante, para el caso de obtención de biohidrógeno, en lugar de combustible fósil (gas natural o carbón) al bioproceso térmico se le alimenta con biomasa. Con ello se produce inicialmente un gas sintético o de síntesis (sintegas) que posteriormente se procesa para derivar el biohidrógeno. Aun con las similitudes existentes entre el bioproceso y el proceso en base a fósiles, no se ve factible por el momento utilizar la infraestructura existente para los combustibles no renovables en la producción de biohidrógeno o biometano incluso.

Gasificación directa e indirecta

La gasificación directa (oxidación parcial) es similar al proceso de gasificación del carbón, donde hay tres pasos principales: 1) la biomasa se gasifica con vapor o aire, y se obtiene el gas de síntesis cuya mezcla contiene H_2, CO, CO_2, CH_4 acompañado de pequeñas porciones de hidrocarburos, vapor de agua, alquitrán y otras partículas de materia que deben removerse; 2) reacción agua a gas (reacción química en la que el CO reacciona con el vapor de agua para formas CO_2 e hidrógeno); 3) remoción de CO_2. El proceso de metanación se aplica para convertir las trazas restantes de CO y CO_2 en metano. La figura 22.3 ilustra el proceso de gasificación directa (Hemmes K. et ál., 2003).

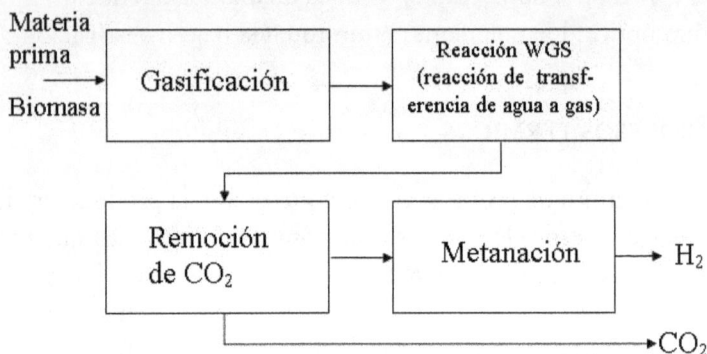

Figura 22.3. Gasificación directa de biomasa.

La gasificación directa tiene como desventaja principal su necesidad de uso directo de oxígeno, lo que encarece el proceso y hace que se requieran grandes plantas para mejorar la economía del proceso. Alternativamente, hay varios procesos de gasificación indirectos (por vapor) en investigación y desarrollo tecnológico. La configuración final de cada uno de estos procesos difiere entre ellos, por lo que se detalla solo una configuración general. En este proceso, la conversión de carbono es relativamente baja (< 95%) y el gas de síntesis obtenido es relativamente rico en hidrocarburos. El carbón no convertido en el gasificador se puede quemar para generar calor y utilizarlo en otro proceso.

Las etapas de la gasificación indirecta son:

1) Gasificación para producir gas de síntesis impuro con una mezcla de H2, CO, CO_2, CH_4, y contaminantes como alquitrán y otros.

2) El gas es comprimido y catalizado con reformado con vapor, se usa una oxidación parcial para convertir alquitrán e hidrocarburos C_1-C_4 en gas de síntesis con una mayor pre-

sencia de H_2 (por el filtrado de impurezas y la formación de hidrógeno propia del método).

3) Reacción agua a gas para convertir monóxido de carbono en H_2.

4) Producción final de H_2. El hidrógeno se separa de los gases residuales por a) remoción del CO_2 y la metanación de las trazas remanentes de CO y CO_2, o b) absorción por cambio de presión, PSA, (proceso con cambios de alta presión a baja presión para separar gases) para remover el CO_2. Con este último método, aparte del H_2, se tiene un gas exhausto con una considerable cantidad de H_2 recuperable por lo que es conveniente justificar el uso de PSA cuando se tiene una aplicación para el gas exhausto. La figura 22.4 ilustra el proceso general de gasificación indirecta. Una ventaja de este proceso es que se puede obtener un gas con calidad de combustible (Pandey, 2009; Hemmes et ál. 2003; Kamm et ál., 2006).

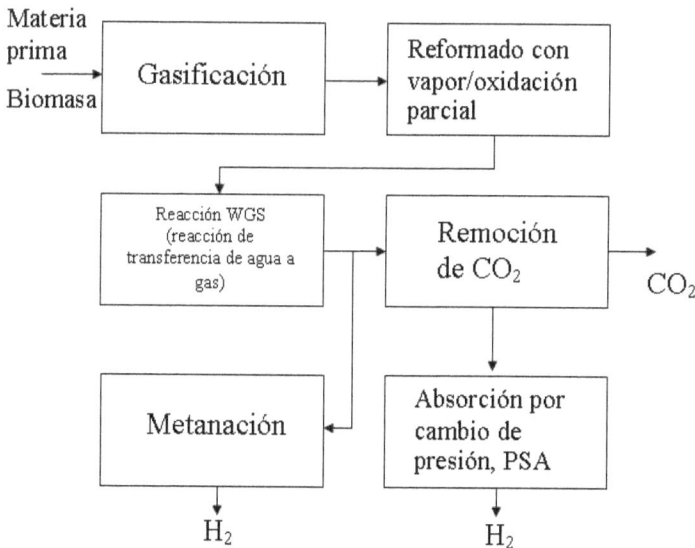

Figura 22.4. Gasificación indirecta.

La temperatura requerida para la gasificación es típicamente entre 600-850 °C, menor que la requerida por otros procesos termoquímicos, el conocido como "separación de agua" por ejemplo, por lo que la gasificación es, sin duda, un proceso atractivo para producir hidrógeno. La gasificación de biomasa por vapor es un proceso endotérmico (absorbe energía de su entorno en forma de calor) que puede suplir energía quemando parte de material biomasa o residuos no quemados. Dentro de los residuos generados durante el proceso de gasificación, se encuentra el alquitrán, un hidrocarburo poliaromático y uno de los más indeseados ya que tapa filtros, pipas, válvulas y puede dañar equipos. Por lo tanto, uno de los esfuerzos en investigación y desarrollo es minimizar o reformar (en hidrógeno adicional) dicho alquitrán.

Pirólisis

En los procesos de gasificación, la reducción del tamaño del sustrato de biomasa y el manejo de cenizas son considerados los mayores problemas. Aplicando pirólisis —una descomposición termoquímica de material orgánico de tipo endotérmico a temperaturas elevadas en ausencia de oxígeno—, la biomasa se convierte en un bioaceite líquido (aproximadamente 85% de orgánicos oxigenados y el resto agua), por lo que se evanden esos problemas. El bioaceite es gasificado o reformado con vapor en presencia de una catálisis en base a níquel. Independientemente del método inicial, las últimas etapas consisten en una reacción de transferencia de agua a gas y una remoción de los gases no deseados, como CO. La figura 22.5 presenta el proceso de pirólisis con gasificación (esta se puede cambiar por reformado con vapor) (Hemmes et ál., 2003; Kreith y Goswamisec, 2007).

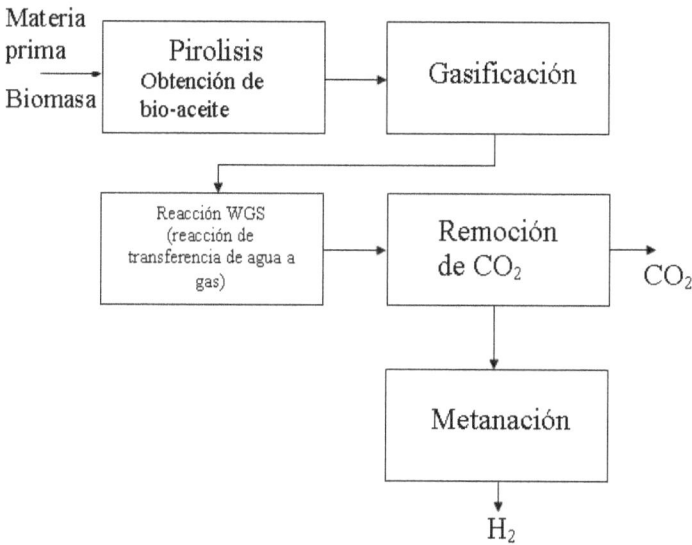

Figura 22.5. Producción de H_2 con pirólisis.

Gasificación en agua supercrítica

La gasificación en agua supercrítica es un proceso relativamente nuevo para la producción de gas de síntesis y de ahí hidrógeno. En la vecindad de condiciones supercríticas (temperatura del agua arriba de 374 °C y presión por encima de 22,3 MPa por ejemplo), el agua se comporta como un solvente ajustable y con propiedades entonables dependiendo de la temperatura y la presión aplicada. En dichas condiciones, la biomasa se puede descomponer rápidamente y los productos separados se pueden disolver en seguida en el agua supercrítica, minimizando la formación de alquitrán y coque. La gasificación en agua supercrítica se opera a temperaturas entre 500 a 700 °C y presiones de 20-40 MPa (200-400 bar) (Biljana, 2006; USDE, 1997). Esta tecnología es prometedora para a producción de gases vectores de energía como el hidrógeno. Algunas ventajas de este proceso son:

- Procesamiento eficiente de biomasa con alto contenido de humedad.
- Utilización de diferentes tipos de biomasa.
- Prevención de la formación de alquitrán y material carbonizado.
- Selectividad hacia metano, hidrógeno o solo gas de síntesis.

Para la producción de H_2, los pasos son: 1) gasificación por agua supercrítica; 2) reformado por vapor u oxidación parcial para convertir los hidrocarburos del gas de síntesis en H_2 y CO; 3) reacción de transferencia de agua a gas para convertir CO a H_2; 4) purificación del H2 ya sea por remoción de CO_2 y metanación o aplicando absorción por cambio de presión, PSA. La figura 22.6 presenta un diagrama del proceso de gasificación por agua supercrítica (Hemmes et ál., 2003).

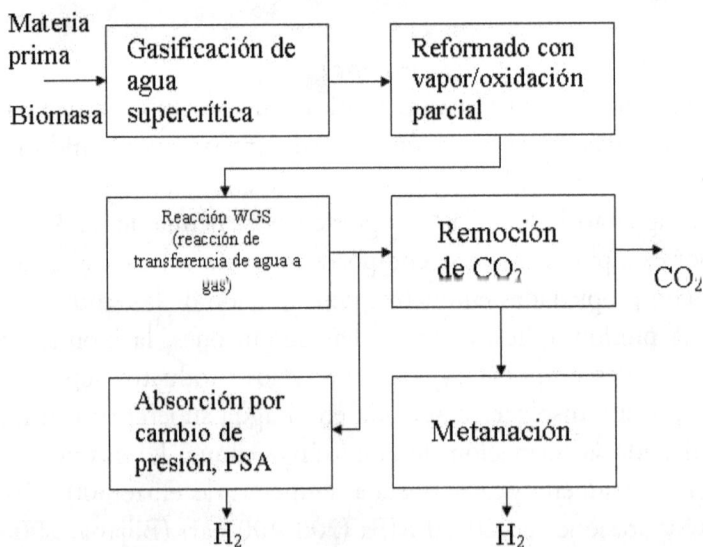

Figura 22.6. Proceso de gasificación con agua supercrítica para la producción de biohidrógeno.

Biorrefinería

Entre las varias vertientes de investigación y desarrollo sobre bioenergía, un esfuerzo considerable se ha enfocado a las biorrefinerías (Kamm et ál.2006; Demirbas, 2010). La pretensión es integrar procesos de conversión de biomasa (residuos de varios orígenes, biomasa de cultivos para diferentes tipos de bioprocesamiento) y la tecnología necesaria para hacer que estas entidades procesen diversos tipos de productos finales, con valor agregado, partiendo de uno o varios abastecimientos diferentes de biomasa. Conceptualmente, la biorrefinería es la versión sustentable, cero-desastres, ambientalmente amigable así como técnica y económicamente eficiente de las refinerías hoy existentes para procesar petróleo. La Fuerza 42 de la Asociación de Internacional de Energía-Bioenergía (IEA por sus siglas en inglés) define la biorrefinación como el procesamiento sustentable de biomasa en un abanico de bioproductos (alimentos, químicos, materiales) y bioenergías (biocombustibles, potencia o calor). El desarrollo de biorrefinerías, en los términos recién detallados, requiere todavía un camino de esfuerzos de innovación tecnológica y avances científicos (NREL, 2009). La solución global a este reto convoca a alinear soluciones particulares de diversas áreas del conocimiento mediante en trabajo en equipos multidisciplinarios de investigación, conjugando labores en el sector industrial, gubernamental y académico.

Celdas de combustible

Las celdas de combustible utilizan hidrógeno como materia prima para la producción de electricidad y calor, consideradas por ello una tecnología de producción de energía limpia, ambientalmente amigable y potencialmente sustentable asociada a lo que se ha llamado "economía del hidrógeno". Las celdas de combustible tienen el potencial de proveer energía a diferentes tipos de usuarios al ofrecer soluciones alternativas y viables a la combustión de gasolina, carbón y otros combustibles fósiles en usos como el consumo directo de energía eléctrica —en aplicaciones portátiles como telecomunicaciones satelitales o estacionarias en casas, comercios e industria— o para sustituir máquinas de combustión interna en vehículos para pasajeros de amplia presencia, como automóviles o autobuses. El hidrógeno o los combustibles ricos en hidrógeno son la base energética de la tecnología de celdas de combustible en sus diferentes tipos.

Una celda de combustible es un dispositivo electroquímico que continuamente convierte, de forma limpia y eficiente, la energía química de una fuente y un oxidante en corriente eléctrica, con subproductos que regularmente son agua y calor. La electricidad se genera dentro de la celda por la reacción entre el combustible y el oxidante disparada por la presencia de un electrolito, en un proceso electrodo-electrolito esencialmente invariante. La figura 22.7 muestra la estructura básica de la celda de combustible.

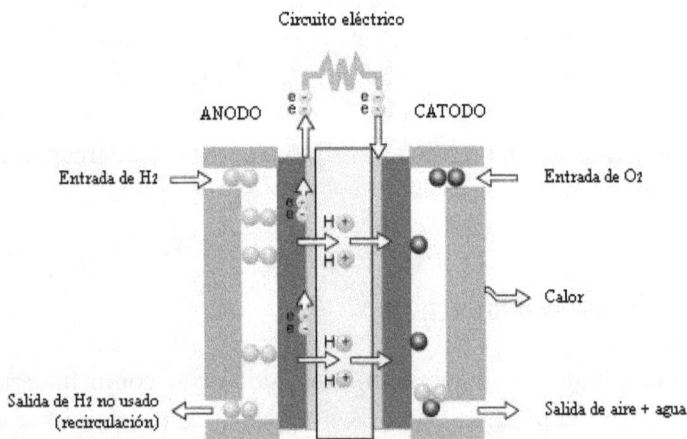

Figura 22.7. Estructura básica de la celda de combustible.

Una celda de combustible generalmente se integra con:
- Dos electrodos —ánodo y cátodo— revestidos con catalizador.
- Un electrolito.
- Dos reacciones químicas en los puntos de interfaz entre electrodo-electrolito-electrodo.
- Generación de corriente eléctrica.
- Agua o CO_2 como subproducto.

En la actualidad hay varios tipos de celdas de combustible en diferentes etapas de madurez. Usualmente, las celdas se clasifican por el tipo de electrolito que emplean pero se pueden clasificar de otras formas. Algunos tipos de celdas de combustible son:

- Celda de combustible de membrana con intercambio de protones (PEM-FC).
- Celda de combustible de óxido sólido (SOFC).
- Celda de combustible alcalina (AFC).
- Celda de combustible de ácido fosfórico (PAFC).
- Celda de combustible de carbonato fundido (MCFC).
- Celda de combustible regenerativa (RFC).

Con el uso de hidrógeno puro como combustible, los subproductos de la celda son únicamente agua y calor. Si el H_2 reformado u obtenido por otros métodos tiene impurezas, estas se reflejarán en los subproductos de la celda y otras quedarán atrapadas dentro de esta, degenerándola. Cada tipo de celda de combustible tiene una tolerancia diferente a ciertos contaminantes, por ejemplo al CO_2.

Las investigaciones actuales sobre celdas de combustible no solo se enfocan a mejorar su tolerancia a contaminantes o encontrar mejores y más durables materiales para catalizadores, sino a encontrar nuevas estructuras tal como las celdas combustibles biológicas que utilizan para su operación una reacción catalítica microbiana que imita las interacciones bacterianas encontradas en la naturaleza.

AGRADECIMIENTOS

Se reconoce el apoyo de DGEST (México) mediante la beca postdoctoral que permitió la realización de este capítulo.

REFERENCIAS BIBLIOGRÁFICAS

Biodisel Standards, 2010. *Biofuel systems Group LTD. 2010* [en línea]. <http://www.biofuelsystems.com/biodiesel/specification.htm>. (Última consulta: 13 de noviembre 2010).

Demirbas, A., 2010. *Biorefineries for Biomass Upgrading Facilities,* Ayhan Demirbas, Springer-Verlang London.

Demirbas, A., 2008. *Biodiesel, A realisticFuel Alternative for Diesel Engines.* Ed. Springer-Verlang-London.

Deublein, D., Steinhauser, A. (eds.), 2008. *Biogas from Waste and Renewable Resources,* WILEY-VCH Verlag GmbH & Co. KGaA, Weinheim.

Drapcho Caye, M., Nhuan Nghiem, P., Walker Terry H., 2008. *Biofuels Engineering Process technology,* McGraw-Hill.

Ferrell, J., 2010. *National Algal biofuels technology Roadmap, Biomass Program*, Office of Energy Efficiency and Renewable Energy Office of the Biomass Program, Departamento de Energía de Estados Unidos.

EBTP, European biofuels Technology Platform, 2010. *IEA bioenergy task 37* [en línea]. <http://www.biofuelstp.eu/algae.html>. (Última consulta: noviembre 2010).

Biljana Potic, 2006. *Gasification of Biomass in Supercritical Water*, Holanda.

Hemmes, K., de Groot, A., den Uil, H., 2003. *BIO-H2: Application potential of biomass related hydrogen production technologies to the Dutch energy infrastructure, ECN-C-03-028,* Duurzame Energie Nederland (DEN) programma, Energieonderzoek Centrum Nederland (ECN), Holanda.

IEA Bioenergy, 2009. *Website managed by Implementing Agreemente on Bioenergy* [en línea]. <http://www.ieabioenergy.

com/DocSet.aspx?id=6436>. (Última consulta: 17 de noviembre de 2010).

IEA a), International Energy Agency. *Biofuel Production. Energy Technology Essentials, ETE02 2007* [en línea]. <http://www.iea.org/techno/essentials2.pdf>. (Última consulta: 17 de noviembre de 2010).

IEA b), International Energy Agency. *Energy Technology Essentials, ETE03. 2007. Biomass for Power Generation and CHP* [en línea]. <http://www.iea.org/techno/essentials3. pdf>. (Última consulta: 17 de noviembre de 2010).

Kamm, B., Gruber Patrick, R., Kamm, M. (eds.), 2006. *Biorefineries - Industrial Processes and Products: Status Quo and Future Directions* (vol 1), WILEY-VCH Verlag GmbH & Co. KGaA, Weinheim, Alemania.

Kemp William, H., 2006. *Biodiesel Basics and Beyond*, Aztext Press.

Kreith, F. y Goswami, Y., 2007. *Handbook of Energy Efficiency and Renewable Energy*, CRC.

Miyake, J., Igarashi, Y., Rögner, M. (eds.), 2004. *BIOHYDROGEN III: Renewable Energy System by Biological Solar Energy Conversion.* Elsevier, Holanda.

NREL (National renewable energy laboratory), What is a Biorefinery? 2009. [en línea]. <www.nrel.gov/ biomass/ biorefinery.html>. (Última consulta: 17 de noviembre de 2010).

Pandey, A., 2009. *Handbook of plant-based biofuels*, CRC press, EE.UU.

Reith, J.H., Wijffels, R.H., Barten, H. (eds.), 2003. *Biomethane & Bio-hydrogen: Status and perspectives of biological methane and hydrogen production*, Dutch Biological Hydrogen Foundation.

Rosillo-Calle, F., de Groot, P., Hemstock Sarah, L., Woods, J. (eds.), 2007. *The Biomass Assessment Handbook: Bioenergy for a Sustainable Environment,* Earthscan, Reino Unido-EE.UU.

Sheehan, J., Dunahay, T. Benemann, J. Roesler P, 1996, *A Look Back at the U.S. Department of Energy's Aquatic Species. Program-Biodiesel from Algae,* National Renewable Energy Laboratory, U.S. Department of Energy's Office of Fuels Development.

Soetaert, W., Vandamme, E. J., 2009. *Biofuels, Wiley Series in Renewable Resources.*

General Atomics,(U.S. Department of Energy), 1997. *Hydrogen Production by Supercritical Water Gasification of Biomass-Phase I-Technical and Business Feasibility Study Technical Progress.* Report N.º DE-FC36-97GO10216.

Índice

THE STATISTICS ARE ALARMING. Each year thousands of patients in hospitals and treatment facilities die or are seriously injured through errors caused by faulty care systems, outmoded surgical approaches, and medical process failures. But there is a proven methodology that can ensure patient safety and positive outcomes in healing and hospital procedures.

Dr. David Kashmer is a nationally known trauma and acute care surgeon and author who coaches teams to excellence inside and outside the hospital environment. In *Volume to Value*, he maintains that the identification and adoption of advanced quality tools in healthcare is ethical, necessary, and, in the long run, cost effective. Through illuminating stories that illustrate specific systemic challenges, Dr. Kashmer offers a far-reaching program based on the Six Sigma principles for using data-driven approaches and methodologies to eliminate defects in processes. His plan will empower healthcare professionals to define, measure, analyze, improve, and control procedures while eliminating preventable errors system-wide.

The pursuit of improvement is a never-ending process. But profound, measurable results are possible at every level of the healthcare system—from admitting to the ER to the operating room—by adopting the systematic approach to excellence that Dr. Kashmer has shared.

■ ■ ■

DR. DAVID KASHMER is the Chief of Surgical Services at Signature Healthcare, as well as a trauma and acute care surgeon. He earned his Medical Doctor degree from MCP Hahnemann University—now Drexel University College of Medicine—and his Bachelor of Science degree in biology from Villanova University through a joint BS-MD program with MCP Hahnemann.

He also earned a Lean Six Sigma master black belt certificate at Villanova. Kashmer holds a Master of Business Administration degree in Healthcare Administration from George Washington University.

ISBN 9781619614673

90000 >

9 781619 614673

LIONCREST
PUBLISHING

Editorial LibrosEnRed

LibrosEnRed es la Editorial Digital más completa en idioma español. Desde junio de 2000 trabajamos en la edición y venta de libros digitales e impresos bajo demanda.

Nuestra misión es facilitar a todos los autores la **edición** de sus obras y ofrecer a los lectores acceso rápido y económico a libros de todo tipo.

Editamos novelas, cuentos, poesías, tesis, investigaciones, manuales, monografías y toda variedad de contenidos. Brindamos la posibilidad de **comercializar** las obras desde Internet para millones de potenciales lectores. De este modo, intentamos fortalecer la difusión de los autores que escriben en español.

Nuestro sistema de atribución de regalías permite que los autores **obtengan una ganancia 300% o 400% mayor** a la que reciben en el circuito tradicional.

Ingrese a www.librosenred.com y conozca nuestro catálogo, compuesto por cientos de títulos clásicos y de autores contemporáneos.